Hischer | Tiedtke | Warncke · Kaufmännisches Rechnen

Johannes Hischer | Jürgen Tiedtke |
Horst Warncke

Kaufmännisches Rechnen

Die wichtigsten Rechenarten
Schritt für Schritt

Mit integriertem Lösungsbuch

3., überarbeitete Auflage

GABLER

Bibliografische Information Der Deutschen Nationalbibliothek
Die Deutsche Nationalbibliothek verzeichnet diese Publikation in der Deutschen Nationalbibliografie; detaillierte bibliografische Daten sind im Internet über <http://dnb.d-nb.de> abrufbar.

1. Auflage 1995
2., überarbeitete Auflage November 2002
3., überarbeitete Auflage 2007

Lektorat: Dr. Riccardo Mosena

Der Gabler Verlag ist ein Unternehmen von Springer Science+Business Media.
www.gabler.de

Umschlaggestaltung: Ulrike Weigel, www.CorporateDesignGroup.de

ISBN 978-3-8349-0482-9

Vorwort

Das neue Gabler-Schulbuch „Kaufmännisches Rechnen“ ist anders als die meisten übrigen Rechenbücher für die kaufmännische Ausbildung. Warum ist das so? Schon beim ersten Durchblättern wird deutlich, dass es sich äußerlich von vielen Lehrbüchern unterscheidet. Jede Seite verfügt nämlich über zwei Spalten. Sie sollen das Arbeiten mit dem Buch erleichtern. Aber der Reihe nach:

1. Jede Rechenart beginnt mit der Information, welche Aufgaben mit ihr erfüllt werden können.

2. Danach werden in der linken Spalte die Probleme dargestellt, die mit dem Rechenverfahren dieses Abschnittes gelöst werden sollen. Ihr gegenüber sind die Lösungen Schritt für Schritt erläutert. Die Ergebnisse sind extra herausgehoben, damit sie sich deutlich vom übrigen Text abheben.

3. Fast jedes Rechenverfahren ist durch zwei oder drei Problemstellungen gekennzeichnet, so dass die Lösungsschritte auch wirklich verstanden werden. Oft sind hierzu in der linken Spalte Hinweise gegeben, welche besondere Rechenmethode angewandt werden sollte. Das trifft insbesondere auch dann zu, wenn auf ein schon erläutertes Verfahren Bezug genommen wird.

4. Oft folgen den Problemen ein oder zwei Übungsaufgaben.

5. Jedes Rechenverfahren wird am Schluss des Kapitels bzw. Unterkapitels kritisch unter die Lupe genommen. Wo kann man es anwenden, und wie weit kann man mit ihm gehen? Welche Grenzen gibt es oder wie sind sie bestimmt?

6. Den Abschluss bilden Aufgaben, die jeweils dem gesamten Rechenverfahren zuzuordnen sind.

Ist das denn so neu, was dieses Rechenbuch ausmacht? Ja, denn es erklärt methodisch, so dass es sowohl in der Schule angewandt werden kann als auch für die Hausarbeit. Das heißt, dass sich Lernende bzw. Studierende die Rechenwege selbst aneignen können, wenn in der Schule keine Zeit hierfür vorhanden ist oder wenn die Kenntnis über ein Rechenverfahren vorausgesetzt wird.

Daneben gibt es weitere herausragende Besonderheiten:

- Probleme sind deutlich grau unterlegt.
- Formeln und Regeln sind ebenfalls grau herausgehoben und umrandet.
- Zusätzliche Informationen zu den Rechenverfahren und manchmal zu den Problemen unterbrechen den übrigen Text.
- Schließlich ist für jedes Rechenverfahren der Rechenweg noch einmal einspaltig herausgehoben.

Die Zweispaltigkeit einerseits, die Problem- und Lösungsorientierung andererseits sowie die Darstellungsweise können dazu beitragen, kaufmännisches Rechnen „mit leichter Hand“ zu erlernen.

Nicht alles, was im Kaufmännischen rechenrelevant ist, wird im Rechenbuch dargestellt. Kein Kaufmann kommt eigentlich mit der Kontokorrentrechnung in Berührung. Das übernehmen die Banken vollständig. Niemand in der Geschäftswelt – außer Kreditinstitute – setzt sich mit der Wertpapierrechnung auseinander. Sie wird dort mit dem Computer gelöst.

Die wichtigsten Rechenarten aus dem kaufmännischen Leben sind hier dargestellt. Auch wenn vieles in den Schulen und Instituten mit dem Rechner bearbeitet wird, ist es erforderlich zu wissen, warum die Lösung von Problemen so und nicht anders gehandhabt werden sollte. Nur im rechnerischen Tun Schritt für Schritt kann man die Rechenverfahren verstehen. Hat man diese verstanden und verinnerlicht, ist es ein Leichtes, mit ihnen zu arbeiten.

Auch als Privatperson muss man des öfteren Rechenaufgaben lösen. Zum Beispiel, wenn der Haushalt plant, wie er sein Geld monatlich ausgeben darf, oder wenn die Reise ins Ausland bevorsteht und Devisen eingekauft werden müssen. Mit diesem Buch wird jeder viel mehr vom Wirtschaftsleben verstehen.

Wir wünschen denjenigen, die mit diesem Buch privat oder in den kaufmännischen Schulen arbeiten, viel Spaß und vor allen Dingen rechnerischen Erfolg. Wer die Dinge beherrscht und sich schnell Übersicht verschaffen kann, weil er weiß, wie man zu diesen oder jenen Ergebnissen gekommen ist, erwirbt Vorsprünge, die sich möglicherweise in barer Münze auszahlen werden.

Johannes T. Hischer
Jürgen R. Tiedtke
Hamburg, im Juli 2007 *Horst Warncke*

Inhaltsverzeichnis

I. Der Dreisatz

Dreisätze werden nach geradem und ungeradem Verhältnis unterschieden.

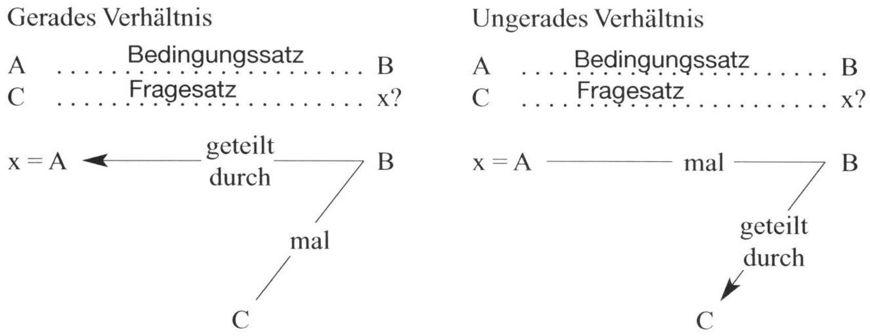

Die Pfeile und Rechenverknüpfungen drehen sich beim ungeraden Verhältnis um.

1. Die Aufgabe der Dreisatzrechnung

Die Dreisatzrechnung findet im kaufmännischen Leben vielfach Anwendung. In ihrer einfachsten Art sind drei Größen angegeben, eine vierte wird gesucht. Mit ihr wird gerechnet, wenn man unter anderem in ein anderes Land reisen und am Bankschalter Euros in die Währung dieses Landes umtauschen möchte oder wenn man Preisvergleiche bei seinem Händler anstellt und dabei eine gegebene Menge, 450 Gramm z. B., auf 100 Gramm umrechnet, weil der Preis für diese Menge in einem anderen Laden angegeben war.

Zuerst geht man von der Ausgangsbeziehung aus, die auch die Grundlage für die gesuchte Größe ist, z. B. 450 Gramm (A) kosten 5,20 € (B) *[Bedingungssatz]*. Danach führt man die Ausgangsgrößen auf eine Einheit der gesuchten Größe zurück (*Umrechnungssatz*), also: Ein Gramm kostet den 450sten Teil. Schließlich wird die ermittelte Einheit mit der dritten Größe in Beziehung gesetzt (*Fragesatz*), demnach kosten 100 Gramm (C) 100 mal so viel (gerades Verhältnis).

Das Verfahren ist immer dasselbe, jedoch gibt es unterschiedliche Verhältnisse, wie im Folgenden erklärt wird. Mit der Dreisatzrechnung lassen sich so viele Problem lösen, die sowohl im täglichen Leben als auch in den Unternehmen oder in den Verwaltungen auftreten, dass die Dreisatzrechnung von jedem Menschen beherrscht werden sollte.

2. Der einfache Dreisatz

2.1 Das gerade Verhältnis

1. Beispiel

Das Problem

Eine Hausfrau verdiente sich mit einer Teilzeitarbeit nebenbei Geld. Sie erhielt am Wochenende nach getaner Arbeit und nach einer Wochenleistung von 8 Stunden 60,00 €. Ihr Arbeitgeber bat sie, in der kommenden Woche 10 1/2 Stunden zu arbeiten, weil eine Mitarbeiterin für mehrere Tage ausfallen wird. Wie hoch wird der Verdienst bei 10 1/2 Stunden sein?

Die Lösung

Wie gehen wir in der Dreisatzrechnung vor? Zuerst ist der Bedingungssatz zu bilden:

Bedingungssatz

Für 8 Stunden (A*) erhält die Hausfrau ein Entgelt von 60 €; verkürzte Schreibweise.

1. 8 Stdn. .... 60 €

Es folgt der Umrechnungssatz:

Umrechnungssatz

Für eine Stunde erhält die Hausfrau den 8. Teil des Entgelts oder verkürzte Schreibweise

2. 1 Std. .... $\mathbf{\frac{60\ €}{8}}$

(1 Std. = 7,50 €)

Es folgt der Fragesatz, der durch Multiplikation zur Lösung führt:

Fragesatz

Bei 10 1/2 Stunden Arbeitszeit (C*) ist ihr Entgelt wie hoch?

oder verkürzte Schreibweise

3. 10,5 Stdn. .... ? (x) €

Wie gelangen wir von hier zur Lösung?

Die endgültige Lösung kann auf zwei Weisen herbeigeführt werden. Sie sind unter a) und b) dargestellt.

Lösung a)

Zum Verständnis ist vom Umrechnungssatz auszugehen, auf den künftig verzichtet wird.

---

* Siehe Seite 1 oben

Wenn eine Stunde Arbeitszeit mit 7,50 € vergütet wird (60 : 8), dann beträgt das Entgelt bei 10,5 Stunden 10,5 mal so viel, also

$$10{,}5 \times 7{,}50 = 78{,}75 \text{ €}$$

Dieser Dreisatz wird als **Dreisatz mit geradem Verhältnis** angesehen, weil man folgende Aussage treffen kann:

Je mehr die Hausfrau arbeitet, **desto mehr** verdient sie.

Umkehrt könnte man auch sagen:

Je weniger die Hausfrau arbeitet, **desto weniger** Entgelt wird sie beziehen.

Beim geraden Dreisatz werden die Größen des Bedingungssatzes durch einander geteilt und mit der dritten Größe multipliziert. (Siehe Graphik Seite 1, linke Seite)

Lösung b)

Wenn eine Stunde Arbeitszeit den 8. Teil des Entgelts erbringt, dann müssen 10,5 Stunden 10,5 mal so viel ergeben, also

$$1 \text{ Std.} = \frac{60}{8}$$

$$10{,}5 \text{ Std.} = \frac{60 \times 10{,}5}{8}$$

$$= 78{,}75 \text{ €}$$

(Im Lösungsansatz b) wird auf die Ausrechnung für eine Einheit verzichtet, was zur Folge haben kann, dass Zahlen im Zähler und Nenner gekürzt werden können.)

Ergebnis

Die Hausfrau wird bei 10 1/2-stündiger Wochenarbeit einen Betrag von 78,75 € erhalten.

Zum Merken

Von der Form her sieht ein Dreisatz so aus (formale Aufstellung):

Bedingungssatz: **8 Std.** ...(A)..............................(B)... **60 €**
Fragesatz: **10,5 Std.** ..(C)................................ **? (x) €**

Bei der Aufstellung des typischen Dreisatzes – wie hier – wird der *Umrechnungssatz* ausgelassen und „nur" im Kopf gebildet.

$$x = \frac{C \cdot B}{A} \qquad x = \frac{10{,}5 \times 60}{8}$$

$$x = 78{,}75 \text{ €}$$

Informationen

Wenn es ein *gerades Verhältnis* in der Dreisatzrechnung gibt, dann muss es auch ein *ungerades* geben. Worin besteht der Unterschied?	Das ungerade Verhältnis lässt sich durch die Aussagen **je mehr, desto weniger** und **je weniger, desto mehr** begründen. Zum Beispiel: Je mehr Fensterputzer zur Glasreinigung einer Fassade eingesetzt werden, desto schneller werden sie ihre Arbeit beendet haben (oder desto weniger Zeit werden sie mit der Reinigung verbringen).
Gibt es neben diesen beiden Dreisatzformen eine weitere Art?	Ja, es sind die so genannten zusammengesetzten Dreisätze, die meist unterschiedliche Teildreisätze enthalten.
Welche Dreisatzform kommt am häufigsten vor?	Am häufigsten wird der Dreisatz mit geradem Verhältnis angewandt.
Kann man den Dreisatz auch „privat" einsetzen?	Ja, insbesondere wenn die Familie einkauft und dabei Produkte, deren Inhalte und Preise, vergleicht. So werden manche Flaschen mit einem Inhalt von 200 ml angeboten, andere mit 250 ml. Da sich die Preise unterscheiden, muss man auf eine Einheit zurückgehen (hier ml). Dasselbe gilt für Dosen.
Gibt es weitere Einsatzmöglichkeiten für den Dreisatz?	Ja, wenn man z. B. ins Ausland reist und wissen möchte, wie viel € für eine bestimmte Summe ausländischen Geldes bezahlt werden müssen (vgl. Währungsrechnung).
Die komplizierten Dreisätze werden *zusammengesetzte Dreisätze* genannt. Gibt es auch für die zuerst genannten Dreisätze einen eigenen Namen?	Das Ausgangsbeispiel stellt einen *einfachen Dreisatz* dar. Einfache Dreisätze sind immer durch vier Größen gekennzeichnet. Dabei ist immer der Bedingungssatz aus zwei Größen angegeben, außerdem eine Größe im Fragesatz.
Wie viele Größen sind in zusammengesetzten Dreisätzen angegeben?	Das kommt darauf an. Mal sind es 6 Größen, mal 8. Aber je mehr Größen in der Rechnung zu berücksichtigen sind, desto unübersichtlicher wird die Gesamtrechnung. Im Übrigen ist zu bedenken, dass die Größen in einem kausalen (logisch zu begründenden) Verhältnis stehen müssen.

2. Beispiel

Das Problem

„Ich fahre“, sagte die Kundin zur Bankangestellten, „übermorgen nach Oslo. Ich möchte für 200 € norwegische Kronen eintauschen.

„Nichts leichter als das“, entgegnete die für Reisedevisen zuständige Sachbearbeiterin. „Zur Zeit bezahlen Sie für 100 (norwegische) Kronen 12,671 €.“

„Woher soll ich das wissen?“

„Sie können sich auf uns verlassen“, antwortet ihr Gegenüber. „Aber damit Sie ganz sicher gehen, können Sie die Veröffentlichungen der Reisedevisenkurse in der Zeitung verfolgen. Hier sind sie.“ Die Bankangestellte legte eine Liste der Kurse vor.

(Zur Übung noch einmal alle drei Sätze – Bedingungssatz, Umrechnungssatz und Fragesatz bilden!)

Die Lösung

Wer ins Ausland reist, in dem nicht der Euro gilt, braucht eine „ausländische Währung“. Für viele Länder der Erde hält jedes Kreditinstitut bzw. deren Filialen dieses vor.

Auch gibt es in großen Städten an den Flugplätzen und Bahnhöfen sowie in ihren Zentren so genannte „Wechselstuben“, die sich ausschließlich damit beschäftigen, ausländisches Geld anzukaufen bzw. zu verkaufen.

Hat unsere Kundin bei ihrem Besuch nicht alle Kronen ausgegeben, so muss ihr auch die Möglichkeit eingeräumt werden, diese wieder in Euro einzutauschen.

Nun sind bei den Reisedevisen zwei Kurse angegeben. Tauscht die Kundin Euro (€) in eine ausländische Währung um, so muss sie den höheren Kurs bezahlen. Verkauft sie die zurückbehaltenen ausländischen Kronen, dann wird ihr der schlechtere Kurs angerechnet. Zwischen beiden Kursen liegt der Gewinn des Kreditinstituts.

Bei diesem Geschäft handelt es sich demnach um den Verkauf von ausländischem Geld.

Wie lautet nun der Bedingungssatz?

Bedingungssatz

Verkürzte Schreibweise

Für 100 norwegische Kronen muss die Kundin bei einem Kreditinstitut 12,671 € bezahlen.

1. 12,671 € .... **100 nkr**

Umrechnungssatz

Verkürzte Schreibweise

Für 1 € müsste die Kundin den 12,671ten Teil von 100 nkr bekommen.

2. 1 € .... $\dfrac{\mathbf{100}}{12{,}671}$

(1 € = 7,89 nkr *)

* gerundet

Fragesatz

Wie hoch ist der Betrag in nkr, den die Kundin für 200 € bekommt?

Verkürzte Schreibweise

3. 200 € . . . . ? (x) nkr

Lösungsweg über Rückführung auf eine Einheit, die auch ermittelt wird

Lösung a)

Wenn für 1 € 7,89 nkr bezahlt werden, dann wären es für 200 € zweihundertmal so viel.
Also:

$$nkr = 7{,}89 \times 200$$

$$nkr = 1578^{*}$$

Lösungsweg ohne Ermittlung der Einheit (größerer Bruchstrich)

Lösung b)

Wenn die Kundin für 1 € den 12,671ten Teil von 100 nkr erhält, dann müssen 200 € entsprechend mal soviel ergeben.

Dreisatz mit geradem Verhältnis: je mehr € desto mehr nkr

$$nkr = \frac{100 \times 200}{12{,}671}$$

Der Währungs**umtausch zieht** immer den Dreisatz mit geradem Verhältnis nach sich.

$$nkr = 1578^{*}$$

Ergebnis

Die Kundin wird für 200 € einen Gegenwert von 1578 norwegischen Kronen erhalten.

Wie sieht die formale Darstellung mit dem Bedingungs- und Fragesatz aus ohne Umrechnungssatz?

12,671 € . . . . 100 nkr
200,00 € . . . .? (x) nkr

Beim Dreisatz mit geradem Verhältnis über Kreuz multiplizieren und durch die 1. Zahl des Bedingungssatzes dividieren

je mehr Euro, desto mehr norwegische Kronen

$$x = \frac{100 \times 200}{12{,}671}$$

$$x = 1578^{*}$$

zusätzliche Informationen

Beziehen sich Devisen immer auf die Einheit 100?

In der Regel ja! Ausnahme sind die Währungen Dollar, Pfund und Euro, die zu der Einheit 1 gerechnet werden.

* gerundet

Sollten deutsche Auslandsbesucher immer ihre Euro bei einer Bank bzw. bei einem Kreditinstitut im Inland eintauschen?

Generell kommt es darauf an. Da der Euro eine gute Währung (harte Währung) ist, und Länder mit einer schlechteren Währung (weiche Währung) gern harte Devisen haben wollen, wird der Umtauschkurs in diesen Ländern günstiger als bei uns sein. Auch sind Gebühren im Ausland oft billiger (Indien, Sri Lanka, Argentinien u. a.).

➡ Zum Merken

Dreisatz mit geradem Verhältnis

A	=>	B	**Bedingungssatz**
C	=>	?(x)	**Fragesatz**

$$x = \frac{C \cdot B}{A}$$

Achtung!

Form beachten:
Gleiche Einheiten, z.B. Stunden, Euro, kg stehen untereinander.

Lösung:
Über Kreuz multiplizieren (C • B) und durch die bekannte Größe des Bedingungssatzes (A) dividieren.

Aufgaben

1. Sie wollen für ein Wochenende nach Dänemark, und damit Sie sonnabends dort noch Lebensmittel einkaufen können, tauschen Sie 75 € in dänische Kronen um (Kurs s. Tabelle).
   a) Welche Spalte wählen Sie bei der Umrechnung?
   b) Wie viele dänische Kronen bekommen Sie?

Reisedevisen 2006

03.11.	**Ankauf**	**Verkauf**
Australien, 1 A$	0,5699	0,6432
Dänemark, 100 dkr	12,637	14,158
Großbritannien, 1 £	1,4422	1,5603
Hongkong, 100 HK$	8,8985	11,379
Japan, 100 Yen	0,6387	0,6870
Kanada, 1 C$	0,6509	0,7245
Norwegen, 100 nkr	11,310	12,671
Schweden, 100 sfr	10,154	11,365
Schweiz, 100 sfr	61,346	64,201
Singapur, 1S$	0,4496	0,5452
Südafrika, 1 Rd	0,0840	0,1258
Tschechien, 100 czk	3,2835	4,0478
Türkei, 100.000 TL	0,4978	0,5734
USA, 1 US$	0,7554	0,8105

Investmentfonds

Fondsname	**Ausg.**	**Rückn.**
Adiasia	64,03	60,98
Adifonds	76,67	73,02
Adiglobal	72,71	70,59
Adikur Ant	84,15	82,50
ADILUX	73,03	70,90
Adirenta	21,97	21,33
Adiropa	81,55	79,17
Aditec	82,40	78,48

2. Sie möchten zu Weihnachten statt vieler verschiedener Geschenke Geld haben, um Investmentfondsanteile zu kaufen. Tatsächlich bekommen Sie insgesamt 450 €. Welche Spalte wählen Sie für Ihre Berechnungen?

2.2 Das ungerade Verhältnis

Das Problem

Ein Team von 4 Arbeitskräften baut eine Autokarosserie in 9 1/2 Stunden zusammen. Die normale Arbeitszeit beläuft sich auf 8 Stunden je Tag. Es wird überlegt, dem Team eine weitere Arbeitskraft zu Verfügung zu stellen, um die Überstunden abzubauen.

Die Lösung

Ausgangspunkt der Überlegungen ist, ob es sich um ein *gerades* oder *ungerades Verhältnis* des Dreisatzes handelt.

Wie kann das herausgefunden werden? Wie muss die Aussage (vergleichbar der des geraden Verhältnisses) lauten?

Je mehr Arbeitskräfte zur Verfügung stehen,
desto weniger Arbeitszeit

wird der Karosseriezusammenbau benötigen.

Wie lautet der Bedingungssatz?

Bedingungssatz

Vier Arbeitskräfte (A*) bauen eine Autokarosserie in 9 1/2 Stdn. (B*) zusammen

Verkürzte Schreibweise

1. 4 AK .... 9,5 Stdn.

Umrechnungssatz

Eine Arbeitskraft würde eine Zeit benötigen, die 4 mal so lange dauert (als bei 4 Arbeitskräften – je weniger Arbeitskräfte, desto mehr Zeit).

Bei ungeraden Dreisatzverhältnissen werden die Größen des Bedingungssatzes multipliziert.

Verkürzte Schreibweise

2. 1 AK .... 9,5 x 4
(1 AK = 38 Stdn.)

Fragesatz

Wie lange brauchen dagegen 5 Arbeitskräfte (C*)?

Verkürzte Schreibweise

3. 5 AK .... ? (x) Stdn.

* vgl. Graphik Seite 1 oben

Lösungsweg über Rückführung auf eine Einheit, die auch ermittelt wird

Lösung a)

Wenn eine AK 38 Stdn. am Karosseriezusammenbau arbeitet, dann benötigen 5 AK den 5. Teil hiervon (weil sie schneller als 1 AK sind).
Also:

$$\text{Stdn.} = \frac{38}{5}$$

$$\text{Stdn.} = 7{,}6$$

Lösungsweg ohne Ermittlung der Einheit (größerer Bruchstrich)

Lösung b)

Wenn eine AK 4 mal so lange arbeitet wie 4 AK, dann beanspruchen 5 AK weniger Zeit, um die Karosserie fertig zustellen.

Bei ungeraden Dreisatzverhältnissen ist außerdem durch die Zahl des Fragesatzes zu dividieren.

$$\text{Stdn.} = \frac{9{,}5 \times 4}{5}$$

$$\text{Stdn.} = 7{,}6$$

Zusammengefasste Darstellung des ungeraden Dreisatzes

Wie sieht die formale Darstellung mit Bedingungs- und Fragesatz ohne Umrechnungssatz aus?

5 Arbeitskräfte werden kürzer als 4 Arbeitskräfte für den Zusammenbau der Karosserie arbeiten, nämlich 7,6 statt 9,5 Stdn.

4 AK . (A) . . . . (B) . . . . 9,5 Stdn.
5 AK . (C). ? (x) Stdn.

Dreisatz mit ungeradem Verhältnis waagerecht multiplizieren und durch Zahl des Fragesatzes dividieren.

Je mehr AK desto weniger Zeit

$$x = \frac{A \bullet B}{C} \qquad x = \frac{4 \times 9{,}5}{5}$$

$$x = 7{,}6$$

Das Problem

Wie rechnet man die in einer Dezimalzahl nach dem Komma angegebene Arbeitsleistung in Minuten um? Die Frage lautet konkret: Wie viele Minuten arbeitet das Team über 7 Stunden hinaus?

Die Lösung

Wieder gelangen wir zur Dreisatzrechnung. Frage: Was für ein Verhältnis des Dreisatzes liegt vor?

Die im Ergebnis ermittelte Zahl vor dem Komma kann unberücksichtigt bleiben, also geht es um 0,6 Stunden. Daher kann man sagen

je weniger Stunden (0,6),
desto weniger Minuten.

Dreisatz mit geradem Verhältnis

Die formale Darstellung des Dreisatzes:

1,0 Std. .... 60 Min.
0,6 Std. .... ?(x) Min.

Dies ist die kürzeste Darstellungsform einfacher Dreisätze

$$x = \frac{60 \times 0{,}60}{1}$$

$$x = 36 \text{ Minuten}$$

Ergebnis

Das Team mit 5 Arbeitskräften schafft den Karosseriezusammenbau in 7 Stunden und 36 Minuten.

Zum Merken

Dreisatz mit ungeradem Verhältnis

A => B **Bedingungssatz**
C => ?(x) **Fragesatz**

$$x = \frac{A \cdot B}{C}$$

Achtung!

Form beachten:
Gleiche Einheiten, z.B. Stunden, Euro, kg stehen untereinander.

Lösung:
Waagerecht den Bedingungssatz multiplizieren (A • B) und durch die bekannte Größe des Fragesatzes (C) dividieren.

Informationen

Warum ist bei der Lösung der Aufgaben zum Schluss auf den Umrechnungssatz verzichtet worden?

Weil der Umrechnungssatz nur dazu da ist, die entsprechenden Größen auf eine Einheit zurückzuführen. Hat man die Notwendigkeit des Umrechnungssatzes verstanden, braucht man ihn nicht mehr extra aufzustellen.

Sollte man dennoch auf die Rückführung zu einer Einheit nicht verzichten?

Zum Verständnis ist dieser Weg durchaus angebracht, jedoch sollte man die Beziehung zu einer Einheit nur „im Kopf" vornehmen, um herauszufinden, ob es sich um ein gerades oder ungerades Verhältnis des Dreisatzes handelt.

Genügt es nicht, wenn man weiß, dass es zwei Dreisatzvarianten gibt?

Nein, denn die Zahlen werden unterschiedlich in Beziehung gesetzt. Mal wird über Kreuz multipliziert, mal waagerecht.

Wann sollte man die Regeln anwenden?

Die Regeln vereinfachen das Rechnen mit Dreisätzen, insbesondere bei zusammengesetzten Dreisätzen. Daher sollte man die Regeln kennen.

Zum Merken

Der einfache Dreisatz

Der einfache Dreisatz tritt sowohl in geraden als auch in ungeraden Verhältnissen auf. In beiden Fällen sind dieselben Bezeichnungen untereinander zu schreiben. Die Frage (und die Bezeichnung) stehen am Ende des Dreisatzes.

Gerade ist das Verhältnis,
wenn man die Aussagen treffen kann:

> *„je mehr, desto mehr"*
> oder
> *„je weniger, desto weniger"*

ungerade dann, wenn man

> *„je mehr, desto weniger"*
> oder
> *„je weniger, desto mehr"*

sagen muss.

Zur Verkürzung der Rechenoperationen kann man sich auf die Darstellung von zwei Rechensätzen konzentrieren, auf den Bedingungs- und den Fragesatz.

- Bei **geraden Verhältnissen** wird über **Kreuz multipliziert** (C × B) und durch die 1. Zahl des Bedingungssatzes (A) dividiert.
- **Bei ungeraden Verhältnissen** werden die beiden Glieder des Bedingungssatzes miteinander multipliziert (A × B) und diese durch die Zahl des Fragesatzes (C) dividiert. (Der Rechenweg verläuft umgekehrt zum geraden Verhältnis)

(Zum Verständnis aber ist es immer sinnvoll, den Bedingungssatz (in Gedanken) auf eine Einheit [Umrechnungssatz] zurückzuführen.)

Aufgaben

Am schwarzen Brett der Firma war zu lesen:

Wenn Sie noch schneller arbeiten, werden unsere Kosten pro Stück fallen, weil Sie mehr herstellen. Zur Zeit produzieren wir in 60 Minuten 120 Stück. Pro Stück fallen Kosten von 10 € an, davon sind 6 € fix (feststehend wie z.B. Miete) und 4 € variabel (beweglich, veränderlich, wie z.B. der Stromverbrauch). Bei mehr Produktion werden die Anteile der variablen Kosten gleich bleiben, aber die fixen Kostenanteile werden sinken. Vorgesehen ist eine Senkung der fixen Kosten von 6 € auf 5 €.

1. Erklären Sie mit eigenen Worten, was sie unter Kosten verstehen!
2. Wie viele Stücke muss das Unternehmen pro Stunde hervorbringen, damit diese Forderung erfüllt wird?

3. Der zusammengesetzte Dreisatz

1. Beispiel

Das Problem

Ein Bauunternehmen bekam nach einem Angebot den Auftrag, in 10 Tagen einen Graben mit einer Breite von 150 cm, einer Höhe von 200 cm sowie einer Länge von 500 m für die Verlegung von Rohren auszuheben. Gleichzeitig sollte ein neues Angebot über einen Graben abgegeben werden, dessen Breite nur 120 cm, dessen Höhe 100 cm sowie dessen Länge 300 m betrug. Voraussetzung zur Erteilung des Auftrages sollte der günstigste Preis bei einer Fertigungszeit von 6 Tagen sein. Der erste Auftrag wurde pünktlich mit 20 Arbeitskräften erfüllt. Wie viele Arbeitskräfte müsste das Unternehmen unter sonst gleichen Bedingungen wie im Erstauftrag einsetzen, um den kleineren Graben nach 6 Tagen abzuliefern?

Bedingungs- und Fragesatz aus den Angaben aufstellen

Die Lösung

Zusammengesetzte Dreisätze haben sehr viel mehr Glieder als einfache Dreisätze. Das erschwert ihre Lösung etwas.

Zunächst ist ratsam, die einzelnen Größen übersichtlich gegenüberzustellen. Dabei wird das Gefragte an das Ende des aufzustellenden Dreisatzes gesetzt werden. Das ist bereits bei der Darstellung der verkürzten einfachen Dreisätze geschehen.

Bezeichnung	**1. Auftrag**	**2. Auftrag**
Länge/m	500	300
Breite/m	1,5	1,2
Höhe/m	2,0	1,0
Zeit/Tg.	10,0	6,0
AK	**20,0**	**?**

Ausgangspunkt der Berechnung ist der Bedingungssatz (1. Auftrag). Wieder müssen dieselben Bezeichnungen des Fragesatzes genau untereinander geschrieben werden, so dass beide Sätze übersichtlich werden. Wie bisher gehört die Frage ans Ende.

Sie wird zum zentralen Bezugspunkt, weil von ihr der Lösungsweg ausgeht. Beim zusammengesetzten Dreisatz ist immer wieder auf eine Einheit zurückzugehen, auch wenn der vorher eingeführte Umrechnungssatz in derselben Form wie vorher nicht gebildet werden kann.

Wie gelangt man zum richtigen Lösungsansatz?

1. Bedingungssatz
500 m L – 1,5 m B – 2,0 m H – 10 Tg. – 20 Arbeitskräfte

2. Fragesatz
300 m L – 1,2 m B – 1,0 m H – 6 Tg. – ? **Arbeitskräfte**

Lösungsschritte

Aus dem Bedingungs- und dem Fragesatz sind mehrere einfache Dreisätze zu bilden. Ausgangspunkt sind die Anfangs- und Endglieder (hier Meter Länge und Arbeitskräfte beider Sätze). Aus ihnen lässt sich der erste Dreisatz bilden:

1. Dreisatz

Verbal: Wenn 20 Arbeitskräfte 500 m Länge eines Grabens (in einer bestimmten Zeit) ausheben, dann braucht man für einen kürzeren Graben von 300 m Länge wie viele Arbeitskräfte?

500 m L .... 20 AK
300 m L .... ? (x) AK

Gerades Verhältnis,
je weniger, desto weniger:
über Kreuz multiplizieren

$$x = \frac{300 \times 20}{500}$$

2. Dreisatz

Nunmehr werden die ersten beiden untereinander stehenden Glieder durch die zweiten ausgetauscht, die Endglieder bleiben erhalten.

Verbal: Wenn 20 Arbeitskräfte 1,5 m Breite eines Grabens (in einer bestimmten Zeit) schaffen, dann braucht man in derselben Zeit für einen schmaleren Graben wie viele Arbeitskräfte?

1,5 m B .... 20 AK
1,2 m B .... ? (x) AK

Gerades Verhältnis

$$x = \frac{1{,}2 \times 20}{1{,}5}$$

3. Dreisatz

Hier ist wie beim 2. Dreisatz zu verfahren.

Verbal: Wenn 20 Arbeitskräfte einen Graben (in einer bestimmten Zeit) von 2 m Höhe ausheben können, dann braucht man bei einer geringeren Höhe von 1 m wie viele Arbeitskräfte?

2 m H .... 20 AK
1 m H .... ? (x) AK

Gerades Verhältnis

$$x = \frac{\mathbf{1{,}0 \times 20}}{\mathbf{2{,}0}}$$

4. Dreisatz

Verbal: Wenn 20 Arbeitskräfte für eine bestimmte Arbeit 10 Tage brauchen, dann müssen in 6 zur Verfügung stehenden Tagen wie viele Arbeitskräfte eingesetzt werden, um den Graben auszuheben?

10 Tage .... 20 AK
6 Tage .... ? (x) AK

Ungerades Verhältnis,
je weniger, desto mehr;
waagerecht malnehmen

$$x = \frac{10 \times 20}{6}$$

Da es sich um eine Aufgabe handelt, können alle im Bruch darstellten Dreisätze auf einem Bruchstrich zusammengefügt werden, wobei die Anzahl der Arbeitskräfte, nämlich 20, nur einmal (wie in den beiden Sätzen dargestellt) vorkommen darf. Also

$$x = \frac{300 \times 1{,}2 \times 1{,}0 \times 10 \times 20}{500 \times 1{,}5 \times 2{,}0 \times 6}$$

$$x = \frac{3 \times 0{,}2 \times 1{,}0 \times 5 \times 20}{5 \times 1{,}5}$$

Zähler und Nenner kürzen

$$x = 2 \times 0{,}2 \times 1{,}0 \times 20$$

AK = 8

Ergebnis

Der kürzere und weniger breite Graben kann in 6 Tagen von nur 8 Arbeitskräften beendet werden.

Zum Merken

Der zusammengesetzte Dreisatz ist in mehrere Teildreisätze zu zerlegen, ohne die einzelnen gefragten Glieder auszurechnen. Die in den einfachen Dreisätzen ermittelten Bruchstriche werden auf einem Bruchstrich zusammengefasst, dabei wird das letzte Glied, das sich auf jedem Bruchstrich befindet, bis auf einmal gestrichen. Die Bruchstriche für die Dreisätze können entweder über die drei Sätze, den Bedingungs-, Umrechnungs- und Fragesatz (unter Zurückführung auf jeweils eine Einheit), oder nach der Regel für gerade und ungerade Dreisätze aufgestellt werden. Das Ergebnis ist in beiden Fällen dasselbe.

2. Beispiel
(Ein Bericht aus der Presse)

Das Problem

Winterhude: 70 Arbeiter, 24 LKW, zwei Großkräne, 100 Tonnen Teile in 10 Stunden

Mit einem in Hamburg bisher einmaligen Kraftakt tauschte die Hamburger Hochbahn am Wochenende die U-Bahn-Brücke über der Hudtwalcker- und Sierichstraße aus. Das 115 m lange Bauwerk musste korrosionsbedingt einer neuen Stahlkonstruktion weichen.

Die ganze Nacht war man mit der Beseitigung der alten Konstruktion beschäftigt. Und während sich die alte Brücke lautstark aus der gewohnten Winterhuder Umgebung verabschiedete, kündeten die ersten Vorbereitungen schon die Ankunft der neuen Überführung an. 70 Arbeiter brachten zwei Großkräne in Stellung. 24 LKW fuhren die Ausrüstung heran. In 10 Stunden war das Werk bei 100 t Teile geschafft.

Die guten Erfahrungen ließen sofort die Frage stellen, ob ähnlich auch in der Pasewalker Allee vorgegangen werden kann. Hierfür sollten 120 t Teile mit 80 Arbeitskräften und 28 LKW eingesetzt werden. Wie viele Stunden wird man für den Austausch brauchen?

Die Lösung

Die folgende Lösung eröffnet die Chance, komplizierte Dreisätze noch schneller und sicherer zu lösen.

Voraussetzung hierzu ist, sich genau an die Worte zu halten, die bei der Bewältigung der Aufgabe gewählt wurden.

Zunächst sind wieder Bedingungs- und Fragesatz untereinander zu schreiben.

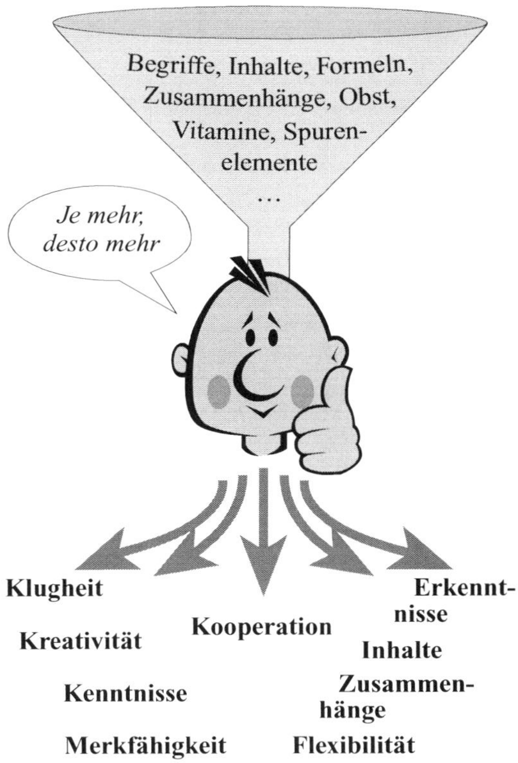

Kommt wirklich mehr heraus als man hineingibt?

1. **Bedingungssatz**
   70 Arbeiter – 24 LKW – 100 t Teile – 10 Stdn.

2. **Fragesatz**
   80 Arbeiter – 28 LKW – 120 t Teile – ? (x) Stdn.

Danach ist der 1. Dreisatz in Gedanken mit den Anfangs- und Endgliedern zu bilden und das Ergebnis auf einen größeren Bruchstrich zu schreiben.

Ungerades Verhältnis

Ausgangsdreisatz

$$x = \frac{10 \times 70}{80}$$

70 Arbeitnehmer leisten eine Arbeit in 10 Stunden. Ein Arbeitnehmer braucht 70 mal so lange, 80 Arbeitnehmer den 80. Teil. Das Verhältnis ist ungerade.

Sprachliches Hilfsmittel

Und das, wenn sie die Teile mit 24 LKW heranschaffen. Würde man die Teile mit einem LKW befördern, dann brauchte man weit mehr Zeit.

Ungerades Verhältnis: mit 24 des Bedingungssatzes multiplizieren und mit 28 aus dem Fragesatz dividieren

$$x = \frac{10 \times 70 \times 24}{80 \times 28}$$

Sprachliches Hilfsmittel

Und das, wenn sie 100 t Teile montieren. Würde man nur 1 t Teil montieren, dann wäre man schneller mit der Brückeninstallation fertig. Da aber 120 t Teile benötigt werden, wird man länger arbeiten. Also

Gerades Verhältnis: mit 120 des Fragesatzes multiplizieren und durch 100 des Bedingungssatzes dividieren

$$x = \frac{10 \times 70 \times 24 \times 120}{80 \times 28 \times 100}$$

$$x = \frac{1 \times 10 \times 24 \times 3}{2 \times 4 \times 10}$$

Kürzen

$$x = 1 \times 3 \times 3$$

$$x = 9 \text{ Stdn.}$$

Ergebnis

Für die neue Brücke, die mit zusätzlichen Arbeitskräften und LKW installiert wird und bei der 120 Teile zu montieren sind, braucht man 9 Stunden.

Rechenweg

1. Zunächst sind der Bedingungs- und der Fragesatz zu formulieren und in Kurzform so aufzustellen, dass das gefragte Glied im Fragesatz am Ende steht. Dieselben Bezeichnungen im Bedingungs- und Fragesatz stehen untereinander.
2. Die Dreisätze können entweder über die Rückführung auf eine Einheit oder über die Unterscheidung nach geradem und ungeradem Verhältnis gelöst werden. Bei einfachen Dreisätzen steht die Größe (Bedingungssatz) über dem gefragten Glied immer auf dem Bruchstrich. Beim geraden Verhältnis wird über Kreuz multipliziert, beim ungeraden waagerecht multipliziert. Danach wird durch die dritte Größe dividiert.
3. In zusammengesetzten Dreisätzen sollte immer auf eine Einheit zurückgegangen werden. Dabei hat es sich als sinnvoll erwiesen, mehrere Teildreisätze aus dem Bedingungs- und Fragesatz abzuleiten. Das bei allen Dreisätzen wiederkehrende letzte Glied des Bedingungssatzes wird bis auf einmal gestrichen. Zur Verkürzung der Schreiboperationen kann mit einem sprachlichen Kniff – „und das, wenn“ schnell die Lösung angepeilt werden.

4. Grenzen der Dreisatzrechnung

Die Dreisatzrechnung ist nur anzuwenden, wenn zwischen den Größen des Bedingungs- und des Fragesatzes ein sinnvoller Zusammenhang besteht, d. h., wenn sie voneinander abhängig sind. Diese Abhängigkeit muss als lineares Verhältnis auftreten. Daher ist zum Beispiel ein Zusammenhang zwischen den Geburten in einer Gemeinde und den Unfällen, die in dieser Gemeinde passieren, nicht aufzustellen, so dass es hierfür auch keinen Dreisatz geben kann. Ebenso wenig abhängig ist die Anzahl der guten Noten in einer Klassenarbeit einer Gymnasialklasse vom Alter der Eltern dieser Schülerinnen und Schüler. Dagegen besteht eine eindeutige Verbindung zwischen der volkswirtschaftlichen Leistung eines Landes und den Arbeitsstunden, die ein Volk hierfür aufwendet.

Aufgaben

1. „Zur Tapezierung Ihres Wohnzimmers werden 25 Rollen zu 0,75 m Breite gebraucht. Sollten Sie schmalere Rollen bevorzugen“, so hieß es im Angebot des Malermeisters Eugen Kammer, „werden entsprechende Rollen in Rechnung gestellt. Die schmaleren Rollen sind im Verhältnis etwas teurer. Außerdem müssen Sie hierbei mit einem höheren Arbeitslohn rechnen, weil das Verkleben schmalerer Rollen längere Zeit dauern wird.“

   Wie viele Rollen wird der Malermeister bei einer Breite der Rollen von 0,50 m benötigen?

2. Der telefonische Rückruf des Kunden, wie lange das Tapezieren und Streichen der Wände und der Decke dauern würde, veranlasste den Malermeister noch einmal zu einer schnellen Überschlagsrechnung: „Wenn wir die breiten Rollen nehmen, dann

werden wir 4 1/2 Stunden arbeiten. Bei den schmaleren wird es wohl 6 Stunden dauern. Die Differenz wird 45 € betragen." „Können Sie mir die schmaleren Rollen nicht zum selben Gesamtpreis wie die breiteren liefern? Wenn Sie gut arbeiten, bekommen Sie auch einen Anschlussauftrag." „Mal sehen", antwortete der Malermeister. „Die breiten Rollen kosten 5 € je Rolle."

a) Wie hoch ist der Arbeitslohn bei Verwendung der schmalen Rollen?

b) Wie teuer wird eine schmale Rolle unter Zugrundelegung des Rollenpreises für breite Rollen?

3. Der Apfelsafthersteller „Alma Popp" tauscht Äpfel fassweise in Saft um. Der Kunde kann sich entweder für Flaschen mit 0,75 l Inhalt oder für solche mit 4/5 l Inhalt entscheiden. Ein landwirtschaftlicher Betrieb sollte für seine abgelieferte Obstmenge 96 Flaschen zu 0,75 l erhalten, jedoch wünschte er eine Abfüllung in 0,8-Liter-Flaschen.

   Wie viele Flaschen wurden ihm danach ausgeliefert?

4. Die Leitung einer Zementfabrik stellte einen Finanzplan für das kommende Jahr auf. Darin waren auch die Brutto-Löhne und -Gehälter in Höhe von 20 Mio. € enthalten (Direktentgelt). Mit welchen Personalzusatzkosten muss das Unternehmen rechnen, wenn die vom Statistischen Bundesamt vorgelegten Personalzusatzkosten von 2004 noch Gültigkeit haben? (Lassen Sie die Prozentzahlen unberücksichtigt!)

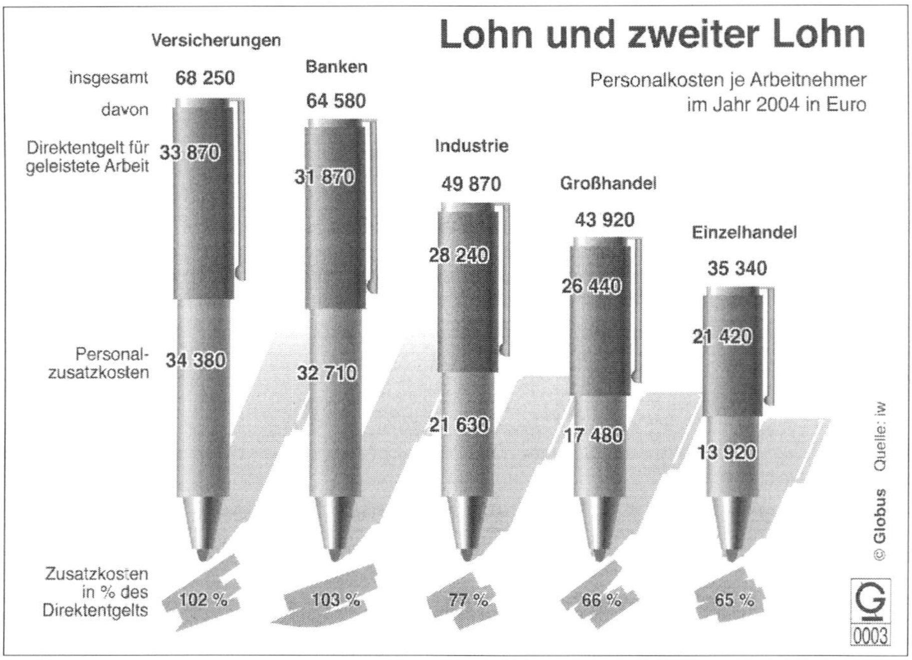

5. Ein Kilo Costa Rica-Kaffee wird zur Zeit mit 9 € gehandelt.

   Eine Kundin verlangt zunächst 1 Kilo und 125 Gramm. Als sie den Preis erfährt, bittet sie, ihr eine Mischung über 1,5 kg aus verschiedenen billigeren Sorten zusammenzustellen, ohne dass sie noch Geld drauflegen muss.

   Wie hoch ist der Preis für 1 kg der Mischung?

6. Die geleistete Arbeitszeit der Erwerbstätigen in ausgewählten Ländern im Jahre 2005 ist der Tabelle zu entnehmen. Zur Montage eines Gebäudekomplexes in Lübeck wurden insgesamt 7892 Arbeitsstunden in Anspruch genommen.

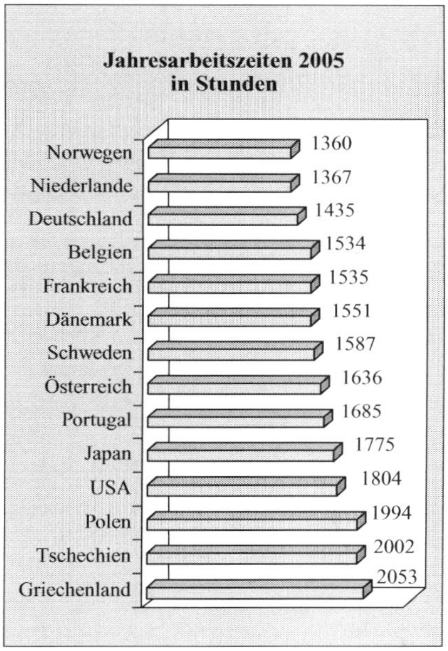

   a) Wie viele Arbeitskräfte aus Deutschland wurden hierfür eingesetzt?

   b) Gesetzt den Fall, man könnte Arbeitsgruppen aus Tschechien zu deren Arbeitsbedingungen einsetzen, wie vielen Arbeitskräfte würden nur benötigt, um die Arbeit zur selben Zeit zu beenden?

   c) Die Kosten je Arbeitsstunde im Jahre 2005 betrugen für die Tschechen 5,04 Euro, für Deutschland 27,87 Euro. Wie hoch waren die Arbeitskosten in beiden Fällen?

7. In Deutschland arbeitet man durchschnittlich 5 Minuten, um 250 Gramm Markenbutter bei einem Preis von 1 € zu erwerben. Vergleichszahlen aus Sri Lanka besagen, dass dort für 1 Pfund Butter (500 g) 80 Minuten gearbeitet werden muss.

   Wie teuer wäre dann die Butter in Deutschland, wenn hier dieselben Verhältnisse herrschten?

8. Ein Bagger mit 40 PS räumte in 12 Arbeitstagen bei je 8 Stunden Arbeitszeit einen Müllberg von 2500 cbm fort. Wie viele Tage würde ein Bagger mit 72 PS für 8000 cbm brauchen, wenn dieser täglich nur 6 Stunden zur Verfügung steht?

II. Rechnen mit englischen Gewichten und Maßen

1. Die Aufgabe der Rechnung mit englischen Gewichten und Maßen

Fast jeder Mitbürger von uns kommt mit der englischen Sprache in Berührung. Und viele von diesen Mitbürgern reisen in Länder, in denen englisch gesprochen wird bzw. die zum englischen Commonwealth gehören. Oder sie besuchen England. Dann sehen sie auf den Landstraßen an Hinweistafeln Meilen statt Kilometer. In den Supermärkten und Kaufhäusern müssen sie sich mit Pounds oder Libs auseinander setzten, und das sind 453,6 Gramm, statt mit dem vertrauten deutschen Pfund (500 Gramm) umzugehen, und an der Kasse sind möglicherweise neunundneunzig Pence hinzublättern, und das ist noch nicht mal ein Pfund.

Ist all das etwas Besonderes? Die Antwort lautet ja, denn sowohl die englischen Maße als auch die Gewichte unterliegen nicht dem Zehnersystem, das bei uns die Berechnungen so leicht macht. Ein Kilogramm hat eben 1000 Gramm, ein Meter sind 100 Zentimeter. Noch vor Jahren mussten sich Großbritanniens Bürger mit einer Währung abgeben, deren Pfund 20 Shilling und deren Schilling 12 Pence umfasste. Das ist heute anders, weil für sie das Zehnersystem eingeführt wurde. Dafür entfielen Shilling. Noch heute trauern viele Engländer dem alten Währungssystem nach, obwohl die Umrechnungen kompliziert waren.

Dass Kaufleute, deren Rechnungen auf der Basis englischer Gewichte bzw. Maße basieren, die Umrechnungen in ein Zehnersystem, z. B. in deutsche Gewichte, kennen müssen, ist selbstverständlich. Nur durch Umrechnungen sind dann Preisvergleiche mit einheimischen Anbietern anzustellen.

Daher muss man die Umrechnungswege kennen. Das erleichtert einen Besuch im englisch sprechenden Ausland und hilft beim Ex- und Import, wenn Kontrakte auf englischer Währung beruhen und sich auf englische Maße und Gewichte beziehen.

2. Englische Gewichte und Längenmaße

Informationen

Wie heißen die üblichen englischen Gewichte?	Sie heißen: **„ton"** – abgekürzt „t", **„hundredweight"** – abgekürzt „cwt" (centweight), **„quarter"** – abgekürzt „qr" und **„lib"** – abgekürzt „lb". Für 1 lb wird der Begriff „pound" verwandt. Auch das Wort „lib" stammt aus dem Lateinischen und ist abgeleitet aus „libra" (das Pfund).
Wie ist der Zusammenhang zwischen den Gewichten?	1 t = 20 cwts 1 cwt = 4 qrs 1 qr = 28 lbs 1 cwt = 112 lbs
Gibt es noch eine kleinere Gewichtsgröße?	Ja, es handelt sich um Unzen, eine Gewichtseinheit, die aus dem Boxsport bekannt ist. Im Englischen spricht man von „ounces". Ein englisches Pfund (lb) hat 16 ounces.
Was verbirgt sich hinter folgendem Ausdruck? „cwts 17.3.27.5"	Die Abkürzung ist ähnlich wie die in der Währung zu lesen. Hier setzt sich das Gewicht aus 17 centweights, 3 quarters, 27 libs und 5 ounces zusammen.
Wie ist der deutsche Umrechnungswert?	Wenn man ganz genau rechnen will, dann sind für 1 lb 453,6 deutsche Gramm anzusetzen. Bei nicht notwendiger Exaktheit wird 1 cwt als ein Zentner (= 50 kg) angesehen. Danach entspricht ein quarter 25 deutschen Pfund (1/4 Zentner).
Wie heißen die üblichen englischen Längenmaße?	Es handelt sich hierbei um **miles** (Meilen), um **yards**, um **feet** (Mz) und **foot** (Ez) – im Deutschen wird trotz der englischen Mehrzahl von Fuß gesprochen, z. B. die Weite beträgt 30 Fuß –, sowie um **inches**.
Wie ist der Zusammenhang zwischen den Maßen?	1 mile = 1760 yards 1 yard = 3 feet 1 foot = 12 inches
Wie ist der deutsche Umrechnungswert?	1 yard ist mit 91,44 cm angegeben.

Sollte man mit einfachen Zahlen rechnen?

Ja, das ist üblich!

In der Regel wird mit einer vereinfachten Umrechnungsgröße gearbeitet: Danach entsprechen

12 yards 11 Metern

Wie liest man

yards 2.2.2?

Die abgekürzte Schreibweise enthält

2 yards,
2 feet,
2 inches.

Der englische Dreispringer John Bolten sprang im vergangenen Jahr yards 18.0.0. Wie viel Meter waren das?

Das waren 16 1/2 m.

12 yards entsprechen 11 m, 6 yards danach 5,5 m, also insgesamt erbrachte er eine Leistung von 16 m und 50 cm, also 16,5 m. Übrigens ein hervorragender Sprung.

Wo werden – außer bei Kaufleuten – international englische Maße und Gewichte benutzt?

Englische Maße und Gewichte werden in englisch sprechenden Ländern angewandt, also neben Großbritannien in den Vereinigten Staaten, in Kanada, in Australien, in Neuseeland u. a. Viele Commonwealthländer haben bereits das Zehnersystem übernommen und sprechen nicht mehr von Meilen, sondern von Kilometern, und nicht von yards und feet, sondern von Metern. Im Sport sind Bezeichnungen wie „die Meile" und „yards" durchaus noch im Gebrauch.

Kommt eine Rechnung in englischen Maßen und Gewichten bei uns überhaupt vor?

Losgelöst von Währungsumrechnungen in der Regel nicht. Daher sind sie in den folgenden Musteraufgaben auch vornehmlich zusammen mit Währungsumrechnungen dargestellt.

Das Problem

Ein Angebot aus Glasgow enthielt die folgende Kondition: „Wir liefern Ihnen 9 qrs zum Preis von 186 pence je lb".

(Zur einfacheren Rechnung wird 1 £ = 1,60 € eingesetzt)

Die Lösung

Wie ersichtlich ist, sind mehrere Rechenschritte hierzu nötig. Es ist sinnvoll, sich noch einmal alle notwendigen Einheiten vor Augen zu führen:

1 qr = 18 lbs
1 lb = 453,6 Gramm
1 £ = 100 p
1 £ = 1,60 € (gerundet)

1) Wie hoch war der Preis in englischer und in deutscher Währung?
2) Wie hoch war der Preis in deutscher Währung bei einem Kurs von 2,51 für 1 £?
3) Wie viel € kostet 1 Kilo?

1. Schritt

Umrechnung der quarters in libs:

$$? \text{ lbs} = 9 \times 28$$
$$= 252 \text{ lbs}$$

2. Schritt

Ermittlung des Rechnungsbetrages in £:

186 p entsprechen 1,86 £

Durch 100 teilen

3. Schritt

Ermittlung des Rechnungsbetrages in Pfund und Pence.

1 lb .... 1,86 £
252 lbs .... ? (x) £

Dreisatz, gerades Verhältnis

$$x = \frac{252 \times 1{,}86}{1} \qquad x = 468{,}72 \text{ £}$$

1. Ergebnis

Der Preis in englischer Währung beläuft sich auf 468,72 £ oder 468 Pfund und 72 Pence.

4. Schritt

Ermittlung des €-Betrages:

1 £	1,60 €
468,72 £	? (x) €

$$x = 1{,}60 \times 468{,}72$$
$$x = 749{,}95 \text{ €}$$

Dreisatz, gerades Verhältnis

2. Ergebnis

Der Preis in € lautet auf 749,95.

5. Schritt

Der Preis in € oder in engl. Währung bezieht sich auf 252 libs.

Teilt man ihn durch 252 libs, erhält man den Preis für 1 lb.

$$1 \text{ lb} = \frac{749{,}95}{252}$$

$$1 \text{ lb} = 2{,}976 \text{ €}$$

Der Weg zum Preis von einem Kilo ist nicht mehr weit.

1 lb = 453,6 gr.

Dreisatz, gerades Verhältnis

453,6 Gramm .... 2,976 €
1000 Gramm .... ? (x) €

$$x = \frac{1000 \times 2{,}976}{453{,}6}$$

$$x = 6{,}56\ €$$

3. Ergebnis

1 Kilogramm kostet in Deutschland 6,56 €.

Aufgaben

1. „Ihr kämpft heute im Training mit 12 Unzen“, sagte der Coach zu seinen Schützlingen. „Gesichtsschutz ist bei diesem Gewicht der Boxhandschuhe Vorschrift.“

   Wie viel wog ein Boxhandschuh in Gramm?

2. Der Angestellte der Schifffahrtsgesellschaft blätterte zur Berechnung der PKW-Fährfracht in seiner Liste nach. Der in Frage kommende Kraftwagen wog 8 1/2 Zentner, die in cwts umgerechnet werden mussten, um den Tarif abzulesen.

   Wie schwer war das Auto in der englischen Gewichtseinheit? Bitte genau rechnen.

Das Problem

Die Jungen vom S. C. Glasgow wollten die Staffel gewinnen. Die Strecke war 4 Meilen und 56 yards lang. Daran waren 8 Jungen beteiligt.

1) Wie viele yards lief durchschnittlich jeder?
2) Sie legten die Strecke in der sensationellen Zeit von 23 Minuten und 42 Sekunden zurück. Das war Streckenrekord. Wie lange brauchten sie für eine Meile?

Die Lösung

Eine Meile umfasst 1760 yards. Demnach liefen die Jungen insgesamt 4 × 1760 yards = 7040 yards. Dazu ist 56 zu addieren, das ergibt 7096 yds. Da 8 Jungen beteiligt waren, sind die zurückgelegten yards durch 8 zu teilen.

1) Demnach lief ein Junge 887 yards.
2) Die Jungen brauchten für die Gesamtstrecke 23 Minuten und 42 Sekunden.

Da die durchschnittliche Zeit für eine Meile zu ermitteln ist, sollte die Lösung durch einen Dreisatz ermittelt werden.

1. Schritt

Berechnung der Minuten/Meile

7096 yards .... 23,7 Minuten*
1760 yards .... ? (x) Minuten

* 0,7 Mi = 42 Sek.

Dreisatz, gerades Verhältnis

$$x = \frac{1760 \times 23{,}7}{7096}$$

x = 5,8782 Min.

2. Schritt

Berechnung der Minuten/Sekunden

1 Minute .... 60 Sekunden
0,8782 M .... ? (x) Sekunden

Dreisatz, gerades Verhältnis

$$x = \frac{60 \times 0{,}8782}{1}$$

x = 53 (aufgerundet)

Genau sind es 52,69 Sek.

Ergebnis

Die Jungen liefen die Meile in 5 Minuten und 53 Sekunden.

Aufgaben

Der Bus von London nach Crewtown fährt 30 Minuten. Er legt circa 16 Meilen zurück.

a) Wie viele yards sind das?
b) Wie viele Kilometer ist die Strecke lang?
c) Wie schnell ist der Bus (ohne Halt) in einer Stunde in km?

Das Problem

Von England wird Kammgarn angeboten. Ein yard ist mit 800 p angegeben. Bei Abnahme von 50 yards wird ein Rabatt von 4000 p eingeräumt.

1) Wie viel £, unter Abzug des Rabatts, kostet der Stoff?
2) Wie viel € bei einem Kurs von 1,60 € je £ sind zu zahlen?
3) Wie viel € kostet 1 m Kammgarn?

Die Lösung

Wenn ein yard mit 800 p angeboten wird, dann kosten 50 yards 40 000 Pence. Das sind 400 £. Hiervon sind 40 Pfund (Rabatt) abzuziehen, dann bleiben 360 £ übrig. Das ist der Preis für 50 yards.

1. Ergebnis

Der Rechnungsbetrag in englischer Währung würde £ 360 betragen.

Wenn für 1 Pfund 1,60 € zu bezahlen sind, dann ermittelt man den €-Betrag durch Multiplikation.

x = 1,60 × 360
x = 576

1 yard entspricht 91,44 cm

2. Ergebnis

Fünfzig yards kosten 576 €.

1. Schritt

50 yards .... 576,00 €
1 yard entspricht .... 91,44 cm
demnach

Dreisatz mit geradem Verhältnis

ist der Stoff 50 × 91,44 cm lang, d. h. 45,72 m.

2. Schritt

45,72 m .... 576,00 €
1 m .... ? (x) €

$$x = \frac{576 \times 1}{45,72}$$

$$x = 12,60 \text{ €}$$

Dreisatz mit geradem Verhältnis

Ergebnis

Das Kammgarn wird für 12,60 € pro m eingekauft.

Rechenweg

1. Will man die englischen Gewichte in deutsche umrechnen, dann ist es sinnvoll, alles in Dezimale von Tonnen umzuwandeln.

   Geht man von den kleineren Einheiten in die größeren, ist immer zu dividieren.

   Zuerst durch 28, dann durch 4 und durch 20. Es ist darauf zu achten, dass jeweils die entsprechenden Einheiten, in die die unteren Größen umgeformt werden, zum Ergebnis dazuzuzählen sind.

   Also: Libs werden durch 28 geteilt. Zu dem Ergebnis werden die vorhandenen quarters gezählt. Die Summe ist durch 4 zu dividieren. Dazuzurechnen sind die vorhandenen hundredweights etc. Bei nicht notwendiger Genauigkeit können zur Umrechnung 20 Zentner übernommen werden, die einer englischen Tonne entsprechen.

2. Bei exakter Umrechnung in Kilogramm können alle Gewichtseinheiten in libs umgerechnet werden.

   Geht man von den größeren in kleinere Einheiten, ist stets zu multiplizieren.

Dabei sind englische Tonnen mit 20 zu multiplizieren, dazu sind centweights zu addieren, und die Summe ist mit 4 malzunehmen. Heraus kommen quarters. Sie werden um die vorhandenen erhöht und mit 28 multipliziert. Das Ergebnis sind libs. Diese brauchen dann nur mit 0,4536 Kilogramm (das deutsche Gewicht eines englischen Pfunds = pound) multipliziert werden.

3. Werden Kilogramm in englischen Gewichtseinheiten ausgedrückt, dann ist so vorzugehen: Zuerst wird die Kilosumme durch 0.4536 kg geteilt. Das Ergebnis sind libs. Teilt man diese durch 28, erhält man vor dem Komma quarters. Die nicht umzurechnenden Einheiten bleiben libs. Ebenso verfährt man nun mit quarters und centweights. Nur ist im ersten Fall durch 4, im zweiten durch 20 zu dividieren.

4. Vergleichbar ist der Rechenweg mit englischen Längenmaßen: Hier allerdings wird, will man auf deutsche Maße gehen, mit der Ungefährgröße: 12 yards = 11 m gerechnet.

5. Ist eine Summe, bestehend aus Meilen 15.550.2.10, in yards umzurechnen, ist nach den oben genannten Grundsätzen zu verfahren. Von der größeren in die kleineren Einheiten zwingt zur Multiplikation, von den kleineren zu den größeren zur Division.

6. Yards in Meter umzuwandeln heißt, yards mit 11 malzunehmen und durch 12 zu teilen. Meter in yards umzurechnen bedeutet, Meter mal 12 zu nehmen und durch 11 zu teilen.

3. Grenzen der Rechnungen

Die englischen Gewichte und Maße werden bei uns selten benötigt, die Maße insbesondere bei Sportveranstaltungen und möglicherweise in Büchern, wenn es um Reiserouten in den Commonwealth-Ländern geht, natürlich auch in den Vereinigten Staaten. Hier in Deutschland verwenden wir sie meist nur in Im- und Exportgeschäften.

Die Grenzen der Rechnungen liegen eindeutig in der Häufigkeit ihres Gebrauchs. Und der ist selten genug. Daher sind auch nur einige Musterbeispiele und wenige Aufgaben dargestellt. Im Übrigen gibt es in Großbritannien seit Jahrzehnten Strömungen, auch die Gewichte und Maße auf das Zehnersystem umzustellen. Bisher ist ihnen der Erfolg versagt geblieben.

III. Der Kettensatz

1. Die Aufgabe des Kettensatzes

Der Kettensatz stellt eine Rechenmethode dar, die es erlaubt, einfache und zusammengesetzte Dreisätze mit geraden Verhältnissen schnell und unkompliziert zu lösen. Gerade bei zusammengesetzten Dreisätzen ist die Rechnung über die Dreisatzrechnung aufwendig, weil mehrere Dreisätze zu bilden sind und diese dann zusammengesetzt werden.

Der Kettensatz verkürzt die Rechnung erheblich. Das ist allerdings nicht seine einzige Aufgabe, wohl aber eine wichtige.

Der Kettensatz schafft dank seiner Struktur Klarheiten. Er zwingt zum logischen Denken, weil jeweils zwei Glieder einer Stufe (Kette) zusammengehören und ein Glied mit der nächsten Stufe vernetzt wird.

Kettensätze lassen sich besonders gut bei Umrechnungen von Währungen einsetzen, so dass sie dem Reisenden ein willkommener Helfer sind.

2. Der einfache Kettensatz

Das Problem

Die Arbeitnehmer eines Unternehmens bekamen in Abhängigkeit zu ihrem Arbeitsentgelt zum Jahresausklang eine Prämie.

Für ein Jahresgehalt (JG) von 36 000 € zahlte das Unternehmen eine einmalige Prämie von 1 800 €.

Wie hoch war die Prämie für Kai Michaelsen, der 40 000 € im Jahr verdiente?

Gerades Verhältnis

Bruchstrich ist derselbe wie beim Dreisatz

Kettensatz ist anders aufzustellen

Die Lösung

Hier sind zwei Ansätze möglich. Der eine Ansatz ist bekannt. Es ist der einfache Dreisatz mit geradem Verhältnis. Der zweite ist der Kettensatz.

Dreisatz

36 000 € JG .... 1 800 € Prämie
40 000 € JG .... ? (x) € Prämie

$$x = \frac{40\,000 \times 1\,800}{36\,000}$$

$$x = 2\,000\ €$$

Kettensatz

? (x*) € Prämie .... 40 000 € JG
36 000 € .... 1 800 € Prämie

$$?\,(x)\ € = \frac{40\,000 \times 1\,800}{36\,000}$$

$$x = 2\,000\ €$$

Ergebnis

Bei einem Jahreseinkommen von 40 000 € zahlt das Unternehmen eine Prämie von 2 000 €.

Was ist daraus zu erkennen?

Kettensatz und Dreisatz müssen zum selben Ergebnis kommen. Daher muss der Bruchstrich derselbe sein. Um das zu erreichen, muss die rechte Seite des Kettensatzes im Zähler, die linke im Nenner stehen.

Informationen

Was unterscheidet den Kettensatz vom Dreisatz?

Beim Dreisatz können gerade und ungerade Verhältnisse aufgestellt werden. Dreisätze mit geraden Verhältnissen können in Kettensätze ungeformt werden. Ungerade Dreisätze nicht. Das bedeutet, dass der Kettensatz nur mit geraden „Dreisatzverhältnissen" gebildet werden kann.

* Hinter das Fragezeichen ist immer (x) gesetzt, weil man hiermit besser rechnen kann.

Wie sieht die äußere Form des Kettensatzes aus?

Beim Kettensatz muss immer mit der gefragten Einheit begonnen werden. Ihre Bezeichnung steht auch am Ende des Kettensatzes im letzten Glied. Der Kettensatz wird auch – wie der Dreisatz – in so genannten Reihen mit zwei Gliedern aufgestellt. Die erste Reihe umfasst die gesamte Frage, hat also 2 Glieder, und könnte so aussehen: Wieviel € kosten 2 Arbeitsstunden? Die nächste Reihe muss mit Arbeitsstunden fortgesetzt werden. Das Ende (also das letzte Glied) trägt die Bezeichnung der Frage, hier im Beispiel also „€".

Die Reihen nach der ersten Reihe werden auch Stufen genannt. Der Kettensatz kann viele Stufen enthalten.

Wie wird der Kettensatz gelesen?

Der Kettensatz stellt eine rechnerische Kurzform dar. Wenn man ihn mit Worten aufstellen würde, dann sollte man sich vor Augen halten, dass die Reihen eine Art Gleichung darstellen. Unter dieser Voraussetzung hört sich der Kettensatz an einem Beispiel so an: Wie viel € Prämie bekommt man bei einem Jahresgehalt von 40 000 € (1. Reihe), wenn 36 000 € Jahresgehalt einer Prämie von 1 800 € entsprechen (2. Reihe)?

Ist es wichtig, dass die beiden Wörter „wenn" und entsprechen" vorkommen?

Ja, denn mit ihnen entsteht so etwas wie eine Gleichung. Gleichungen aber bestimmen alle Reihen in der gesamten Kette einer Aufgabe. Deshalb sollte man diese Wörter bei Aufstellung der Kette immer im Kopf benutzen.

Ist die Kettenlänge begrenzt?

Nein. Voraussetzung ist, dass zwischen jeder Reihe eine logische Beziehung besteht und diese auch von Stufe zu Stufe erkennbar ist.

3. Der Kettensatz mit drei Reihen

1. Beispiel

Das Problem

Aus London werden 4 Ballen Stoff zu 22 US$ angeboten.

Was kosten drei Ballen in € bei einem Kurs von 0,8105 € je US$?

Die Lösung

In dieser Aufgabe werden Stoffballen geliefert (1. Größe), deren Preis mit US $ angegeben ist (2. Größe).

Der Preis für eine begrenzte Menge soll in € (3. Größe) ausgerechnet werden.

Der erste Lösungsansatz soll uns noch einmal über die Dreisatzrechnung führen.

1. Lösungsansatz – Dreisatzrechnung

1. Dreisatz

4 Ballen . . . . 22 $
3 Ballen . . . . ? (x) $

Gerades Verhältnis

$$x = \frac{3 \times 22}{4}$$

Über Kreuz multiplizieren

$$x = 16{,}5 \$$$

2. Dreisatz

Gerades Verhältnis

1 $ . . . . 0,8105 €
16,5 $ . . . . ? (x) €

$$?\,(x)\,€ = \frac{0{,}8105 \times 16{,}5}{1}$$

Über Kreuz multiplizieren

$$x = 13{,}37\,€$$

Ergebnis

Umständliche Rechnung mit zwei Dreisätzen

3 Stoffballen kosten 13,37 €

2. Lösungsansatz – Kettensatzrechnung

Aus den oben genannten Zahlen ergibt sich, dass es sich um drei Reihen bzw. zwei Stufen einer Kette handelt. Im Folgenden sind sie zunächst zum Teil verbal dargestellt, damit die beiden Wörter

„wenn" und
„entsprechen/entspricht"

deutlich erkennbar werden.

Kettensatz in verbaler Anwendung mit methodischen Hinweisen

1. Reihe	? (x) €	. . . . kosten	3 Ballen	
2. Reihe wenn (1. Stufe)	4 Ballen (und)	. . . .	22 $	entsprechen
3. Reihe wenn (2. Stufe)	1 $	. . . .	0,8105 €	entspricht.

Anfangs- und Endbezeichnungen sind gleich

Kettensatz verkürzt

? (x) € .... 3 Ballen
4 Ballen .... 22 $
1 $ .... 0,8105 €

$$x = \frac{0{,}8105 \times 22 \times 3}{4}$$

$$x = 13{,}37\ €$$

Einheiten des 2. und des 3. Glieds (Ballen) sowie des 4. und 5. Glieds (Pfund) stimmen überein.

Ergebnis

Drei Stoffballen kosten bei dem angegebenen Kurs 13,37 €.

2. Beispiel

Das Problem

Ein Importeur bezieht aus Großbritannien 220 yards Stoff (bei einer Breite von 1 yard) und bezahlt per yard 12 $.

Wie viel Euro kostet 1 m?

(1$ = 0,8105 €)

Mit der Frage beginnen. Mit der Bezeichnung der Frage enden.

Rechte Seite auf den Bruchstrich

Die Lösung

In diesem Fall handelt es sich um einen **Kettensatz mit vier Reihen.** Er enthält vier Größen: Yards Meter , Dollar und Euro.

Zur Lösung der Aufgabe ist es notwendig zu wissen, dass 12 yards 11 m entsprechen.

Der Kettensatz in Kurzform sieht so aus:

? (x) € .... 1 m
11 m .... 12 yards
1 yd .... 12$
1$ .... 0,8145€

$$x = \frac{1 \times 12 \times 1 \times 0{,}8145}{11 \times 1 \times 1}$$

$$x = 10{,}61\ €$$

Ergebnis

1 Meter Stoff kostet 10,61 €

3. Beispiel

Das Problem

Die Belegschaft der Markus Baumann & Co beteiligte sich geschlossen an der Inventur, die an den arbeitsfreien Tagen bei zusätzlicher Bezahlung aufge-

Die Lösung

Auch in dieser Aufgabe sind drei Größen genannt, nämlich die Anzahl der Mitarbeiter (1. Größe) – und sie beträgt 8, die Arbeitsstunden (2. Größe), die jeder leistete (nämlich 15), und schließlich das Entgelt (3. Größe), das der Chef hierfür hinblätterte.

stellt werden sollte. 8 Mitarbeiter schufteten an beiden Tagen je 15 Stdn. Insgesamt zahlte der Chef netto 1 260 € aus.

Was kostete eine Stunde?

Rechte Seite des Kettensatzes auf den Bruchstrich schreiben

Auch hier ist es möglich, sowohl mit der Dreisatzrechnung als auch mit dem Kettensatz zu arbeiten.

Der Kettensatz (verkürzt) lautet:

? (x) €	1 Stunde (Std.)
15 Stdn.	1 AN
8 AN	2 520 €

$$x = \frac{1 \times 1 \times 1260}{15 \times 8}$$

$$x = 10{,}50\ €$$

Ergebnis

Eine Arbeitsstunde wird mit 10,50 € vergütet.

Rechenweg

Die Anwendung des Kettensatzes ist bei allen Dreisätzen mit geraden Verhältnissen möglich.

1. Bei der Aufstellung des Kettensatzes ist nach einer strengen Abfolge vorzugehen. Der Kettensatz beginnt in der ersten Reihe mit der Frage (1. Glied) und mit den Einheiten (2. Glied), wonach gefragt ist. Diese und alle übrigen Reihen stellen eine Art Gleichung dar.
2. Die zweite Reihe der Kette muss im 3. Glied die Bezeichnung tragen, mit der das zweite Glied der ersten Reihe aufgehört hat. Zweites (1. Reihe) und drittes Glied (2. Reihe) sind miteinander vernetzt. Zwischen dem 3. und 4. Glied besteht wieder eine gleichungsähnliche Beziehung.
3. Das 5. Glied der dritten Reihe hat wieder dieselbe Bezeichnung wie das 4. Glied der zweiten Reihe. Das Endglied bei Kettensätzen muss dieselbe Bezeichnung wie das gefragte 1. Glied besitzen.
4. Schematisch stellt sich der Kettensatz zweiseitig dar, nämlich die linke Seite mit den Gliedern 1, 3, 5 und die rechte Seite mit den Gliedern 2, 4, 6. (Zwischen den Gliedern 1 und 2, 3 und 4 sowie 5 und 6 sollte ein Strich gezogen werden, um die Unterschiedlichkeit klarzumachen.)
5. Die Glieder der rechten Seite der Kette bilden Faktoren, die auf einen Bruchstrich geschrieben werden. Die der linken Seite werden als Faktoren unter den Bruchstrich geschrieben. Danach kann das Ergebnis ermittelt werden.
6. Der Kettensatz kann durch weitere Reihen, die ebenso als Gleichungen anzusehen sind und zwischen denen ebenso ursächliche (kausale) Beziehungen stehen, ergänzt werden.

Aufgaben

1. Hartmut Schmidt konnte sich im Augenblick nicht mehr daran erinnern, wie viele Investmentanteile er zum Nennwert von 25 € je Anteil im letzten Jahr angespart hatte. Als er die Zinsgutschrift von der Bank (ohne Abzüge) über 56 € erhielt, und zwar 2 € je Anteil, dessen Nennwert 25 € beträgt, war es ihm ein Leichtes, das auszurechnen.

   a) Bilden Sie einen Kettensatz über 3 Reihen!

   b) Nach Aufstellung und nach Ergebnisfeststellung verkürzen Sie diesen Kettensatz bitte um eine Reihe. Wie sieht dieser jetzt aus?

2. Für das neue Geländesportabzeichen war als Erstes ein Waldlauf über 20 Minuten zu absolvieren. Grundlage der Berechnung ist, dass in 60 Minuten 9 km zurückgelegt werden müssen.

   a) Wie viele Meter müssen danach in 20 Minuten geschafft werden?

   b) Wie schnell war die Geschwindigkeit pro Stunde, wenn dieselbe Strecke in 15 Minuten durchlaufen werden kann?

4. Der Kettensatz mit mehreren Gliedern

1. Beispiel

Das Problem

Das Angebot kam aus den USA. Für eine Rundreise mit einem geliehenen PKW über 5 000 Meilen soll der Kunde unabhängig vom Benzinverbrauch eine Pauschale von 3 000 Dollar bezahlen. Um das Angebot mit europäischen Verhältnissen zu vergleichen, ist zu ermitteln, wie viel € pro km der Preis bei einem Kurs von 0,8165 € je Dollar entspricht. 1 Meile hat 1 760 yards, und 12 yards entsprechen 11 m.

Die Lösung

Die Kette enthält mehrere Reihen, insbesondere muss sie mit 6 Größen aufgestellt werden. Dazu gehören:

- Meilen,
- Yards,
- Meter,
- Kilometer,
- Dollar,
- Euro.

Sie wird demnach 6 Reihen umfassen. Da die Aufstellung kompliziert erscheint, ist es angebracht, die Kette noch einmal mit den nötigen Begriffen „wenn“ und „entsprechen/entspricht“ aufzuzeigen und sie danach der verkürzten Kette gegenüberzustellen. Sowohl hier wie dort muss mit der Frage begonnen werden. Es sei noch einmal darauf hingewiesen, dass die Reihen Gleichungen vergleichbar sind, in denen die eine Seite der anderen entspricht.

Der vielgliedrige Kettensatz mit mehr als 2 Stufen in verbaler Darstellung

1. Reihe		? (x) €	kostet	1 km	
2. Reihe	wenn	1 km		1000 m	entspricht
3. Reihe	wenn	11 m		12 yds	entsprechen
4. Reihe	wenn	1 760 yds		1 Meile	entsprechen
5. Reihe	wenn	5 000 Meilen		3 000 $	entsprechen
6. Reihe	wenn	1 $		0,8105 €	entspricht

Gegenüberliegende Bezeichnungen sind identisch

? (x) €	1 km
1 km	1000 m
11 m	12 yds
1 760 yds	1 Meile
5000 M	3 000 $
1 $	0,8105 €

Rechte Seite auf den Bruchstrich

Linke Seite unter den Bruchstrich

$$x = \frac{1 \times 1\,000 \times 12 \times 1 \times 3\,000 \times 0{,}8105}{1 \times 11 \times 1\,760 \times 5\,000 \times 1}$$

$$x = \frac{12 \times 3\,000 \times 0{,}8105}{11 \times 1\,760 \times 5000} \quad \text{kürzen}$$

$$x = 0{,}30\ €$$

Ergebnis

Der Mietpreis des PKW pro Kilometer beläuft sich auf 0,30 €.

2. Beispiel

Das Problem

Iris Satorius hatte sich in der Bank in Hamburg 200 US$ geben lassen, die ihrem Konto belastet wurden. Doch leider kam es nicht zu ihrer Amerika-Reise. Statt dessen wollte sie nun in der Schweiz Urlaub machen.

Die Lösung

Bitte benutzen Sie die Reisedevisentabelle aus der Währungsrechnung.

Überlegen Sie bitte, welchen Kurs die Bank bei Rückrechnung und US$-Ankauf einsetzt.

und sie tauschte bei derselben Bank die US $ in Schweizer Franken um. Wie viel Schweizer Franken hat sie bekommen?

Benutzen Sie die Kurstabelle: auf Seite 7.

Die aufzustellende Kette umfasst folgende Größen:

Euro,
US Dollar,
Schweizer Franken.

Demnach sind 3 Reihen zu bilden.

Bruchstrich aufstellen

? (x) sfr .... 200 US$
1 US$ .... 0,7554 €
64,201 € 100sfr

Kürzen möglich

$$x = \frac{200 \times 0{,}7554 \times 100}{1 \times 64{,}201}$$

$$x = 235{,}32 \text{ sfr}$$

Ergebnis

Die bei der Bank eingetauschten und wieder an die Bank bei schlechterem Kurs veräußerten US $ erbringen unter Berücksichtigung des Verkaufskurses der Bank 235,32 Schweizer Franken.

5. Grenzen der Kettensatzrechnung

Der Kettensatz eignet sich besonders für Währungsumrechnungen. Ihn sollte daher jeder beherrschen, der ins Ausland reist. (In jedem Fall ist es auch leicht zu behalten, dass der Kettensatz immer mit der Frage beginnt.)

Im Übrigen ist es leichter einen Kettensatz zu bilden als einen Dreisatz aufzustellen, insbesondere trifft das für zwei- und dreireihige Kettensätze zu. Bei längeren Dreisätzen mit mehr als 3 Gliederpaaren (Glieder mit denselben Bezeichnungen) und nur geraden Verhältnissen bereitet die Umformung manchmal Schwierigkeiten, wenn sich verschiedene Glieder, zum Beispiel Höhe, Breite, Tiefe, in einer Größe, nämlich Kubikzentimeter, Kubikmeter, durch Multiplikation darstellen lassen. Dann muss vor Aufstellung des Kettensatzes die Zusammenfassung erfolgen. Im Übrigen wird der Kettensatz unübersichtlich, wenn mehr als 5 Reihen aufzustellen sind.

Aufgaben

1. Zwei Freunde wollen prüfen, welches ihrer Fahrzeuge günstiger ist. Der eine fährt einen Diesel, der andere einen Benziner. Sie legen eine Strecke von 820 Kilometern (ungefähr Hamburg-München) zurück. Sie wissen, dass der Diesel 8 l bei einer kontinuierlichen Geschwindigkeit von 120 km auf 100 km braucht, der Benziner dagegen 12 l Benzin. Während 1 Liter Benzin mit 1,08 € berechnet wird, kostet der Liter Diesel 0,89 €.

   a) Wie hoch sind die Energiekosten bei beiden Fahrzeugen?

   b) Nun wissen natürlich beide, dass die Wagen dem Verschleiß unterliegen. Der Benziner kostete 19 000 €, der Diesel 25 000 €. Beim Benziner wird von einer Gesamtleistung von 120 000 km ausgegangen, beim Diesel von 150 000 km. Wie viel € müsste man zu den oben errechneten Energiekosten dazurechnen, um ein einigermaßen objektives Vergleichsbild zu bekommen? Welche Anschaffung ist nun günstiger?

   c) Sind der Vergleichbarkeit wegen noch weitere Kosten zu berücksichtigen?

2. Ein Importeur kauft in New York Weizen mit 98 Cents für 1 bushel = 60 engl. Libs ein. Wie viel € kosten demnach in Deutschland 1000 kg, wenn 1 cwt = 50,8 kg sind? Der Dollarkurs ist den amtlichen Devisenkursen zu entnehmen. Sie finden in der entsprechenden Tabelle auf Seite 7.

IV. Verteilungsrechnung

1. Die Aufgabe der Verteilungsrechnung

Mit der Verteilungsrechnung wird gelöst, wie hoch der Anteil eines bestimmten Teiles, z. B. eines Viertels, von einer Gesamtsumme ist. Sie wird ebenso im Haushalt bei der Ermittlung der Heizungskosten einer Mietwohnung oder der Gemeindegebühren wie in Unternehmen in der Kosten- und Leistungsrechnung, zum Beispiel bei Kostenaufschlüsselungen und Frachtabrechnungen, benötigt.

Auch wird sie angewandt, wenn in Personengesellschaften Gewinne bzw. Verluste auf die Teilhaber nach der gesetzlichen Regelung verteilt werden oder wenn bei Konkursen die Konkursquote auf die Konkursgläubiger anzuwenden ist.

Es gibt sicher weitere häusliche, betriebliche und verwaltungsbedingte Beispiele, in denen die Verteilungsrechnung Hilfestellung leistet.

2. Einfache Verteilungsrechnung

Das Problem

Eine Lottogemeinschaft, an der sich Clara Bohnsack, Markus Schütter und Christian Janssen

Die Lösung

In dem vorliegenden Fall muss der Gewinn nach den ausgefüllten Lottoreihen des amtlichen Lottoscheins verteilt werden.

beteiligten, hatte im Falle eines Gewinns ausgemacht, dass jeder, entsprechend der bezahlten Lottoreihen, vergütet wird. C. B. hatte 8 Reihen, M. S. 6 Reihen und C. J. 14 Reihen ausgefüllt und bezahlt.

Wie viel erhält jeder bei einem Lottogewinn von 36 400 €?

Zunächst werden die Anteile untereinander geschrieben und addiert. Die Anteilssumme ist die Basis für die Errechnung eines Anteils. Danach können die Gesamtanteile pro Person leicht ausgerechnet werden. Also:

1. Schritt

Zuerst ist die Tabelle aufzustellen:

Name	Anteile	€
1. C. Bohnsack	8	?
2. M. Schütter	6	?
3. C. Janssen	14	?
		36 400

2. Schritt

Die Anteile sind zu addieren, und die Gesamtsumme ist einzutragen!

Die Teile sind zu addieren

Name	Anteile	€
1. C. Bohnsack	8	?
2. M. Schütter	6	?
3. C. Janssen	14	?
Summen insges.	28	36 400

3. Schritt

Teilt man die Gesamtsumme von 36 400 durch 28, erhält man den € -Anteil für eine Lottoreihe (1. Teil).

Das Ergebnis für 1 Teil ist festzustellen

$$1 \text{ Anteil} = \frac{36\,400}{28}$$

1 Anteil = 1 300 €

4. Schritt

Multipliziert man diesen mit den Lottoreihen (Anteile), ergibt sich jeweils der Gewinn für jedes Mitglied der Lottogemeinschaft.

Multiplikation

C. B. = 8 × 1 300
C. B. = 10 400 €

M. S. = 6 × 1 300
M. S. = 7 800 €

C. J. = 14 × 1 300
C. J. = 18 200 €

Schlusstabelle aufstellen

5. Schritt

Die Tabelle ist auszufüllen, und die Einzelsummen sind zu addieren. Ihre Gesamtsumme muss mit dem Gewinn übereinstimmen.

Name	Anteile	€
1. C. B.	8	10 400
2. M. S.	6	7 800
3. C. J.	14	18 200
	28	36 400

Lösung

Die Lösung ist der Tabelle zu entnehmen.

Informationen

Lässt sich jede Verteilungsaufgabe in der vorgegebenen Weise lösen?

Im Prinzip ja.

Könnte man sich andere Schlüssel vorstellen?

Ja, sie müssen sich nicht aus ganzen Zahlen zusammensetzen. Vorstellbar sind Prozente, aber auch Brüche, z. B. 1/3, 1/5 etc. Und es müssen nicht immer Werte sein. Möglich sind bei Frachten Gewichtsteile, bei Baukosten umbaute Raumteile (Meter) oder sonstige Mengen.

Kann die Verteilungsrechnung auch bei der Gewinnverteilung einer offenen Handelsgesellschaft und Kommanditgesellschaft angewandt werden?

Ja, wenn die gesetzliche Regelung Bestandteil des Gesellschaftervertrages ist. Bei der Offenen Handelsgesellschaft (OHG) erhält jeder Gesellschafter vom Gewinn 4 % auf seine Kapitaleinlage, der Rest wird nach Köpfen verteilt. Liegen vertragliche Regelungen zwischen den Teilhabern vor, dann treten verschiedene Varianten der Gewinnverwendung auf, z. B. kann der Vorweganteil von 4 % entfallen. Auch kann die Verteilung nach Kapitaleinlagen erfolgen.

Gibt es auch Verteilungsschlüssel, die sowohl übliche Anteilsschlüssel enthalten als auch zusätzliche Beträge?

Ja, das ist möglich. So kann bei der Gewinnverteilung einer Lottogemeinschaft derjenige, der dafür sorgt, dass der Schein regelmäßig ausgefüllt und in Annahmestellen abgegeben wird, zusätzlich eine bestimmte Summe, z. B. 1/5 + 3 000, erhalten.

Welche Verteilungsschlüssel werden in der Kosten- und Leistungsrechnung häufig angewandt?

Die Kostenschlüssel sind in der Tabelle unten aufgelistet. Je nach Betrieb werden mal diese oder mal jene verwandt.

Beispiel

Die Schlüssel müssen so gestaltet sein, dass sie dem Prinzip der Verursachung gerecht werden. Wer z. B. im Betrieb ein Ferngespräch führt, dem wird dieses angerechnet. Der Preis ergibt sich aus der Zeit (Einheiten) und aus der Gebühr für 1 Einheit (Einheit × Gebühr)

Verteilungsschlüssel für Kostenarten

Kostenarten	*Verteilung der Kosten auf Kostenstellen*
Miete	nach qm auf Kostenstellen
Fernsprechgebühren	Ferngespräche werden extra erfasst, Ortsgespräche werden nach Sprechstellen umgelegt
Freiwillig-soziale Einrichtungen (Kantine u. a.)	nach Kopfzahl
Gesetzlich-soziale Abgaben	nach den Lohnsummen der jeweiligen Kostenstellen
Abschreibungen	nach einem vorgegebenen Abschreibungssatz und dem entsprechenden Vermögen

Kann man solche Schlüssel denn systematisieren?

Ja, es gibt so genannte **Bewegungs- und Leistungsschlüssel** und darin Mengenschlüssel (verbrauchte Mengen nach Länge und Gewicht u. a.), Zeitschlüssel (Stunden, Tage u. a.) und Wertschlüssel (Löhne, Umsätze, Preise u. a.), und es gibt **Bestands- und Ausstattungsschlüssel**, darin Vermögensschlüssel, Kapitalschlüssel und Arbeitskraftschlüssel (Zahl der Reisenden, Vertreter u. a.).

Aufgabe

Die Miete betrug insgesamt 15 000 €. Das Gebäude wurde hauptsächlich durch die Verwaltung in Anspruch genommen. Sie verfügte über ein Großraumbüro von 300 qm. Die Leitungsetage umfasste 150 qm, die Kantine nahm auch 150 qm in Anspruch. Nebengelasse für die Verwaltung wie die Registratur, das Büromateriallager sowie die Telefonzentrale machten zusammen 150 qm (jeder Teil hatte 50 qm) aus. Schließlich war der Ausstellungsraum im Parterre 250 qm groß.

Wie viel Miete entfiel auf jeden Sektor?

3. Die Verteilungsrechnung mit Zusatzleistungen

Das Problem

Die Leitung einer Einzelhandelskette in der Stadt beschließt, in ihren drei Filialen Investitionen je nach Größe des Ladens aus dem Jahresgewinn aller Filialen zu tätigen. Es wurde ermittelt, dass das größte Geschäft wegen der nicht mehr modernen Ausstattung den geringsten Umsatz erbringt. Daher wurde festgelegt, dass diese Filiale in der Berliner Allee mit einem Umsatzanteil von einem Viertel zusätzlich 50 000 €, die Filiale am Josefplatz mit einem Umsatz-Anteil von 5/8 30 000 € und die letzte Filiale am Kornweg 20 000 € extra aus dem Gewinn erhalten.

Wie viel bekommt jede Filiale an Investitionszuschüssen bei einem Gesamtgewinn von 260 000 €?

Die Lösung

1. Schritt

Aufstellung der Tabelle mit Anteilen

Filiale	Anteile	Extrasumme
A	1/4	50 000
B	5/8	30 000
C	Rest	20 000

Der Restanteil am Umsatz, den die Filiale C erzielt, ist dadurch zu ermitteln, dass der Umsatz als Ganzes mit 8/8 = 1 angesehen wird, weil er die Basis für die Verteilung darstellt. Wenn in solchen Aufgaben mit Brüchen gearbeitet werden muss, dann ist immer ein einheitlicher Gesamtnenner zu ermitteln, hier ist es 8. Alle anderen Nenner allerdings müssen in diesem enthalten sein. So ist 4 (A) zweimal in 8 enthalten. Statt einem Viertel schreiben wir nun 2/8. Dann bleibt ein Rest von 1/8 für C.

Filiale	Anteile	Extrasumme in €
A	2/8	50 000
B	5/8	30 000
C	1/8	20 000
		100 000

Anteile addieren

2. Schritt

Die Anteile betragen 8/8.

Kürzung des Gesamtgewinns

3. Schritt

Nun ist der Gesamtgewinn von 260 000 € um die zusätzlichen Investitionszuschüsse von 100 000 € zu kürzen.

4. Schritt

Der verbleibende Gewinn von 160 000 € wird durch 8 dividiert.

Dividieren

$$1/8 = \frac{160\,000}{8}$$

$$1/8 = 20\,000\ €$$

Zwischenergebnis

1/8 Anteil beträgt 20 000 €.

5. Schritt

Der ermittelte Wert für 1/8 kann nun mit den übrigen Teilen malgenommen werden. Also:

Multiplizieren

Filiale	Anteile	€
A	2/8	40 000
B	5/8	100 000
C	1/8	20 000
	8/8	160 000

6. Schritt

Ermittlung der gesamten Investitionssumme:

Ergebnis

Filiale	Anteile	Extrasumme	Gewinnanteil	Gesamtanteil
A	2/8 (= 1/4)	50 000	40 000	90 000
B	5/8	30 000	100 000	130 000
C	1/8	20 000	20 000	40 000
	8/8	100 000	160 000	260 000

Aufgabe

Die Komplementäre und Kommanditisten hatten im Gesellschaftsvertrag die folgende Regelung über die Gewinnverwendung vereinbart:

Vollhafterin/Vollhafter

Birga Diering . . . . Einlage 100 000 €
Axel Voss . . . . Einlage 120 000 €

Erhalten vorab 4 000 € und 4 800 € Gewinnanteil als Verzinsung auf das Kapital. Der Rest entfällt mit 70 % auf beide Komplementäre, 30 % auf die Kommanditisten. Die Komplementäre bekommen jeweils die Hälfte hiervon. Die Kommanditisten

Sonja Möllgard . . . . Einlage 30 000 €
Ines Framm . . . . Einlage 20 000 €

Wolfgang Wallenda .... Einlage 10 000 €

werden im Verhältnis der Einlagen berücksichtigt.

Wie sehen die Gewinnanteile aller Teilhaber aus?

Rechenweg

1. Lösungsschema (Tabelle) aufstellen und alle Werte eintragen.
2. Gesamtanteile ermitteln. Gegebenenfalls Brüche gleichnamig machen, Restanteile auffüllen.
3. Vorabzüge errechnen!
4. Gesamtsumme durch Anteile dividieren, so dass ein Anteil an der Gesamtsumme sichtbar wird.
5. Die Summe eines Anteils mit den in der Tabelle ausgewiesenen Anteilen multiplizieren.
6. Anteilsummen ausrechnen und in die Tabelle eintragen, Kontrolle durchführen, ob die Verteilsumme genauso hoch ist wie Anteilssummen zusammengenommen.

4. Grenzen der Verteilungsrechnung

Die Verteilungsrechnung stellt eine Rechenmethode dar, in der Zahlen nach bestimmten Verhältnissen oder Schlüsseln zerlegt werden. Diese Verhältnisse müssen klar definiert sein. Was heißt das? Die Schlüssel, nach denen Mengen oder Werte verteilt werden sollen, müssen genau festliegen, und sie müssen zweckdienlich sein, d. h., sie müssen das messen, was sie messen sollen. So haben Quadratmeter als Schlüssel ihren Zweck dann erfüllt, wenn sie für die Miete und Verteilung der Miete auf Räume herhalten müssen. Es hat keinen Zweck, den Quadratmeterschlüssel für die Ermittlung von Maschinenstunden zu verwenden.

Der Schlüssel muss zu der zu verteilenden Größe und deren Zerlegung und Zurechnung zu anderen Größen ein kausales Verhältnis haben. Man kann demnach die Stromkosten eines Hauses nicht auf die Räume nach der Anzahl und nach den Quadratmetern ihrer Fenster verteilen, wohl aber nach den Brennstunden und Brennstellen, deren Stundenverbrauch an den Glühbirnen (Watt) abzulesen ist.

Auch müssen die Schlüssel für die Teilmengen bekannt sein. So kann eine Gesamtmenge nicht verteilt werden, wenn ein Schlüssel unbekannt bleibt bzw. für die Teilmengen nicht festgelegt werden kann. Denn selbst wenn Schlüssel als Verteilungsgrößen bekannt sind, z. B. Wärme nach cbm, so kann eine Verteilung dann nicht stattfinden, wenn es in den beheizten Räumen keine Messinstrumente gibt.

Die Grenzen der Verteilungsrechnung liegen demnach nicht in der Methode, sondern in den Schlüsseln und deren Zusammenhang mit der Gesamtmenge und den Teilmengen.

Aufgaben

1. Die Jahreskosten für das Warenlager beliefen sich auf 12 360 €. Darin war die Reparatur eines Panzerschranks im Tresorraum enthalten. Sie belief sich auf 1 200 €. Die tatsächlichen Lagerkosten wurden auf die drei Einzellager, nämlich das Schüttgutlager mit 600 qm, das Ersatzteillager mit 250 qm und den Tresorraum mit 50 qm, aufgeteilt.

   Wie hoch war die Belastung je Lager einschließlich der Reparatur?

2. „Unsere Kosten", sagte der Buchhalter zu seinem Chef, „sind viel zu hoch. Vor allen Dingen belasten uns die Personalkosten." „Das möchte ich sehen", antwortete der Chef. „Geben Sie mir eine genaue Aufstellung der Personalkosten, der Miete, der Abschreibungen und der übrigen Kosten." „Das kann ich so schnell nicht", entgegnete der Buchhalter. „Ich kann Ihnen aber nach dem Schlüssel der vergangenen Periode ausrechnen, wie hoch die Anteile sind, wenn Sie das wünschen." „Machen Sie das." Der Buchhalter nahm seine Berechnungen aus der vergangenen Periode vor. Da hatte er ermittelt, dass die Personalkosten 1/3 aller Kosten ausmachten, die Miete 1/5 aller Kosten betrug und die Abschreibungen auf 1/6 aller Kosten kamen. Für den Rest der Kosten war kein extra Anteil ermittelt worden, damals waren es insgesamt 42 160 € gewesen. In diesem Jahr waren die Kosten auf 54 330 € angestiegen.

   a) Wie hoch waren die einzelnen Kosten nach dieser Schätzung?

   b) Um wie viel sind die Personalkosten in die Höhe gegangen?

3. Die drei Gesellschafter der Offenen Handelsgesellschaft, Ralf Bandix, Ivonne Marschacht und Christel Haupt, stellten Ende des Geschäftsjahres die Gewinnabrechnung auf. Ralf Bandix und Ivonne Marschacht vertreten das Unternehmen nach außen. Hierfür sollten sie eine Vorabvergütung nach Abzug der gesetzlichen Zinsen auf ihr eingezahltes Kapital in Höhe von je 8 000 € erhalten. Christel Haupt hatte die Geschäfte nach innen zu erledigen. Ihr war im Vertrag ein Betrag von 1/50 des Gesamtgewinns (nach Abzug der gesetzlichen Zinsen) zugesprochen worden. Der Restgewinn wurde in einem angemessenen Verhältnis – wie es der Vertrag vorsah – verteilt. Das besagt, dass auf die Geschäftsvertreter je 3/8 und die Geschäftsführerin 2/8 + 1 000 € entfielen. Wie viel bekam jeder?

   Der Gewinn belief sich auf 210 000 €, und die Vorabverzinsung betrug für die Geschäftsvertreter je 4 000 € und für die Geschäftsführerin 2 000 €.

4. Drei Freunde hatten sich auf die Zahlung eines Gewinnloses in Höhe von 50 € so geeinigt: Sebastian Kurz sollte doppelt so viel wie Frank Freitag bezahlen, wogegen Harm Walter dreimal so viel wie Sebastian Kurz auf den Tisch blättern musste.

   Wie viel zahlte jeder?

5. Der Konkurs der Firma Karl Richard Gustafson, Konservenhandel, erbrachte nach Abzug aller Kosten eine Konkursmasse von 40 800 €. Sie war im Verhältnis der Forderungen aufzuteilen. Diese betrugen:

Konserven AG, Hamburg:	160 000
Dosen-Büsch GmbH, Celle:	32 320
R. Boysen + Co, Gemüse:	48 080

   Wie viel € bekamen die Gläubiger? Bitte auf volle € runden.

6. Die Kommanditgesellschaft Jürgen Petermann & Co wurde aufgelöst. Der Komplementär Jürgen Petermann war mit 250 000 € beteiligt, die Kommanditisten Karin Weber mit 80 000 €, Elisabeth Bolle mit 40 000 € und Wolf Knoblauch mit 30 000 €. Das zu verteilende Vermögen war mit 600 000 € ermittelt worden. Wie viel erhält jeder?

7. Eine Kampagne für die Sicherheit im Straßenverkehr soll die Anzahl der Verkehrsunfälle im Straßenverkehr mindern. Dazu sollen Fernsehspots vor den Abendnachrichten geschaltet werden. Die Mittel hierfür werden im Verhältnis der durchschnittlichen Fernsehzuschauer auf 6 Kanäle verteilt.

   Kanal 1 hat bei den Abendnachrichten 8 Mio. Zuschauer.
   Kanal 2 kann mit 7 Mio. rechnen.
   Kanal 3 konzentriert durchschnittlich 5 Mio.
   Kanal 4 ist mit 4 Mio. Zuschauern beteiligt.
   Kanal 5 muss sich mit 3 Mio. begnügen, und
   Kanal 6 kann von 2 Mio. ausgehen.

   An Mitteln wurden 14,5 Mio. € zur Verfügung gestellt. Wie viel € erhalten die einzelnen Kanäle?

8. Bei der Verteilung der Kosten auf die einzelnen Stellen im Betrieb, nämlich auf den Einkauf, die Herstellung, den Vertrieb und die Verwaltung, sind für verschiedene Kosten folgende Kostenschlüssel angegeben: 8:4:3:24. Die verschiedenen Kosten betragen 8 911 €.

   Wie viele Kosten werden jeder Kostenstelle angelastet?

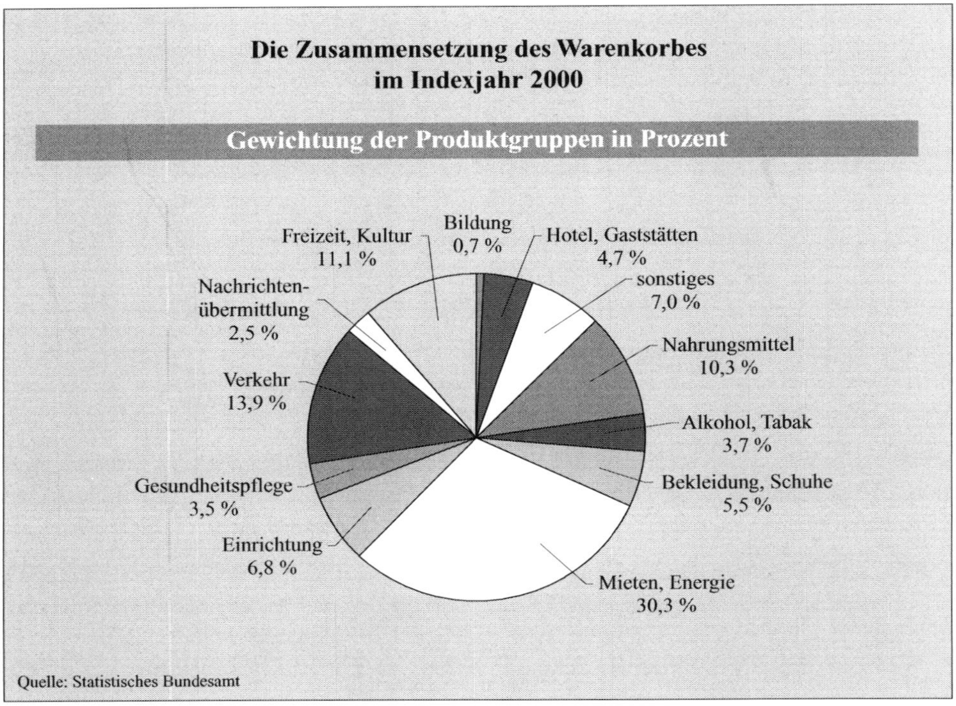

9. Das durchscnittliche Nettoeinkommen eines alleinverdienenden Familienvaters, Angestellter im produzierenden Gewerbe, betrug im Jahre 2005 ca. 2 220,50 €. Von seinem Nettolohn sparte er durchschnittlich ca. 10 %, also 222,05 €. Für seinen Konsum verblieben ihm damit durchschnittlich 2 000 € pro Monat.

a) Wie viel Euro gab er, das durchschnittliche Verhalten des Indexjahres 2000 vorausgesetzt, für die Bekleidung und die Nahrungsmittel aus?

b) Die Preissteigerungsrate betrug im Jahr 2006 bezogen auf das Vorjahr 1,7 %. Das Nettoeinkommen eines alleinverdienenden Familienvaters im produzierenden Gewerbe betrug im Jahre 2006 durchschnittlich 2293,40 €. Prüfen Sie, ob seine Nettoeinkommenserhöhung den Preisanstieg ausgleichen konnte.

V. Verschiedene Rechenarten

1. Proportionsrechnung

1.1 Die Aufgabe der Proportionsrechnung

Bei dieser Rechenart stehen zunächst zwei Zahlen in einem bestimmten Verhältnis (Proportion), z. B. 1:3. Dabei wird unterstellt, dass zwischen ihnen eine kausale Beziehung steht. Zum Beispiel verhalten sich die Personalkosten zu den Gesamtkosten eines Unternehmens wie 1:3. Wenn unter sonst gleichen Bedingungen wie vorher (als die Proportion aufgestellt wurde) die Gesamtkosten gestiegen sind, dann ist davon auszugehen, dass bei derselben Proportion auch die Personalkosten in eben diesem Verhältnis steigen. Diese Rechenart, die der des Dreisatzes mit geraden Verhältnissen entspricht, lässt vergleichende Aussagen zu, geht daher über die Aufgaben der Dreisatzrechnung hinaus, weil der Ansatz ein anderer ist. Mit ihr werden nämlich Gleichungen aufgestellt, in denen sich beide Seiten von der Proportion her entsprechen.

Sie übt logisches Denken, zwingt dazu, darüber genauestens nachzudenken, ob zwischen zwei Größen eine kausale Verbindung besteht und ob sie der Proportionalität Rechnung trägt. Sie wird bei Vergleichsrechnungen, insbesondere bei Soll- und Istvergleichen, aber auch bei Gegenwarts- und Vergangenheitsvergleichen sowie bei Prognosen angewandt.

1.2 Die Rechnung

1. Beispiel

Das Problem

Die gegenwärtige Kostenrechnung hatte ergeben, dass das im Produktionsprozess verbrauchte Material in diesem Jahr auf 25 000 € gestiegen ist. Im Vorjahr dagegen betrug der Verbrauchswert nur 19 000 €.

Die Gesamtkosten beliefen sich damals auf 76 000 €. Da sich nach Aussagen der Geschäftsleitung nichts gegenüber früher geändert hatte (nur der Ausstoß wurde vergrößert) müssten die Gesamtkosten ermittelbar sein.

a) Wie hoch wären sie hiernach?

b) Die Gesamtkosten waren tatsächlich auf 110 000 € gestiegen. Finden Sie hierfür eine Erklärung?

> Was auf der einen Seite einer Gleichung im Nenner steht, darf auf die andere Seite in den Zähler transportiert werden. Und umgekehrt.

Die Lösung

Zunächst muss die Proportion aufgestellt werden, die sich zwischen den Materialkosten und den Gesamtkosten ergibt. Dabei kann unterstellt werden, dass beide voneinander abhängig sind. Je höher, so könnte man sagen, die Materialkosten sind, desto höher werden auch die Gesamtkosten. Dieses kausale Verhältnis kommt so zum Ausdruck.

$$\frac{\text{Materialverbrauch/Materialkosten}}{\text{Gesamtkosten}}$$

oder

$$\frac{19\,000}{76\,000}$$

Wie im einfachen Dreisatz gibt es auch hier 3 bekannte Größen, die vierte ist gesucht. Wir wollen sie als x bezeichnen. Die kausale Beziehung erlaubt die Aufstellung der Proportion:

$$\frac{19\,000}{76\,000} = \frac{25\,000}{x}$$

$$x = \frac{25\,000 \times 76\,000}{19\,000}$$

$$x = 100\,000\ €$$

Ergebnis

a) Wenn der Materialverbrauch auf 25 000 € gestiegen ist, dann müssen nach der vorliegenden Proportion auch die Gesamtkosten höher geworden sein. Sie haben sich auf 100 000 € erhöht.

b) Es kann viele Ursachen geben, dass die Gesamtkosten überproportional (auf 110 000) angestiegen sind. Andere in den Gesamtkosten enthaltenen Kosten (Personalkosten u. a.) haben sich stärker erhöht. Oder: Die Kausalität zwischen den Größen existiert nicht mehr oder die Preise für das Material haben sich verändert.

➡ Zum Merken

In der Proportionsrechnung entsprechen sich zwei Seiten einer Gleichung. Sind alle vier Größen dieser Gleichung bekannt, dann muss die linke Seite der rechten entsprechen. Wenn man nämlich die gesuchte Zahl als x-Größe in die Gleichung einsetzt, dann muss die linke Seite ebenso groß sein wie die rechte. Damit bekommt man ein hervorragendes Kontrollinstrument in die Hand.

Die Schreibweise bei der Proportionsrechnung sieht immer so oder so aus:

$\mathbf{a : b = c : x}$ **oder** $\dfrac{\mathbf{a}}{\mathbf{b}} = \dfrac{\mathbf{c}}{\mathbf{x}}$

Die Größen a und b stellen die Ausgangsproportion dar. Ist sie zum Beispiel 4:3, dann muss sich durch das Verhältnis von c:x und c sei 5, also von 5:x die Größe x ermitteln lassen. Die Größe x ist hierbei 3,75. 5:3,75 entspricht aber der Proportion von 4:3.

Hier noch einmal zum Verständnis

1) $\dfrac{\mathbf{a}}{\mathbf{b}} = \dfrac{\mathbf{c}}{\mathbf{x}}$ 2) $\mathbf{x} = \dfrac{\mathbf{c \times b}}{\mathbf{a}}$ 3) $\mathbf{x} = \dfrac{\mathbf{5 \times 3}}{\mathbf{4}}$ 4) $\mathbf{x = 3{,}75}$

2. Beispiel

Das Problem

1998 gab eine vierköpfige Familie im früheren Bundesgebiet 2864 € für den privaten Verbrauch aus.

Bezogen auf das Jahr 2000 betrug der Preisindex 98. (Siehe Tabelle S. 56)

Wie viel € gab ein 4-Personen Haushalt demnach im Jahr 2005 aus, als der Preisindex auf 108,3 gestiegen war?

Der Preisindex der Lebenshaltung wird auf der Grundlage aller möglichen Waren und Dienstleistungen gemessen, die ein Haushalt monatlich verbraucht. Es sind circa 800 verschiedene Güter und Dienstleistungen, die erfasst werden.

Die Lösung

Auch hier ist wieder eine Proportion aufzustellen. Dabei muss unterstellt werden, dass sich die Gewohnheiten der Familien in dieser Zeit nicht verändert haben, d. h., dass sie die gleichen Produkte und Dienstleistungen wie vorher bezieht.

Die Proportion:

$$\frac{\text{Preisindex alt}}{\text{Verbrauch alt}} = \frac{\text{Preisindex neu}}{\text{Verbrauch neu}}$$

oder

$$\frac{98}{2864} = \frac{108{,}3}{x}$$

$$x = 3\,165{,}07\ €$$

Ergebnis

Im Jahr 2005 gab eine vierköpfige Famile in dem Gebiet der alten Bundesländern 3 165,07 € für die Lebenshaltung aus.

Aufgabe

Können Sie sich vorstellen, dass die Zusammensetzung des Warenkorbs für einen „Einpersonenhaushalt“ anders aussehen wird? Wenn ja, warum und möglicherweise wie?

3. Beispiel

Das Problem

Die drei Freundinnen Petra, Sabine und Cornelia möchten ein kleines Cafe eröffnen. Sie hatten von Vergleichsbetrieben gehört, dass das Verhältnis von Eigen- zum Fremdkapital circa 1:3 beträgt. Danach rechneten sie sich aus, wie viel Fremdkapital erforderlich sei, wenn sie zusammen 80 000 € Eigenkapital aufbrächten.

Eigenkapital: Kapital, das die Eigentümer aufbringen. Fremdkapital: Kapital, das fremden Personen, d. h. Fremdkapitalgebern, gehört, z. B. den Banken.

Die Lösung

Die Proportion lautet:

1 : 3 oder anders geschrieben

$\frac{1}{3}$ was besagt:

$$\frac{\text{Eigenkapital}}{\text{Fremdkapital}} = \frac{1}{3}$$

$$\frac{1}{3} = \frac{80\,000}{x}$$

$$x = \frac{3 \times 80\,000}{1}$$

$$x = 240\,000\ €$$

Ergebnis

Die Freundinnen müssen damit rechnen, dass sie bei 80 000,– € Eigenkapital 240 000,– € Fremdkapital beschaffen müssen.

Das Problem

Die Umsatzstatistik des Cafes sieht tatsächlich nach einem Jahr sehr positiv aus. Folgende gerundete Zahlen liegen vor:

Jan.	4 000
Febr.	5 000
März	6 000
April	5 500
Mai	7 000
Juni	7 100
Juli	8 000
August	5 500

Die Lösung

Die Steigerung kommt durch die zeichnerische Trendgerade zum Ausdruck. Sie beträgt in der Proportion 5:15

Bitte in die Grafik sehen

Trendgerade ist von Jan. bis März nächsten Jahres durchgezogen

Sept.	6 000
Okt.	7 400
Nov.	5 400
Dez.	7 920

Wie wird sich der Umsatz in den nächsten zwei Monaten entwickeln (bis Ende Februar), wenn der Trend zugrunde gelegt wird, der durch die zeichnerische Gerade zum Ausdruck kommt?

(Der zeichnerische Trend wird gebildet, indem man den Anfangsumsatz und den Endumsatz miteinander verbindet.)

$$\frac{\text{X-Achse}}{\text{Y-Achse}} = \frac{15}{5\,000} \quad \text{oder} \quad \frac{3}{1\,000}$$

Wie rechnet man nun weiter?

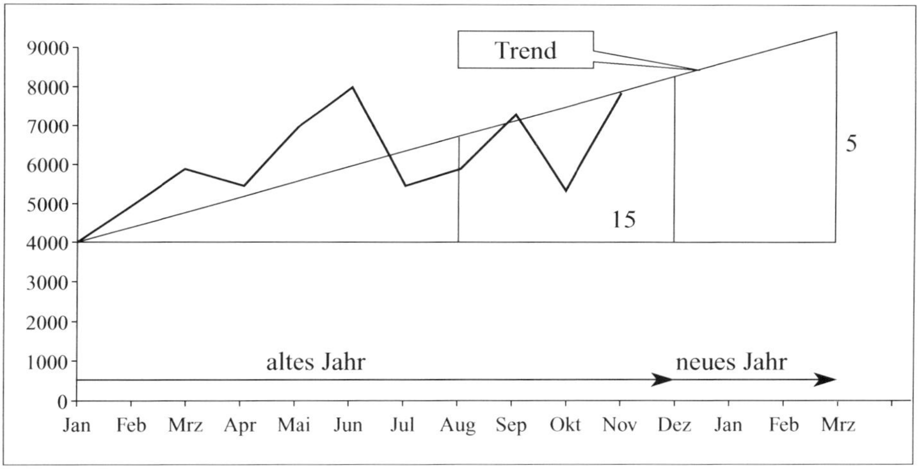

Neue Proportion aufstellen

3 und 15 stellen die Monatsabschnitte in der Graphik dar.

$$\frac{3}{1\,000} = \frac{15}{x}$$

$$x = \frac{1\,000 \times 15}{3}$$

$$x = 5\,000\ €$$

Ergebnis

Addiert man zu dem Ausgangswert von 4 000 € die oben ermittelten 5 000 €, so kommt man auf einen Umsatz von 9 000 €. Genau den ergibt der zeichnerische Trend.

Rechenweg

1. Zuerst ist das kausale Verhältnis zwischen 2 Größen festzustellen. Sie bilden den Ausgangspunkt der Rechnung.
2. Danach ist die Proportion (als eine Seite einer Gleichung) aufzustellen. Sie steht links vom Gleichheitszeichen.
3. Auf die rechte Seite der Gleichung ist die Proportion mit denselben Bezeichnungen zu wiederholen, jedoch ist von beiden nur die bekannte Zahl einzutragen. Die Unbekannte wird mit x bezeichnet. (Sie sollte immer rechts in der Gleichung und möglichst im Nenner stehen.)

   Beispiel:

   $$\frac{\textbf{Umsatz alt}}{\textbf{Index alt}} = \frac{\textbf{Umsatz neu}}{\textbf{Index neu (x)}}$$

   Also z. B.

   $$\frac{95}{110} = \frac{102}{x}$$

4. Die Unbekannte ist zu ermitteln!

1.3 Grenzen der Proportionsrechnung

Die Grenzen der Proportionsrechnung sind eindeutig dort gezogen, wo die in Beziehung zu setzenden Zahlen nicht in einem kausalen und linearen Verhältnis zueinander stehen.

Stehen sie allerdings in einem kausalen Verhältnis und entspricht die hieraus abzuleitende Entwicklung nicht der Wirklichkeit, muss geprüft werden, woran die Veränderung liegt. Dadurch lassen sich mit ihr Schwachstellen z. B. in Unternehmen aufdecken und entsprechende Maßnahmen ergreifen.

Proportionen werden zu einem bestimmten Zeitpunkt aufgestellt. Fallen die beiden Größen der Ausgangsproportion in die Vergangenheit, dann gelten sie um so weniger in der Gegenwart bzw. Zukunft, je weiter sie von beiden weg sind. Mit anderen Worten: Die Proportionen könnten sich schon in der Gegenwart verändert haben. Dann entfällt die Anwendung dieser Rechenmethode.

Die Proportionsrechnung lässt sich in vielen Fällen leichter mit der Dreisatzrechnung bewältigen.

Aufgaben

1. Der Mountain-Bike-Hersteller hatte im letzten Jahr hervorragende Umsätze gehabt. Die Steigerungsraten waren höher, als sie eingeplant waren. Die Freaks blätterten hohe Summen auf den Tresen, nur um ein maßgeschneidertes Rad höchster Qualität zu erwerben.

   So sahen einige Zahlen des Marktführers aus:

Erlöse/Kosten/Mio. €	2000 (Ist)	2001 (Soll)	2001(Ist)
Umsätze	10,2	11,22	14,6
Materialkosten			
Zubehör	1,0	1,1	2,2
Rahmen	2,5	2,75	3,5
Sonstiges	0,5	0,55	0,65
Personalkosten			
Gehälter	2,5	2,750	2,50
gesetz. SA	0,5	0,550	0,50
freiw. SA	0,2	0,500	0,80

   a) Ausgangspunkt sind die Zahlen aus dem Jahr 2000. Ermitteln Sie, wie hoch die Materialkosten im Einzelnen bei dem angegebenen Umsatz im Jahre 2001 hätten sein dürfen, wenn die Proportion von Umsatz zu Materialkosten 2000 als Ausgangspunkt angesehen wird. Vergleichen Sie Ihre Zahlen mit den Istzahlen. Können Sie betriebswirtschaftliche Begründungen für die möglichen Unterschiede geben?

   b) Prüfen Sie, ob die geplanten Personalkosten (2001/Soll) den Proportionen des Jahres 2000 entsprechen. Ausgangspunkt ist die Relation von Umsatz zu Personalkosten 2000.

   c) Wie Sie sehen, sind die Personalkosten trotz der Umsatzsteigerung nicht höher geworden. Wie hoch hätten Sie unter normalen Umständen sein können? Woran mag es gelegen haben, dass die Personalkosten gegenüber der Planung sogar gefallen sind? Können Sie Gründe nennen, die zu einer erheblichen Steigerung freiwilliger sozialer Aufwendungen geführt haben?

2. Der Verbraucherpreisindex ist im Jahre 2004 gegenüber 2003 um 1,7 Punkte auf 106,2 Punkte gestiegen, wie das der Übersicht (S. 56) zu entnehmen ist.

   a) 500 Gramm Mischbrot in Scheiben kosteten 2004 1,50 €. Wie hoch war sein Preis 2000, legt man die Basis auf 2000 fest?

Verbraucherpreisindex für Deutschland
2000 = 100

Jahr	Index
2005	108,3
2004	106,2
2003	104,5
2002	103,4
2001	102,0
2000	100,0
1999	98,6
1998	98,0
1997	97,1
1996	95,3
1995	93,9
......	.....
1970	41,5

b) 1970 bezahlte ein 4-Personenhaushalt für eine 2 2/2-Zimmerwohnung mit einer Quadratmeterzahl von 70 circa 175 €. Wie hoch ist die Miete heute (2005) unter Zugrundelegung des Verbraucherpreisindexes von 1970 = 41,5% auf der Basis 2000 = 100%?

c) Der Verbraucherpreisindex, wie nebenstehend, ist auf alle Haushalte ausgerichtet.

Oft gibt es einen Index
- für 4 Personenhaushalte von Beamten und Angestellten mit höherem Einkommen;
- für 4 Personenhaushalte von Arbeitern und Angestellten mit mittlerem Einkommen und
- für 2 Personen-Rentnerhaushalte mit geringem Einkommen.

Bitte versuchen Sie im Internet hierüber Informationen einzuholen. Warum wird dieser Unterschied gemacht?

2. Durchschnittsrechnung

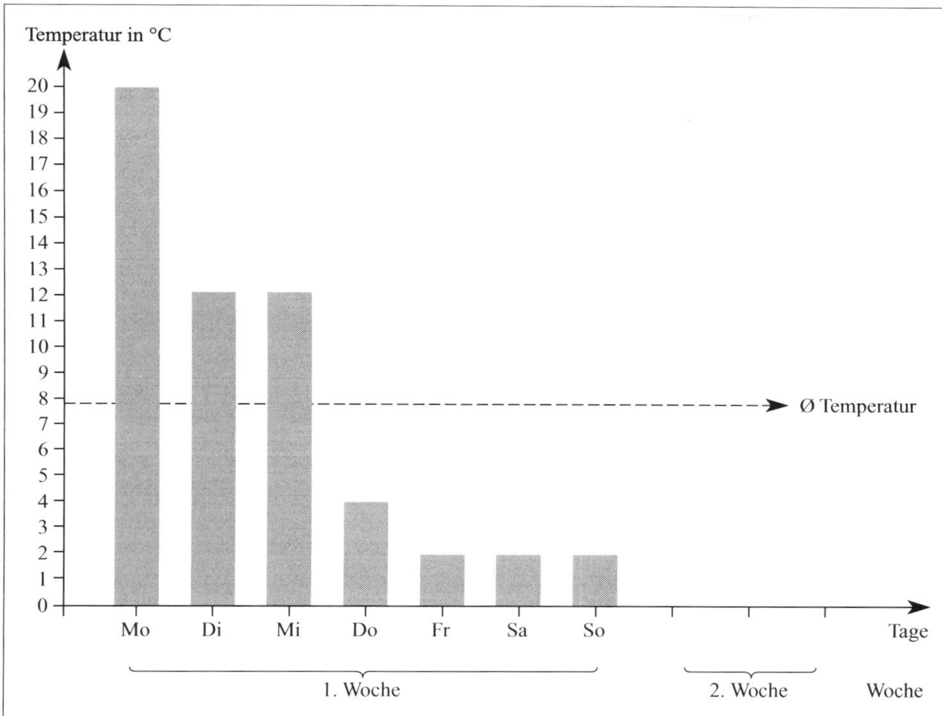

2.1 Die Aufgabe der Durchschnittsrechnung

Die **Durchschnittsrechnung** hat die Aufgabe, einen Durchschnitt aus mehreren Zahlen zu ermitteln. So möchte manche Familie wissen, wie viel Haushaltsgeld sie durchschnittlich monatlich ausgibt. Kennen sie diesen Durchschnitt, so lassen sich die Ausgaben zukünftig besser planen. Und das ist unter anderem eine wichtige Aufgabe, die hinter der Durchschnittsrechnung steht. Ein Durchschnitt – errechnet aus mehreren Zahlen – weicht von den einzelnen Zahlen und Werten oftmals erheblich ab. Sie bilden eben den Durchschnitt aus allen erfassten zusammengehörigen Zahlen. Die einfache Durchschnittsrechnung wird vornehmlich auch bei einfachen Sachverhalten benutzt. Die **gewogene Durchschnittsrechnung** wird angewandt, wenn aus mehreren Werten mit unterschiedlichen Mengen ein Durchschnitt errechnet werden soll, z. B. wenn verschiedene Mengen von Kaffeesorten mit einem voneinander abweichenden Preis pro Sorte zu einer Mischung zusammengeschüttet werden. Um keine Verluste bei einem willkürlich festgesetzten Preis zu erzielen, wird hier der gewogene Durchschnittspreis festgelegt.

2.2 Der einfache Durchschnitt

1. Beispiel

Das Problem

Harm Eckhoff ist Inhaber eines Geschäftes für Lacke und Farben in Würzburg. Er ist wegen seiner Freundlichkeit und wegen seines Entgegenkommens bekannt. Ines Wallenda, eine junge Kundin, bittet ihn, 1 kg Ölfarbengemisch aus einem roten, orangenen und gelben Lack anzurichten. Sie hatte in den Regalen die drei unterschiedlichen Lacke zu verschiedenen Preisen je kg gefunden:

Diehl-Orange	15,00 €
Bernauer-Rot	17,00 €
Glisarit-Gelb	18,00 €

Der Geschäftsmann war über diesen Auftrag nicht erfreut. Denn wer wird den Rest nehmen, fragte er? Dennoch war er zum Verkauf bereit. Allerdings nahm er für das Mischen 4,00 € extra und als Risikoausgleich 6,00 €. „Wenn Sie die übrige Farbe später nachbeziehen, bekommen Sie diese billiger. Einverstanden?"

Die Lösung

Der einfache Durchschnitt geht von denselben Mengen aus, wie es hier der Fall ist.

Die drei Dosen mit je 1 kg Farbe haben unterschiedliche Preise, weil sie von verschiedenen Herstellern eingekauft worden sind.

Der Rechenweg ist leicht nachzuvollziehen.

Man addiert die Preise der einzelnen Lackdosen und teilt die Summe durch die Anzahl der Teile – also durch 3.

1. Rechenschritt:

Ermittlung des Durchschnittspreises

1 kg Diehl-O.	15,00
1 kg Bernauer-R.	17,00
1 kg Glisarit-G.	18,00
3 kg insgesamt	50,00

$$1 \text{ kg} = \frac{50{,}00}{3}$$

$$1 \text{ kg} = 16{,}67\ €$$

Ergebnis

Der Durchschnittspreis beläuft sich auf 16,67 € je kg. Den muss Ines Wallenda mindestens bezahlen.

2. Rechenschritt:

Aufschlag addieren

Der Händler berechnet für das Mischen und für den Risikoausgleich 5,00 €. Also:

1 kg/Mischpreis	16,67
+ Aufschlag	5,00
Rechnungspreis	21,67

Ergebnis

Ines Wallenda wird insgesamt 21,67 € bezahlen.

2. Beispiel

Das Problem

In kleineren und mittleren Betrieben wird der Einkauf manchmal auf der Grundlage des durchschnittlichen Lagerbestandes betrieben. Liegt der Istbestand unter dem durchschnittlichen Lagerbestand, dann wird neue Ware eingekauft. Auf diese Weise wird das Risiko verringert, zu wenig Ware im Lager zu haben. Folgende Stückzahlen liegen vor:

(Anfangsbestand = AB)
(Endbestand = EB)
(Monatsbestand = MB)

02.01. AB	10 000
31.01. EB	20 000
28.02. EB	20 000
31.03. EB	40 000
30.04. EB	10 000
31.05. EB	15 000
30.06. EB	20 000
31.07. EB	25 000
31.08. EB	15 000
30.09. EB	25 000
31.10. EB	33 000
30.11. EB	17 000
31.12. EB	20 000

Was kann man mit dieser Durchschnittszahl anfangen?

Die Lösung

Die angegebenen Bestände enthalten einen Anfangsbestand und 12 Endbestände. Warum ist das so? Gehen wir zunächst von einem Monatslager aus. Da errechnet sich sein durchschnittlicher Lagerbestand, indem Anfangs- und Endbestand durch zwei geteilt werden. Bei 12 Monaten braucht man nur für den 1. Monat (vielleicht Januar) den Anfangsbestand, weil alle Monatsendbestände zugleich die Anfangsbestände des nächsten Monats sind. Der durchschnittliche Monatsbestand (MB) ergibt sich aus

$$MB = \frac{1\ AB + 12\ EB}{13}$$

$$MB = \frac{260\,000}{13}$$

$$MB = 20\,000$$

Ergebnis

Der durchschnittliche Monatsbestand beträgt 20 000 Stück. (Die Einzelabweichungen vom Ist – vgl. Aufgaben der Durchschnittsrechnung – sind z. T. erheblich.)

> Man kann die durchschnittliche Lagerdauer ermitteln, wenn man den Verbrauch oder Verkauf – Leerung des Lagers – und den durchschnittlichen Monatsbestand kennt.

Das Problem

Im vergangenen Jahr wurden an Waren insgesamt 240 000 Einheiten verkauft.

Wie war der durchschnittliche Lagerbestand?

(Umschlagshäufigkeit = U)

Die Lösung

Teilt man den Verbrauch durch den durchschnittlichen Lagerbestand, dann lässt sich ablesen, wie lange dieser durchschnittlich auf Lager liegt, also:

$$U = \frac{\text{Verbrauch}}{\text{Lagerbestand}}$$

$$U = \frac{240\,000}{20\,000}$$

$$U = 12$$

Die Umschlagshäufigkeit wird auch als der Umschlagskoeffizient bezeichnet.

Ergebnis

Die Umschlagshäufigkeit beträgt 12, d. h., dass sich das Lager im Jahr durchschnittlich 12 mal füllt und leert.

Informationen zum durchschnittlichen Lagerbestand

Warum ist die Umschlagshäufigkeit so wichtig?

Die Umschlagshäufigkeit verrät einiges:

1. Sie sagt uns, wie häufig sich das Lager im Jahr füllt und leert.
2. Aus ihr lässt sich ableiten – wenn der Jahresverbrauch bekannt ist – wie hoch der Lagerbestand ist.
3. Mit ihr lässt sich der Jahresverbrauch errechnen, wenn der Lagerbestand vorliegt.
4. Auf ihrer Grundlage kann die durchschnittliche Lagerdauer (306:U) in Tagen bemessen werden.

Formeln zum Merken

1) Ermittlung des durchschnittlichen Lagerbestands (LB): (i.d.R.)

$$LB = \frac{(1\ AB + 12\ EB)}{13}$$

2) Ermittlung der Umschlagshäufigkeit (U):

$$U = \frac{\text{Jahresverbrauch}}{LB}$$

3) Ermittlung der Lagerdauer (L_d):

$$L_d = \frac{360\ \text{Tage}}{U}$$

Was besagt betriebswirtschaftlich die Lagerdauer?

Die Lagerdauer besagt, dass der durchschnittliche Lagerbestand so und so lange im Lager liegt, womit das investierte Kapital (Wert der gelagerten Ware) nicht arbeitet. Somit gehen Zinsen verloren, die man bei Kreditinstituten bekommen hätte, hätte man das Geld dort angelegt.

Was bedeuten für einen Geschäftsmann verloren gegangene Zinsen?

Sie stellen Kosten dar und erhöhen die Selbstkosten eines Betriebes. Preiserhöhungen sind möglich.

Aufgaben

Der Stromverbrauch pro Kopf betrug 1992 in

- Norwegen 7 595 kWh
- Griechenland 1 035 kWh
- Großbritannien 1 726 kWh
- Frankreich 1 916 kWh
- Portugal 690 kWh.

a) Wie hoch ist der durchschnittliche Pro-Kopf-Verbrauch?

b) Warum ist dieser Durchschnittsverbrauch nicht für diese und schon gar nicht für alle europäischen Länder repräsentativ?

c) In Deutschland werden pro Kopf der Bevölkerung jährlich 1 523 kWh Strom abgenommen. Mit welchen hier angegebenen Ländern würden Sie Deutschland vergleichen?

2.3 Der einfache gewogene Durchschnitt

Das Problem

Harm Eckhoff sah die von der Kundin aus den Regalen herausgenommenen Dosen. „Glauben Sie mir, das wird keine gute Mischfarbe“, sagte er. „Nehmen Sie lieber weniger rot. Außerdem weniger orange. Und wenn Ihnen die Mischung nicht zusagt, können wir uns immer noch für die Mischung aus 3-Kilo-Dosen entscheiden. Ich schlage vor:

1/2 kg Bernauer-Rot,
1 kg Glisarit-Gelb,
1/4 kg Diehl-Orange.

Allerdings differieren die Preise, weil kleinere Dosen teurer sind. Bernauer-Rot kostet 9 €, Glisarit-Gelb 18 € und Diehl-Orange 4 €.“

Wie teuer wird nun 1 kg der Mischung?

Die Lösung

Der einfache gewogene Durchschnitt berücksichtigt die verwerteten Mengen. Hier sind die Preise schon für die entsprechende Menge vorgegeben:

0,5	kg rot	zu	9,00 €
1,0	kg gelb	zu	18,00 €
0,25	kg orange	zu	4,00 €
1,75	kg	zu	31,00 €

Anwendung des Dreisatzes!

1,75 kg .... 31,00 €
1 kg .... ? (x) €

$$x = \frac{31{,}00 \times 1}{1{,}75}$$

$$x = 17{,}71$$

Ergebnis

Ines Wallenda muss für die Farbe aus dem oben genannten Gemisch 17,71 € bezahlen. Der Geschäftsmann dagegen muss 0,75 kg Mischfarbe auf Vorrat halten.

Informationen zur Durchschnittsrechnung

Wer arbeitet mit Durchschnittsrechnungen?

Die Durchschnittsrechnung wird noch heute im Einzelhandel angewandt, aber auch im Großhandel.

Welche Waren werden denn mit Durchschnittspreisen angeboten?

Das kommt darauf an. Zum Beispiel fällt in Supermärkten auf, dass bestimmtes Obst – Äpfel in mehreren Sorten – zum selben Preis je kg verkauft wird. Der Durchschnittspreis erleichtert dem Kunden die Kaufentscheidung. Solche Durchschnittspreise sind meistens bei Nahrungsmitteln und bei Massenartikeln anzutreffen.

Bieten Durchschnittspreise für Händler Vorteile?

Ja, weil mehrere Waren mit denselben Preisen kalkuliert werden. Das macht weniger Arbeit. Außerdem erleichtert es die Abrechnung.

Welches ist denn der bekannteste Durchschnitt?

Das ist schwer zu sagen. Meteorologen rechnen gerne mit Durchschnittstemperaturen, mit durchschnittlichen Regentagen je Monat oder mit der durchschnittlichen Sonneneinstrahlung pro Tag. Alle diese Durchschnitte dienen dem Vergleich. Manche Menschen machen von ihnen Entscheidungen abhängig.

Gibt es aus dem Handel noch ein einleuchtendes Beispiel?

Ja, der durchschnittliche Lagerbestand. Er bildet die Grundlage für die Errechnung der Umschlagshäufigkeit. Beides ist bei der Darstellung des einfachen Durchschnitts erklärt.

Warum ist der gewogene Durchschnitt eine bessere Größe als der einfache?

Der einfache Durchschnitt setzt voraus, dass von gleichnamigen Größen einer Kategorie, z. B. Preise oder Gewichte, ausgegangen wird. Der gewogene Durchschnitt geht immer von zwei zusammengehörigen Größen aus. Zum Beispiel werden Gewichte und Preise berücksichtigt. Der gewogene Durchschnitt ist der genauere Durchschnitt, so dass er bessere Vergleichsmöglichkeiten bietet.

Wo wird die gewogene Durchschnittsrechnung benötigt?

Das kommt wiederum darauf an. Einmal, wenn verschiedene Mengen zu unterschiedlichen Preisen gemischt werden. Zum Beispiel beim Kaffee. Aber auch, wenn der Wert eines Standortes oder die Beschäftigung eines neuen Mitarbeiters (Profildarstellung) zur Diskussion steht.

Warum ist die Durchschnittsrechnung für die Planung von so großer Bedeutung?

Ohne Durchschnittsrechnung ist diese fast unmöglich. Ein Vergangenheitsdurchschnitt lässt in etwa festlegen, was in der Zukunft erwartet werden kann. Hat man z. B. die durchschnittlichen Kosten pro Monat ermittelt, dann lassen sie auf den zukünftigen Monat schließen. Und danach können Maßnahmen ausgerichtet werden, z. B. wie viele Ausgaben wahrscheinlich anfallen und wie diese zu bezahlen sind.

2.4 Der gewogene Durchschnitt

1. Beispiel

Das Problem

In einer Kaffeerösterei soll 3 Sorten Kaffee zu einer Mischsorte gemischt werden.

Folgende Mengen stehen zur Verfügung:

1. Sorte 16 kg
2. Sorte 24 kg
3. Sorte 8 kg

Die Preise je kg :

1. Sorte 9,00 €
2. Sorte 10,00 €
3. Sorte 12,00 €

Was kostet ein kg Mischkaffee?

Dreisatz mit geradem Verhältnis

Formel zum Merken

gewogener Durchschnitt = $\frac{\text{Summe Gesamtwerte}}{\text{Summe Anteile}}$

Die Lösung

Der sicherste Weg zur Lösung ist zunächst, eine Tabelle mit den Preisen aufzustellen und die Gesamtpreise der Sorten festzustellen. Danach werden die kg-Anteile ebenso zusammengezählt wie die Gesamtpreise. Teilt man den Gesamtwert aller Sorten durch die gesamten Kilogramm, erhält man den Mischpreis.

Gewicht/kg Anteile	Preise/ kg	Gesamtpreise/ Gesamtwert
16 kg	9,00	144,00
24 kg	10,00	240,00
8 kg	12,00	96,00
48 kg		480,00

Die Gewichtung zur Ermittlung des gewogenen Durchschnitts ist durch die Multiplikation von kg und kg/Preis erfolgt.

48 kg .... 480,00 €
1 kg .... ? (x) €

$$x = \frac{480 \times 1}{48}$$

$$x = 10{,}00 \text{ €}$$

Ergebnis

Für 1 kg Mischkaffee müssen 10,00 € bezahlt werden.

1. Beispiel

Das Problem

Auf der Suche nach neuen Geschäfträumen für eine Filiale im Umkreis von Köln schienen zwei Angebote höchst interessant. Das eine war in Köln-Müngersdorf, das andere in Gymnich bei Köln. Beide Offerten boten Grundstücke mit entsprechenden Geschäftsräumen an. Die Umbauten für den Filialbetrieb werden 6 Monate in Anspruch nehmen.

Hier Einzelbestandteile:

Merkmale	Müngersdorf	Gymnich
Größe	1 000 qm	1 000 qm, vergrößerbar
Lage	Zentrum	Randgebiet
Verkehrslage	Einbahnstraße, teilweise Fußgängerzone	an zwei Bundesstraßen und an einer Autobahn
Verkehrsmittel	Straßenbahn und Schnellbahn bis ins Zentrum	Bus, Busstation 500 m Fußweg
Parkplätze	Tiefgaragen in der Nähe	teilweise auf dem Hof, Tiefgarage 1 km entfernt – ist im Bau

Die Geschäftleitung legte eine Rangordnung durch Punktvergabe fest (Gewichtung). Diese sind unten in Klammern angegeben.

Die Geschäftsleitung legte höchste Priorität auf die Verkehrslage (5), da die Filiale in den ersten zwei Jahren von Mitarbeitern des Düsseldorfer Stammhauses geführt werden soll. Außerdem sollten sich Mitglieder der Geschäftsleitung bis zur endgültigen Eröffnung regelmäßig in der Filiale aufhalten und für die Einrichtung sorgen.

Da das Unternehmen in einer Wachstumsphase stand, sollten Erweiterungsmöglichkeiten bestehen (Größe) (2).

Wichtig erschien ihr auch, dass genügend Parkplätze vorhanden sind oder beschafft werden können (3). Die Lage selbst wurde nicht ganz so hoch eingeschätzt. Eine gute Lage für die Mitarbeiter zum schnellen Einkauf würde aber bevorzugt (2). Öffentliche Verkehrsmittel werden als wenig wichtig angesehen (1).

Man einigte sich darauf, für jedes Merkmal bis zu 10 Punkten zu vergeben.

Für welchen Standort wird sie sich entschieden haben, wenn erste Voraussetzung ist, dass eine Durchschnittspunktzahl (nach Gewichtung) von 7,5 erreicht werden muss, und zweitens, dass dann der Standort mit der höchsten Punktzahl gewählt wird?

Die Lösung

Man kann den Vergleich ohne Gewichtung und Bewertung durchführen. Dann gelangt man zu einem oberflächlichen und möglicherweise falschen Ergebnis.

Zuerst die Rangfolgen darstellen

Rangfolgen und Wertungen führen zum gewogenen Durchschnitt

1. Rechenschritt

Sollpunktzahlen einsetzen

Nr.	Merkmale	Rang-ordn.	Sollpunkt-zahlen
1.	Verkehrslage	5	10
2.	Parkplätze	3	10
3.	Größe	2	10
4.	Lage	2	10
5.	Verkehrmittel	1	10

2. Rechenschritt

Istpunkte festlegen (und hierüber diskutieren)

Nr.	Rang-ordn.	Istpunkte von 10	
		Müngersdorf	Gymnich
1.	5	2	10
2.	3	10	6
3.	2	10	10
4.	2	10	5
5.	1	10	5

3. Rechenschritt

Gewichtete Istpunkte ausrechnen

Nr.	Rang-ordn.	gewichtete Punkte	
		Müngersdorf	Gymnich
1.	5	10	50
2.	3	30	18
3.	2	20	20
4.	2	20	10
5.	1	10	5
	13	90	103

4. Rechenschritt

Durchschnittspunktzahl (gewichtet) errechnen

Die beiden Standorte haben unterschiedliche Punktzahlen.

Formel anwenden

$$\textbf{Müngersdorf} = \frac{90}{13} = 6{,}9$$

Formel anwenden

$$\textbf{Gymnich} = \frac{103}{13} = 7{,}9$$

1. Ergebnis

Müngersdorf scheidet trotz der guten Istpunkte von vornherein aus.

2. Ergebnis

Die Geschäftsräume werden in Gymnich eingerichtet, weil beide Voraussetzungen erfüllt werden. Die Gesamtpunktzahl von 103 übertrifft die von Müngersdorf um 13 Punkte.

2.5 Grenzen der Durchschnittsrechnung

Die Durchschnittsrechnung ist die Grundlage für viele Vergleichsarten und für die Planung einer nächsten Periode oder eines kommenden Rechnungsabschnittes. Sie spielt in der Kostenrechnung der Betriebe ebenso eine Rolle wie im Rechnungswesen allgemein. Auch manche private Haushalte kümmern sich um Durchschnittsermittlungen, um ihre Einnahmen- und Ausgabenrechnungen besser gegenüberstellen zu können und ihr Budget optimal zu organisieren. Sie findet ihre Grenzen da, wo die Abweichungen der einzelnen Größen so groß sind, dass der Durchschnitt verfälscht wird. Aus diesem Grunde lassen Betriebe solche Ausrutscher einfach weg. Mit Durchschnitten sollte auch dann nicht gearbeitet werden, wenn die Beziehungen der Einzelwerte nur schlecht zu erkennen sind. So wäre ein Durchschnittsverbrauch einer Familie von Benzin und Obst zusammengenommen unsinnig. Wenn möglich, sollte auf den gewogenen (qualifizierten) Durchschnitt zurückgegriffen werden. Das hat den Vorteil, dass zwei abhängige Größen (z. B. Mengen und Werte) berücksichtigt werden. Der einfache Durchschnitt kommt mit einer Größe (z. B. Preise oder Mengen) aus. Natürlich kann der gewogene Durchschnitt dann nicht angewandt werden, wenn es einen zweiten Wert nicht gibt oder wenn dieser fragwürdig erscheint.

Aufgaben

1. Die Kassenbons eines Wochenumsatzes des Elite-Supermarktes ergaben an den einzelnen Wochentagen folgende Werte:

montags	4 808,20 €
dienstags	3 100,19 €
mittwochs	3 056,27 €
donnerstags	3 920,88 €
freitags	5 112,33 €
sonnabends	2 471,06 €

a) Wie hoch war der Tagesumsatz im Durchschnitt?

b) Warum spiegelt der durchschnittliche Tagesumsatz nicht so ganz die Wirklichkeit wider? Begründen Sie Ihre Entscheidung!

c) Was halten Sie davon, einen durchschnittlichen Stundenumsatz zu ermitteln? Der Supermarkt hatte täglich von 8 bis 13 Uhr und von 14 bis 18 Uhr sowie sonnabends von 8 bis 13 Uhr geöffnet.

d) Rechnen Sie den Stundenumsatz auf einen Arbeitstag (außer Sonnabend) um.

2. Für eine Müslisorte wurden beim Hersteller gemischt:

40 kg	Haferflocken zum Preis von	1,80 € je kg
8 kg	Weizenkleie zum Preis von	1,05 € je kg
5 kg	Rosinen zum Preis von	10,25 € je kg
4 kg	Nüsse zum Preis von	9,60 € je kg
5 kg	getrocknetes Mischobst zum Preis von	7,10 € je kg

Wie teuer waren 500 Gramm der Müslimischung?

3. Die Betreiber des berühmten Stadthotels „Jahreszeiten“ hatten eine Anzeige im Mittagsblatt veröffentlicht, in der es hieß:

Wir suchen für den Empfang unseres renommierten Hauses eine Dame oder einen Herrn mittleren Alters mit besten Empfehlungen. Die betreffende Person muss hervorragende Umgangsformen haben, äußerst kontaktfreudig und freundlich sein, sich einer gehobenen Sprache bedienen und äußerlich auf dem modernsten Stand der Mode sein. Sprachkenntnisse in 4 Sprachen sind erwünscht.

„Worauf sollten wir noch achten, wenn die Bewerbungen eingehen und sich die Bewerber vorstellen“, fragte Elke Wagner, zweite Geschäftsführerin. „Ich würde sagen“, meinte Tobias Körner, erster Geschäftsführer, „dass wir uns darüber im Klaren sind, welche Merkmale die wichtigsten sind, und natürlich auch, welche weiteren Merkmale wir überhaupt beobachten und erfassen wollen. Schließlich ist die Position eine der wichtigsten im Unternehmen. Ich schlage auch vor, dass wir aus Gründen der Gleichbehandlung einer Frau den Vorrang geben sollten und sie mit einem kleinen Vorschuss in den Wettkampf schicken.“ „Einverstanden“, sagten alle und legten fest:

Merkmale	Rangfolgepunkte
Dame	1,2
Herr	1,0
Umgangsformen	1,5
Kontaktfreudigkeit	1,4
Freundlichkeit	1,3
Sprache	1,3
Mode	1,3
Sprachen	1,2
Durchsetzungsfähigkeit	1,5
Kooperationsfähigkeit	1,4
Fachkenntnisse	1,3
Kreativität	1,5

Es bewarben sich Ivonne Bergmann, 38 Jahre, und Thorben Fischer, 39 Jahre. Die Empfehlungsschreiben stammten in beiden Fällen von hochkarätigen internationalen Hotelketten.

Beschreibung der Personen sowie Eindrücke aus den Bewerbungen und der Vorstellung:

Frau Bergmann

Frau Bergmann hat vor der Einstellungskommission hervorragende Umgangsformen gezeigt, ist zuvorkommend und höflich, erschien manchmal allerdings etwas zu ernst und ließ sich auch nicht durch humoristische Einlagen aus der Fassung bringen. Sie trug ein blau-graues Kostüm, das ihre Persönlichkeit unterstützte, jedoch wirkte die Kragenbluse etwas zu bieder und die streng nach hinten gekämmten Haare gaben ihr das „outfit" einer seriösen, durchsetzungsfähigen, aber festen Hausdame. Sie verfügt über fabelhafte Fachkenntnisse, beschreibt sich selbst als kreativ, was auch in den Empfehlungsschreiben deutlich zum Ausdruck kam. So hat sie in dem 5-Sterne-Hotel Kaiserhof durchsetzen können, dass in den Ferien an der Rezeption ein eigener „Kinderschalter" eröffnet wird und dass Kinder von Anfang an durch eine Kindergärtnerin betreut werden können. Auch hat sie es geschafft, eine kleine Cafeteria in der Nähe der Rezeption zu eröffnen, damit sich wartende Gäste die Zeit vertreiben können. Sie spricht fließend 5 Fremdsprachen. Ihr Deutsch ist gehoben und ausdrucksvoll. Nach den Empfehlungsschreiben ist sie sehr kooperativ. Durch ihren zu seriösen Auftritt hat sie zwischen der Kommission und sich eine Barriere errichtet, die aber im Laufe des längeren Gesprächs abgebaut werden konnte.

Thorben Fischer

Herr Fischer machte auf die Einstellungskommission einen frischen, lebendigen Eindruck. Er lachte viel, strahlte Freundlichkeit aus, jedoch schien diese manchmal etwas zu aufgesetzt. Er verfügt über Kenntnisse in 3 Sprachen, hat das Hotelfach gelernt und kennt die Materie hervorragend. Er ist sprachgewandt, scheint sich in besonderen Situationen, z. B. bei Beschwerden, geschickt aus der Affäre ziehen zu können. Offensichtlich weiß er sich in allen Lagen zu helfen. Die Kommission hatte den Eindruck, dass er ungewöhnlich kontaktfreudig ist und dass er auf die Gäste zugehen kann, ohne nervig zu werden. Er war schlicht gekleidet, jedoch ohne Makel, sein gesamtes Äußeres gab ihm ein solides, nicht überstyltes Aussehen. Über seine Durchsetzungskraft berichtet ein Empfehlungsschreiben. Darin heißt es: „Er weiß sein Pferd zu reiten und setzt sich auch schon mal über die Einwendungen seiner Mitarbeiter hinweg. Dennoch bringt er diese ins Gespräch und gibt ihnen das Gefühl, Partner, nicht Untergebene zu sein. Er hat in dem 5-Sterne-Hotel „Renommia", seiner letzten Arbeitsstelle, im Entree des Hotels zwei Wände für ständige Bilderausstellungen junger Künstler frei gemacht und hiermit bei den Gästen großen Erfolg eingeheimst. Ansonsten ist er eher der Mann traditioneller Führung mit dem Beibehalten eines erfolgreichen Ambientes. Umgangsformen sind nicht zu beanstanden."

a) Beurteilen Sie nach den Schilderungen die Merkmale mit Punkten zwischen 1 und 10. Begründen Sie Ihre Entscheidung!

b) Ermitteln Sie die gewogene Gesamtpunktzahl!

c) Errechnen Sie die durchschnittliche und gewogene Punktzahl für ein Merkmal!

d) Wählen Sie aus, für wen Sie sich entscheiden, wenn durchschnittlich (gewogen) mindestens 8 Punkte erreicht werden müssen!

4. Der Elite-Supermarkt war auch daran interessiert, wie einzelne Warengruppen am Tagesumsatz beteiligt waren. Zunächst wurde der Non-Food-Sektor in Angriff genommen.

Die erste Warengruppe umfasst existenznotwendige Produkte. Sie sind scharf kalkuliert. Die Gewinnspanne ist sehr gering (Bedeutungsfaktor 1). Zur zweiten gehören Artikel, die sich im Haushalt gut gebrauchen ließen, jedoch kann ein Haushalt auf sie durchaus verzichten (Bedeutungsfaktor 2). Die meisten Waren sind hier im Vergleich zur Konkurrenz mittelpreisig und mit einem angemessenen Gewinnaufschlag kalkuliert. Luxusartikel gehören zur dritten Warengruppe. Sie haben den Bedeutungsfaktor 3. Sie sind hochpreisig und enthalten eine hohe Gewinnspanne.

Von den montags verkauften Waren im Wert von 4 808,20 € waren solche im Werte von 4 200 € existenznotwendig, der Rest zählte zur zweiten Warengruppe

Waren/€ Wochentage	Gruppe 1	Gruppe 2	Gruppe 3	Gesamt
dienstags	2 000,00	500,19	600,00	3 100,19
mittwochs	1 400,00	1 056,27	600,00	3 056,27
donnerstags	500,00	700,00	2 720,88	3 920,88
freitags	3 212,00	700,00	1 200,33	5 112,33
sonnabends	1 800,00	671,06		2 471,06

a) Errechnen Sie den durchschnittlichen Tagesumsatz ohne den Sonnabend-Verkauf!

b) Vergleichen Sie die Bedeutung der zweiten und dritten Warengruppe im Verhältnis zur ersten! Rechnen Sie dabei mit den Bedeutungsfaktoren. Können Sie hieraus irgendwelche Schlüsse ziehen?

VI. Prozentrechnung

1. Die Aufgabe der Prozentrechnung

Die Prozentrechnung ist eine überall angewandte Rechenart. Sie wird u. a. in der Kalkulation angewendet, in der Kennzifferndarstellung, in der Kostenrechnung der Betriebe, in der Trendberechnung. Auch ist sie Grundlage für Vergleiche. Das Letztere ist im eigentlichen Sinne das Hauptanliegen. Da nämlich alles auf 100 bezogen wird, lassen sich Zahlen unterschiedlichster Herkunft, z. B. Sozialprodukte aus Großbritannien und Deutschland, ihre Größe, ihr Zuwachs, ihre Entwicklung allgemein oder Umsätze und Kosten einer Konzernmutter mit ihren Töchtern, gegenüberstellen. Wenn Daten auf eine einheitliche Größe bezogen werden, dann lassen Gegenüberstellungen gezielte Aussagen hierzu zu. Wenn bekannt ist, dass es für einen 100 Euroschein bei der Hausbank 6 € Zinsen in einem Jahr gibt, dann kann

- einerseits schnell ermittelt werden, wie viel € ein Sparguthaben von 500 € einbringt, nämlich 30 €. Daraus folgt, dass Rechenoperationen erleichtert und beschleunigt werden.

– Andererseits kann die Zinshöhe – hier 6 € je Jahr – mit anderen Banken verglichen werden, wenn diese auch bekannt geben, wie hoch deren Zinsen für 100 € im Jahr sind.

Prozentrechnen gehört daher zum erforderlichen Mindestkenntnisstand für angehende Kaufleute. Aber nicht nur für diese. Auch im Haushalt wird Prozentrechnung immer wieder angewandt. Junge Menschen, die einen Haushalt gründen, oder ältere, die eine Familie haben, sind auf diese Rechenverfahren bei der Lösung unterschiedlichster Problemstellungen angewiesen. Daher sollte jeder das Rechenverfahren „im Schlaf" können.

2. Die Rechnung

2.1 Der Prozentwert wird gesucht

1. Beispiel

Das Problem

3,1 Prozent
mehr Lohn für
Personal

1. Was besagt diese Aussage?
2. Wie hoch ist die Lohnerhöhung von Emma Mielke, wen sie zuletzt 1 500 € verdiente?

Die Lösung

Für 3,1 % kann man auch 3,1 von Hundert oder in diesem Fall 3,10 von 100 € sagen. „Prozent" heißt immer, dass von der Größe 100 auszugehen ist. Je nach Problemstellung handelt es sich mal um 100 € (z. B. beim Gehalt) mal um 100 m (z. B. beim Sport), mal um 100 kg (z. B. in der Landwirtschaft) etc.

Arbeitnehmer bekommen lt. nebenstehender Anzeige 3,10 € pro 100 € mehr als sie vorher bekommen haben.

Wie ist nun der Lösungsweg?

Es gibt mehrere Möglichkeiten, die Erhöhung auszurechnen.

1. Rechenweg

Proportionen entsprechen einander

Proportionsrechnung

Man kann die Proportionsrechnung anwenden, weil sich die Erhöhung, nämlich 3,10 € bei 100 € Gehalt, bei 1 500 € im selben Verhältnis entwickelt. Also

$$\frac{100}{3{,}10} = \frac{1\,500}{x}$$

Dieser Wert heißt Prozentwert.

$$x = \frac{3{,}10 \times 1\,500}{100}$$

$$x = 46{,}50\ €$$

Der Wert, von dem die Erhöhung berechnet wird (hier 1 500 €), heißt Grundwert.

Ergebnis

Emma Mielke wird eine Gehaltserhöhung von 46,50 € bekommen.

2. Rechenweg

Dreisatzrechnung

verbal

Emma Mielke bekommt, wie alle anderen Arbeitnehmer, 3,10 € für ein Gehalt von 100 €. Wie viel bekommt sie hiernach, wenn sie 1 500 € verdient?

Dreisatz mit geradem Verhältnis

verkürzt

100 € .... 3,10 €
1 500 € .... ? (x) €

In der Aufstellung Zahl links unten mit Zahl rechts oben (über Kreuz) malnehmen und durch Zahl links oben (100) teilen

$$x = \frac{1\,500 \times 3{,}10}{100}$$

$$x = 46{,}50\ €$$

Ergebnis

Das Ergebnis ist dasselbe wie oben.

Aufgabe

Stellen Sie für dieselbe Aufgabe den Kettensatz auf!

Die Prozentrechnung muss natürlich zum selben Ergebnis kommen. Prozent bezieht sich – wie nun bekannt – immer auf 100. 3,1 Prozent, geschrieben 3,1 % (auch Prozentsatz genannt), lässt sich auch so schreiben:

Wie kann man 3,1 Prozent noch schreiben?

$$3{,}1\ \% = \frac{3{,}1}{100}$$

Auch im Dreisatz geht man auf eine Einheit zurück.

Möchte man diesen Prozentsatz (3,1) auf eine andere Größe als 100 beziehen, so lässt sich das so ausdrücken:

3,1 % gelten für 100 €. Wollte man den Betrag für 1 € ausrechnen, dann müsste man 3,1 durch 100 teilen, da aber ein Betrag von 1 500 € vorgegeben ist, muss man ihn mit 1 500 malnehmen.

Prozentwert

$$\text{Also: Prozentwert} = \frac{3{,}1 \times 1\,500}{100}$$

$$= 46{,}50\ €$$

Grundwert

3,1 % nennt man Prozentsatz, 1 500,– € ist der Wert, der mit dem Prozentsatz mulitpliziert wird. Er heißt Grundwert.

➡ Zum Merken

Man ermittelt den Prozentwert (von einer Zahl), indem man den Grundwert mit dem Prozentsatz multipliziert und durch 100 teilt. (Der Grundwert repräsentiert immer 100 %, er ist die Basis für die Ermittlung des Prozentwertes.)

$$\textbf{Prozentwert} = \frac{\textbf{Grundwert} \times \textbf{Prozentsatz}}{\textbf{100}}$$

! Informationen

Woher stammt das Wort Prozent?

Das Wort kommt aus dem Lateinischen „Pro centum“ heißt: für, von oder je 100.

Was besagen 4 %?

4 % oder 4 von Hundert sagen aus, dass zwischen 4 und 100 eine Beziehung besteht und dass hier, wenn es sich um einen Wert, also €, handelt, von 100 € 4 € gemeint sind.

Wie heißen die drei Größen, die für die Rechnung benötigt werden?

Sie sind mit

- Grundwert,
- Prozentsatz und
- Prozentwert

benannt.

Wie lässt sich der Prozentwert erklären?

Der Prozentwert ist der Wert, der sich aus dem Grundwert und Prozentsatz ergibt.

Kann man für 1 oder 2 % auch einen anderen schriftlichen Ausdruck wählen?

Ja. Man kann statt 1 % auch

$$\frac{1}{100} = 1/100$$

für 2 % auch

$$\frac{2}{100} = 2/100$$

schreiben und liest das so:
„einhundertstel und zweihundertstel"

Wenn man mit Hundertsteln arbeitet, kann dann nicht einfach gekürzt werden?

Die Teiler sind 10; 5; 4.

Ja; sollen z. B. 2/00 ausgerechnet werden, dann müsste man den Grundwert mal 2 multiplizieren und durch 100 dividieren. Man könnte den Bruch aber kürzen und käme auf 1/50, teilt demnach den Grundwert durch 50. In diesem Fall ist das umständlich, in den folgenden Beispielen erleichtert der Teiler die Rechnung:

10 %	=	10
20 %	=	5
25 %	=	4

Gibt es weitere gute Teiler?

Ja, u. a.:

50 %	=	2
33 1/3 %	=	3
16 2/3 %	=	6
12 1/2 %	=	8
8 1/3 %	=	12
3 1/3 %	=	30
2 1/2 %	=	40
1 1/4 %	=	80

Gibt es auch eine Rechnung, die nicht von 100, sondern von 1 000 ausgeht?

Ja, sie wird **Promille-Rechnung** genannt. Bei ihr ist die Zahl 1 000 die Grundlage für den Vergleich. Vier Promille werden so geschrieben:

4 Promille = 4 ‰

4 ‰ besagen, dass, wenn wieder von € ausgegangen wird, es sich um 4 € von 1 000 (und nicht von 100 – wie bei der Prozentrechnung) handelt.

Wo kommt die Promille-Rechnung vor?

Sie wird selten benutzt. Manchmal liest man sie in Verträgen, die mit Maklern abgeschlossen werden oder mit Versicherungsgesellschaften. So kann die Gebühr z. B. bei Abschluss von Verträgen auf 1/1000 (= 1 ‰) auf die Versicherungssumme lauten.

2. Beispiel

Das Problem

Eine Sparkasse bot Sonderkonditionen an. Bei einer Spareinlage von 25 000 € sollte es 8 1/3 % Zinsen im Jahr geben.

Wie viele Zinsen gibt es im Jahr?

Formel anwenden

Die Lösung

Zur Errechnung des Prozentwertes (Zinsen in €) sind zwei Wege möglich.

1. Rechenweg

$$\text{Prozentwert} = \frac{25\,000 \times 8{,}33}{100}$$

$$\text{Prozentwert} = 2\,082{,}50\ €$$

Ergebnis

Der Kunde bekäme bei 8 1/3 % Zinsen nach einem Jahr 2 082,50 € Zinsen.

2. Rechenweg

Hier ist die Verwendung des Teilers angebracht, denn 8 1/3 % entsprechen dem Teiler 12.

Vereinfachter Rechenweg

$$\text{Prozentwert} = 25\,000 : 12$$
$$\text{Prozentwert} = 2\,083{,}33$$

Die Lösung ist dieselbe wie oben, der Rechenweg ist kürzer. (Die unterschiedlichen Ergebnisse erklären sich durch die Vereinfachung: 8 1/3 = 8,33)

Aufgaben

1. Für die deutsche Entwicklungshilfe* im Jahre 2004 für die zehn größten Empfänger wandte Deutschland circa 4 Mrd. € auf. Davon erhielten u. a. Ägypten circa 27 %, Israel circa 17,5 % und Indonesien 5,6 %. Wie hoch war die Entwicklungshilfe dieser Länder in €?
2. Die Betragsbemessungsgrenze für die Rentenversicherung ist 2004 für 2005 um 50 € auf 5200 € erhöht worden. Wie viel Prozent betrug die Erhöhung

* siehe Informationen S. 81

Rechenweg

Bei der Ermittlung des Prozentwertes ist wie folgt zu verfahren:

1. Grundwert und Prozentsatz sind herauszustellen.
2. Grundwert und Prozentsatz miteinander multiplizieren.
3. Ergebnis ist durch 100 zu dividieren bzw. das Komma des Ergebnisses (z. B. 150,27) ist zwei Stellen nach links zu verschieben (1,5027).
4. Bei Prozentsätzen, die sich gegen 100 kürzen lassen (z. B. 25 %) wird auf die Multiplikation (vgl. Punkt 2) verzichtet und von vornherein geteilt (bei 25 % ist der Teiler 4).

2.2 Vom Prozentwert zum verminderten und vermehrten Grundwert

1. Beispiel

Das Problem

Im Jahre 2002 wird sich der Export der Maschinenbauindustrie um 8% gegenüber 2001 erhöhen. Dieser betrug im Jahre 2001 86 Mrd €.

1) Wie hoch ist die Erhöhung?
2) Auf welche Summe wird der Export insgesamt steigen?

Die Lösung

Gesucht ist der Prozentwert, angegeben sind der Prozentsatz (8 %) und der Grundwert (86 Mrd. €).

Am einfachsten ist mit der Formel zu rechnen:

$$\text{Prozentwert} = \frac{86 \times 8}{100}$$

$$\text{Prozentwert} = 6{,}88 \text{ Mrd. €}$$

1. Ergebnis

Der Exportzuwachs beläuft sich auf 6,88 Mrd. €.

Wird zum Grundwert der Prozentwert addiert, kommt man zum gesamten (geschätzten) Export für das Jahr 2002.

Vermehrter (erhöhter) Grundwert

Grundwert	86,00 Mrd. €
. . . . .Prozentwert	6,88 Mrd. €
Exportwert	92,88 Mrd. €

Der Exportwert wird rechnerisch auch **vermehrter Grundwert** genannt. Die Erhöhung hängt von dem Prozentsatz ab. (In diesem Beispiel ist er um 8 % höher als der Grundwert.)

* siehe Informationen S. 81

Die Beziehungen, die zwischen dem Grundwert, Prozentsatz und erhöhtem Grundwert bestehen, lassen sich daher so ausdrücken:

Der um 8 % vermehrte Grundwert ist so zu schreiben

Rechenwerte	allgemein		beispielh.
Grundwert	100 %		100 %
+ Prozentsatz	+ x %	oder	+ 8 %
vermehrter Grundwert	100 + x %		108 %

2. Ergebnis

Im Jahre 2002 wird die Bundesrepublik aller Voraussicht nach 92,88 Mrd. € exportieren.

2. Beispiel

Das Problem

Wissenschaftliche Forschungsinstitute haben den Exportwert für Maschinen für das Jahr 2002 mit 92,88 Mrd. € vorausgesagt. Das ist ein gegenüber 2001 gestiegener Wert um 8 %.

Wie hoch war die Steigerung des Exports gegenüber 2001?

Die Lösung

1. Rechenweg

Wie aus der dargestellten Lösung ersichtlich, ist der Export 2002 der so genannte vermehrte Grundwert. In ihm stecken bereits die neuen Exporte des Jahres 2002.

Wie kann man an die Rechnung herangehen? Wieder hilft der Dreisatz. Vorher sollte man sich vor Augen führen, dass die Prozente als Teile dargestellt werden sollten:

Grundwert	=	100 %	=	100 Teile
Prozentsatz	=	8 %	=	8 Teile
vermehrt. Grundwert	=	108 %	=	108 Teile

Da der vermehrte Grundwert (108 %) bekannt ist, muss die Lösung für den Prozentwert 8 % gesucht werden.

Am besten ist es, mit Proportionen zu arbeiten.

Sprachlich könnte man das so ausdrücken: *108 Teile entsprechen 92,88 Mrd. €. 8 Teile entsprechen x.*

$$\frac{108}{92{,}88} = \frac{8}{x}$$

oder $$x = \frac{92{,}88 \times 8}{108}$$

Auch mit dem Dreisatz kommt man zum selben Ergebnis.

$$x = 6{,}88 \text{ Mrd. €}$$

Der Exportwert im Jahre 2001 ist rechnerisch der Grundwert.

Ergebnis

Der Exportzuwachs beträgt 6,88 Mrd. €. Demnach war der Exportwert 2001 86 Mrd. € (92,88 Mrd. € – 6,88 Mrd. €).

Aufgabe

Stellen Sie hierfür den Dreisatz auf.

Haben wir bei der eben dargestellten Rechnung nicht einfach die Prozente unterschlagen?

Im eigentlichen Sinne ja. Hier ist nämlich mit „Teilen" gerechnet worden! Die Rechnung ist aber richtig, wie unten ersichtlich. Wenn man die Rechnung konsequent mit Prozenten durchführt, dann sieht das so aus:

1. Rechenschritt

108 % .... 92,88 Mrd €

2. Rechenschritt

8 % = 8/100

1 % von 92,88 Mrd. € können ermittelt werden, indem der Exportwert durch 108 dividiert wird, also:

3. Rechenschritt

$$1\,\% = \frac{92{,}88}{\frac{108}{100}}$$

oder übersichtlicher

Bei einem solchen Bruch werden sowohl die Innenglieder miteinander multipliziert als auch die Außenglieder miteinander multipliziert.

$$1\,\% = \frac{\frac{92{,}88}{1}}{\frac{108}{100}}$$

$$1\,\% = \frac{92{,}88 \times 100}{108}$$

4. Rechenschritt

Da der Prozentwert ermittelt werden soll, und er entspricht 8 % (= 8/100), ist der obere Ausdruck (1 %) mit 8 % oder mit 8/100 zu dividieren.

$$\text{Prozentwert (100 \%)} = \frac{92{,}88 \times 100 \times 8}{108 \times 100}$$

Kürzen

$$\text{Prozentwert} = \frac{92{,}88 \times 8}{108} = 6{,}88 \text{ Mrd. €}$$

Zum Merken

Ist ein **vermehrter Grundwert**, d. h. ein Wert, der über 100 Prozent ist, Ausgangspunkt der Rechnung, und sollen Prozentwert und Grundwert errechnet werden, dann gilt die Formel

$$\textbf{Prozentwert} = \frac{\textbf{vermehrter Grundwert} \times \textbf{Prozentsatz}}{\textbf{100 + x}}$$

in unserem Fall

$$\textbf{Prozentwert} = \frac{\textbf{vermehrter Grundwert} \times \textbf{8}}{\textbf{108}}$$

x = Prozentsatz

und der Grundwert lässt sich auf diese Weise ausrechnen:

$$\textbf{Grundwert (Gw)} = \frac{\textbf{vermehrter Grundwert} \times \textbf{100}}{\textbf{100 + x}}$$

in unserem Fall

$$\textbf{Grundwert (Gw)} = \frac{\textbf{vermehrter Grundwert} \times \textbf{100}}{\textbf{108}}$$

Aufgaben

1. In Deutschland waren 1999 circa 82 Millionen Personen krankenversichert. Das waren gegenüber dem Vergleichsjahr 1995 0,4902% mehr.
   a) Benennen Sie den Grundwert und den Prozentwert.
   b) Wie viele Personen waren 1999 mehr krankenversichert als 1995?
2. Die deutsche Autoproduktion belief sich Im Jahr 2001 auf 5 300 000 Fahrzeuge. Das waren 169 300 Autos mehr als im Jahr 2000.
   a) Wie hoch war die Produktion im Jahr 2000?
   b) Wie viel % wurden 2002 mehr hergestellt (gegenüber 2000)?
   c) Japan lag 2001 mit einer Produktion von 8,118 Mio Stück an der Spitze. Um wieviel % lag die japanische Produktion über der deutschen?
   d) Besorgen Sie sich die aktuellen Zahlen aus der Gegenwart!

---

* siehe Informationen

Informationen zu den Begriffen in den Problemen und Aufgaben

Beitragsbemessungsgrenze

Die Beiträge* werden nach dem Einkommen bemessen. Dabei gibt es so genannte Höchstgrenzen (Beitragsbemessungsgrenzen). Wer mehr als diese Bemessungsgrenze verdient, braucht nicht mehr an Beiträgen zu bezahlen als derjenige, dessen Einkommen gerade die Höchstgrenze erreicht hat.*

Entwicklungshilfe

Gelder und Sachwerte, die an Länder, die im wirtschaftlichen Aufbau sind (Entwicklungsländer), zur Verfügung gestellt werden.

Export

Unter dem Export versteht man die Ausfuhr an Waren. Der Exportwert ist die Summe aller exportierten Waren multipliziert mit ihren Exportpreisen.

Kette

Lebensmittelkette; Unternehmen, die mehrere Filialen unterhalten, wie zum Beispiel Metro, Aldi, Plus, Minimal u. a.

Konkurs

Zwangsauflösung von Unternehmen wegen Zahlungsunfähigkeit, im Volksmund „Pleite" genannt. Zahlungsunfähigkeit wird auch als Insolvenz bezeichnet.

Personengesellschaft

Unternehmen, deren Unternehmer und Teilhaber zugleich Eigentümer der Gesellschaft sind. Unterscheidung der Teilhaber nach vollhaftenden und teilhaftenden Personen. Zu den Unternehmen gehören u. a. die „Offene Handelsgesellschaft" (OHG) und die „Kommanditgesellschaft" (KG).

Rabatt

Preisabschlag, meist wegen einer großen abgenommenen Menge. Auch als Treuerabatt gewährt.

Rentenversicherung

Zwangsversicherung für alle abhängig Beschäftigten und Arbeitslosen, die bei Eintritt des Arbeitnehmers in den Ruhestand zur Zahlung einer Rente verpflichtet ist. Die Einzahlungen werden je zur Hälfte vom Arbeitgeber und Arbeitnehmer vorgenommen, solange wie ein Beschäftigungsverhältnis vorliegt. Beiträge für Arbeitslose zahlt der Gesetzgeber.

Soziales Netz

Das soziale Netz der Bundesrepublik soll alle Einwohner davor schützen, bei Arbeitslosigkeit,

* siehe Rentenversicherung

Krankheiten, Unfällen oder anderen sozialen, meist geldlichen Nöten mittellos dazustehen. Die Krankenversicherung bietet den Menschen Schutz im Krankheitsfall.

Zinsen

Betrag, den Sparer erhalten, wenn sie eine bestimmte Summe bei Kreditinstituten ansparen. Auch Unternehmer erhalten für ihr im Unternehmen zur Verfügung gestelltes Kapital (Eigenkapital) Zinsen. Ebenso Aktionäre, deren Zinsen Dividende genannt wird.

3. Beispiel

Das Problem

Der deutsche Export war im November 2001 mit 51 Mrd € um 3,41% niedriger als im Oktober desselben Jahres.

1) Wie viel € betrug der Rückgang?
2) Für wie viel € ist im Oktober exportiert worden?

Lösung

Auch hier muss man sich überlegen, welcher der genannten Werte 100 % ausmacht.

Rechenwerte	%	€-Summe
Grundwert (Gw)	100	?
Prozentsatz	3,41	?
Verminderter Gw	96,59	51 Mrd.

Verminderter Grundwert

Der Rechenvorgang ist dem Vorgang vergleichbar, den wir bei dem vermehrten Grundwert benutzten. Dabei ist wichtig zu erkennen, von welchem Wert auszugehen ist. Hier sind der **verminderte Grundwert** und der Prozentsatz bekannt. Dazu sollte aber die oben genannte Tabelle aufgestellt werden.

1. Prozentwert

96,59 % .... 51 Mrd. €
3,41 % .... ? (x) €

Dreisatz, gerades Verhältnis

$$x = \frac{51 \times 3,41}{96,59}$$

$$x = 1,8 \text{ Mrd. €}$$

Ergebnis

Der Exportrückgang beläuft sich auf 1,8 Mrd. €.

2. Grundwert

Der Grundwert ist auf zwei Arten zu ermitteln.

1. Addition

Verminderter Gw	=	96,59 %	=	51,00 Mrd. €
Prozentwert	=	3,41 %	=	1,80 Mrd. €
Grundwert	=	100,0 %	=	52,80 Mrd. €

verbal: 1 % wäre der 96,59te Teil, 100 % sind 100 mal so viel.

2. Anwendung Prozentrechnung

Dreisatz, gerades Verhältnis

96,59 % .... 51,00 Mrd. €
100 % .... ? (x) €

$$? € = \frac{51 \times 100}{96,59}$$

? € = 52,8 Mrd. €*

Ergebnis

Der Exportwert belief sich 1992 auf 52,8 Mrd. €.

➡ Zum Merken

Ist ein **verminderter Grundwert**, d. h. ein Wert, der unter 100 Prozent ist, Ausgangspunkt der Rechnung und sollen Prozentwert und Grundwert errechnet werden, dann gilt die Formel:

$$\textbf{Prozentwert} = \frac{\textbf{verminderter Gw} \times \textbf{Prozentsatz}}{\textbf{100} - \textbf{x}}$$

in unserem Fall

$$\textbf{Prozentwert} = \frac{\textbf{verminderter Gw} \times \textbf{5,6}}{\textbf{94,4}}$$

und der Grundwert lässt sich auf diese Weise ausrechnen:

$$\textbf{Grundwert (Gw)} = \frac{\textbf{verminderter Gw} \times \textbf{100}}{\textbf{100} - \textbf{x}}$$

in unserem Fall

$$\textbf{Grundwert (Gw)} = \frac{\textbf{verminderter Gw} \times \textbf{100}}{\textbf{94,4}}$$

* Ungenauigkeit durch Begrenzung auf eine Kommastelle

Rechenweg

Die Einzelschritte bei der Ermittlung des Prozentwertes auf der Grundlage eines vermehrten oder verminderten Grundwertes sind so zu vollziehen:

1. Tabelle über alle Werte aufstellen. Nicht angegebene mit einem Fragezeichen eintragen.
2. Der **vermehrte Grundwert** in Prozenten setzt sich aus dem Grundwert (100 %) und dem Prozentsatz zusammen. Er ist immer **über 100 %**. Bei Errechnung des Prozentwertes den vermehrten Grundwert auf 1 % zurückführen, d. h. durch den höheren Prozentsatz als 100 (nämlich 100 % + Prozentsatz) dividieren und das Ergebnis mit dem Prozentsatz multiplizieren. Es ist ebenso möglich, den vermehrten Grundwert mit dem Prozentsatz malzunehmen und dann durch den vermehrten Grundwert in Prozenten zu dividieren.
3. Beim **verminderten Grundwert**, dessen Wert in Prozenten immer **unter 100 %** ist (Grundwert minus Prozentsatz), den verminderten Grundwert auf 1 % zurückführen, was besagt, dass der verminderte Grundwert durch die geringeren Prozente als 100 Prozent dividiert wird. Danach ist mit dem Prozentsatz zu multiplizieren.
4. In beiden Fällen kann durch Subtraktion (vermehrter Grundwert minus Prozentwert) oder durch Addition (verminderter Grundwert plus Prozentwert) auf den Grundwert geschlossen werden.

2.3 Formelumwandlung

➡ **Zum Merken**

Die in der Prozentrechnung auftauchenden Größen

- **Prozentwert,**
- **Prozentsatz,**
- **Grundwert**

Lassen sich auf Formelbasis ermitteln. Ausgangspunkt ist:

$$\textbf{Prozentwert} = \frac{\textbf{Grundwert} \times \textbf{Prozentsatz}}{\textbf{100}}$$

Bei der Ermittlung des Prozentwertes unter Berücksichtigung eines verminderten und vermehrten Grundwertes hatten wir bereits kennen gelernt, wie unter diesen Voraussetzungen der Grundwert ausgerechnet werden kann. Das aber sind Besonderheiten. Unter normalen Umständen ist der Grundwert von 100 % Ausgangspunkt.

Das Problem

Wie können aus der oben genannten Formel der Grundwert und der Prozentsatz ermittelt werden? Was auf der einen Seite im Zähler steht, kann auf der anderen Seite isoliert in den Nenner geschrieben werden.

Die Lösung

1. Rechenschritt (Ausgangsformel notieren)

$$\text{Prozentwert} = \frac{\text{Grundwert} \times \text{Prozentsatz}}{100}$$

Der Grundwert wird gesucht

Es ist sinnvoll, die Formel nach und nach so aufzulösen, dass der Grundwert auf der linken Seite der Gleichung allein steht.

2. Rechenschritt

$$\text{Prozentwert} \times 100 = \textbf{Grundwert} \times \text{Prozentsatz}$$

3. Rechenschritt

Grundwert isolieren

$$\frac{\text{Prozentwert} \times 100}{\text{Prozentsatz}} = \textbf{Grundwert}$$

4. Rechenschritt

Grundwert auf die linke Seite setzen

$$\textbf{Grundwert} = \frac{\text{Prozentwert} \times 100}{\text{Prozentsatz}}$$

Der Prozentsatz wird gesucht

1. Rechenschritt

Ausgangsformel

$$\text{Prozentwert} = \frac{\text{Grundwert} \times \textbf{Prozentsatz}}{100}$$

Der zweite Schritt ist – wie oben – analog vorzunehmen.

3. Rechenschritt

Prozentsatz isolieren

$$\textbf{Prozentsatz} = \frac{\text{Prozentwert} \times 100}{\text{Grundwert}}$$

➡ Zum Merken

Sind entweder der Grundwert oder der Prozentsatz gesucht, dann werden im ersten Fall Prozentsatz und Prozentwert, im zweiten Prozentwert und Grundwert angegeben. Die Werte brauchen nur in die Formeln eingegeben zu werden:

$$\textbf{Grundwert} = \frac{\text{Prozentwert} \times 100}{\text{Prozentsatz}}$$

$$\textbf{Prozentsatz} = \frac{\text{Prozentwert} \times 100}{\text{Grundwert}}$$

2.4 Der Grundwert wird gesucht

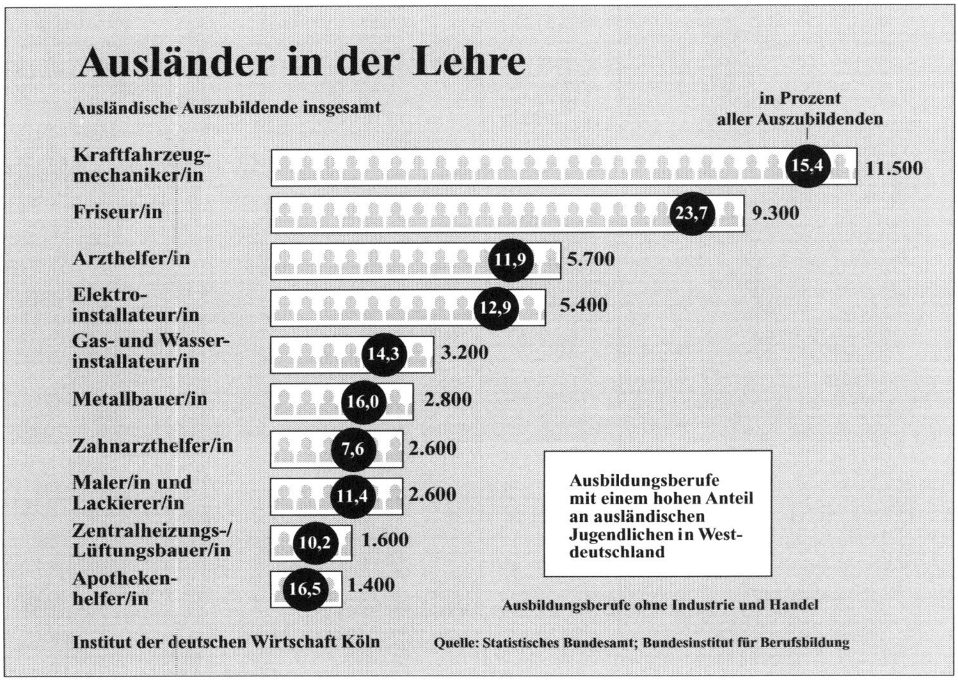

1. Beispiel

Das Problem

Eine Statistik offenbart, dass viele junge Ausländerinnen und Ausländer in deutschen Unternehmen ausgebildet werden.

Im Kraftfahrzeugsektor werden u. a. 11 500 Ausländer, und das sind 15,4 % aller Auszubildenden in diesem Handwerk, ausgebildet.

Wie viele Auszubildende gab es im Kraftfahrzeughandwerk?

Zahlen einsetzen

Die Lösung

In diesem Fall sind Prozentwert (11 500 Auszubildende) und der Prozentsatz (15,4 %) als bekannt gegeben.

Formel anwenden

1. Lösungsweg

$$\text{Grundwert} = \frac{\text{Prozentwert} \times 100}{\text{Prozentsatz}}$$

also

$$\text{Grundwert} = \frac{11\,500 \times 100}{15{,}4}$$

$$\text{Grundwert} = 74\,675$$

Ergebnis

Im Kraftfahrzeughandwerk werden insgesamt 74 675 Auszubildende beschäftigt.

Auch der Dreisatz kann angewandt werden.

2. Lösungsweg

Der zweite Lösungsweg sollte angewandt werden, wenn die Formel umgangen werden soll. Er folgt einer logischen Schrittfolge, die so aussieht:

1. Rechenschritt

11 500 Auszubildende entsprechen 15,4 %

2. Rechenschritt

Da der Grundwert gesucht ist, ist auf 1 % zurückzugehen.

$$1\ \% = \frac{11\,500}{15{,}4}$$

Grundwert = 100 %, also mit 100 multiplizieren

3. Rechenschritt

100 % = Grundwert

$$100\ \% = \frac{11\,500 \times 100}{15{,}4}$$

Gw = 74 675 Auszubildende

Ergebnis

Das Ergebnis entspricht dem bereits ermittelten.

2. Beispiel

Das Problem

Im Zeitraum von 1993 bis 2002 hat sich die Zahl ausländischer Schüler an beruflichen Schulen fast verdoppelt. Im Jahr 2002 gab es dort insgesamt 220 000 ausländische Jugendliche.

Wie viele Jugendliche gingen 1993 in berufliche Schulen?

Die Lösung

Ausgangspunkt sollte eine Tabelle sein, die übersichtlich Zahlen und Prozente ausweist:

Jahreszahl	Prozente	absolute Werte
1993	100	?
2002	200*	220 000

Der Zuwachs beläuft sich auf 100 %, so dass 2002 ein *vermehrter Grundwert* von 200 % in Erscheinung tritt.

Die Rechenweise ist bereits auf den Vorseiten erläutert.

Je nach Wissenstand kann der gerade Dreisatz oder die Proportionsrechnung angewandt werden.

* Das Doppelte

Geraden Dreisatz aufstellen

200 % .... 220 000 ausländ. Schüler
100 % .... ? ausländ. Schüler (x)

Grundwert = 100 %

$$x = (\text{Grundwert}) = \frac{100 \times 220\,000}{200}$$

x = 110 000 ausländische Schüler

Ergebnis

1993 besuchten nur 110 000 ausländische Jugendliche berufliche Schulen.

Aufgaben

Von den 220 000 ausländischen Jugendlichen, die eine Ausbildungsstelle gefunden hatten (2002), waren 46 100 nicht im Handwerk beschäftigt.

1. In welchen Gewerken werden die ausländischen Jugendlichen gearbeitet haben? Nennen Sie drei Beispiele?
2. Rechnen Sie aus, wie viele ausländische Auszubildende einen anderen Beruf hatten!
3. Ein Großteil der Jugendlichen hatte einen kaufmännischen Beruf angestrebt. Insgesamt waren es 40 %. Wie viele ausländische Jugendliche waren in dieser Sparte in der Ausbildung?

2.5 Der Prozentsatz wird gesucht

Das Problem

„Wir geben Ihnen bei einer abgenommenen Menge von 5000 kg Rabatt. Der beträgt bei Ihnen“, sagte der Verkäufer am Telefon – „Moment bitte, ich rechne mal eben – bei einem Rechnungsbetrag von 54 000 € 6 800 €.“

1. Wie viel % betrug er?
2. Wie hoch ist der zu zahlende Betrag?

Die Lösung

Bitte als Erstes die Größen herausschreiben, die angegeben sind:

Grundwert = 54 000
Prozentwert = 6 800

In diesem Fall ist der Prozentsatz gesucht.

1. Lösungsweg zur 1. Frage

Formel anwenden

$$\text{Prozentsatz} = \frac{\text{Prozentwert} \times 100}{\text{Grundwert}}$$

$$\text{Prozentsatz} = \frac{6\,800 \times 100}{54\,000}$$

Prozentsatz = 12,59 %

Ergebnis

Der Verkäufer gewährte einen Rabatt von 12,59 %.

Geraden Dreisatz anwenden

2. Lösungsweg zur 1. Frage

54 000 € . . . . .100 %
6 800 € . . . . ? % (x)

$$x = \frac{6\,800 \times 100}{54\,000}$$

Ergebnis dasselbe wie oben

$$x = 12{,}59\ \%$$

(Weitere Lösungswege durch Kettensatz und Proportionsrechnung sind möglich.)

Lösung zur 2. Frage

Rechnungsbetragsermittlung

Rabatt vom Ursprungswert = 100 % = vom Grundwert abziehen!

Ursprünglicher Rechnungsbetrag/€	54 000
12,59 % Rabatt €	6 800
Tatsächlicher Rechnungsbetrag/€	47 200

Der tatsächliche Rechnungsbetrag stellt zugleich den um den Rabatt verminderten Grundwert dar.

Aufgaben

> abo/jho/2002
> **Hamburg/Wiesbaden –**
>
> Deutschland steht vor einem Pleitenrekord. Damit rechnet das Statistische Bundesamt in Wiesbaden. Allein in Westdeutschland fallen in diesem Jahr rund 20 000 Insolvenzen an, mehr noch als 2001. Damals brachen knapp 18 900 Gesellschaften zusammen.

1. Welchen Wert würden Sie als Grundwert wählen, wenn die Steigerung von 2001 auf 2002 berechnet werden soll?
2. Wie hoch war der Steigerungssatz?
3. Auf wie viel % ist die Anzahl der Insolvenzen 2002 gestiegen?

GW = 18900

2001 18900 100
2002 20000 x

x = 20000 · 100 / 18900

x = 105,8

Rechenwege

Zur Ermittlung des Grundwertes und des Prozentsatzes sind mehrere Ansätze möglich. Zwei seien genannt:

1. In beiden Fällen zum besseren Verständnis eine Tabelle über die bekannten Größen aufstellen.
2. Gegebene Größen in die Formel einsetzen und ausrechnen.
3. Wer die Formeln nicht gleich parat hat, kann zur **Errechnung des Grundwertes** so vorgehen:
   - Prozentwert (absolute Zahlen) durch den Prozentsatz dividieren. Das Ergebnis stellt 1 % dar.
   - Ergebnis mit 100 Prozent multiplizieren.

   Die errechneten 100 % entsprechen dem Grundwert.
4. Zur **Errechnung des Prozentsatzes** ist folgender Weg einzuschlagen, wenn die Formel nicht vorhanden ist:
   - Dreisatz aufstellen, dabei entspricht dem Grundwert 100 %. Entsprechende Bezeichnungen untereinander schreiben. Die zweite Größe der ersten Reihe stellen die Prozente dar.
   - Verhältnis des Dreisatzes festlegen.
   - Danach entsprechend ausrechnen. Hierbei über Kreuz multiplizieren und durch die dritte Größe (1. Reihe, 1. Größe) dividieren.

3. Grenzen der Prozentrechnung

Im eigentlichen Sinne gibt es keine Grenzen der Prozentrechnung. Man kann mit ihr alles lösen, was sich prozentual ausrechnen lässt. Wie auch in anderen Rechnungen macht sie nur Sinn, wenn zwischen den einzelnen Größen kausale Zusammenhänge bestehen. Außerdem muss ein Vergleich möglich sein. Ein angegebener Prozentsatz allein ohne einen Bezug zu einer weiteren Zahl ist ebenso wenig für weitere Berechnungen möglich wie eine alleinige absolute Größe.

Die Vergleiche, die mit der Prozentrechnung angestellt werden, stellen Zeitvergleiche, Entwicklungsvergleiche oder Strukturvergleiche dar. Zeitvergleiche in wirtschaftlichen Fragen verlieren dann ihren Sinn, wenn die Zeiten, die verglichen werden, außergewöhnlich weit auseinander fallen. So sind Preisvergleiche von 1925 zu heute nicht aussagefähig. Das ist aber nicht eine Grenze der Prozentrechnung als vielmehr der Grundlagen, die für sie gewählt werden. Dasselbe gilt für Entwicklungsvergleiche. Strukturvergleiche, z. B. das Verhältnis von Eigenkapital zum Gesamtkapital einer Personengesellschaft mit einer Aktiengesellschaft zu einem bestimmten Stichtag, lässt eher Schlüsse zu, weil die Grundlagen des Vergleichs in denselben Zeitraum fallen. Wird der Strukturvergleich zugleich als Zeitvergleich vorgenommen, z. B. dass das Eigenkapital im Verhältnis zum Gesamtkapital einer bestimmten Aktiengesellschaft heute mit dem Jahr 1900 verglichen wird, dann lassen sich kaum Aussagen über deren Unterschiedlichkeit treffen. Auch hier ist es wieder nicht die Rechnung selbst, die Grenzen setzt, sondern sind es die Grundlagen hierfür.

Die folgende Zinsrechnung als „Spezialfall“ der Prozentrechnung bezieht Zeiträume in die Rechnung ein, z. B. 10 Tage, 5 Wochen, 7 Monate usw. Die Prozentrechnung verzichtet hierauf. Auch das könnte man als Grenze der Prozentrechnung gelten lassen.

Aufgaben

1. Von rund drei Millionen Selbstständigen in Deutschland arbeiten 552 830 in freien Berufen. Hierzu zählen: u. a. Ärzte, Anwälte, Ingenieure, Tierärzte, Apotheker, Heilpraktiker, Masseure, Krankengymnasten etc. Allein die Ärzte, Zahnärzte und Apotheker machen 40 % der Freiberufler aus.

   a) Wie viele Selbstständige zählen zu den Ärzten, Zahnärzten und Apothekern?

   b) Von der um die Freiberufler verminderten Selbstständigenzahl gehören circa 25 % zu kleinen kaufmännischen Einpersonenunternehmen und Personengesellschaften. Wie viele sind es?

2. In Europa erzielten Lebensmittelhändler, die als Ketten organisiert sind, circa 404 Mrd. € Umsatz 2002. Das ist fast ein Drittel des Gesamtumsatzes aller Lebensmittelhändler in Europa.

   a) Wie hoch war der europaweite Lebensmittelumsatz?

   b) Die Metro hatte bei den Lebensmittelketten einen Umsatz von 17,57 %. Wie hoch war er?

   c) Aldi muss sich mit 35 % des Metroumsatzes zufrieden geben. Mit welchem Umsatz konnte Aldi rechnen?

3. China hat zur Zeit (2000) eine Bevölkerungszahl von 1,3 Mrd. Wenn die Geburtenhäufigkeit nicht wesentlich abgebaut wird, dann wird der Zuwachs bis 2025 erheblich sein. Man rechnet bis dahin mit einer Zunahme der Bevölkerung von 10,8 %.

   a) Wie hoch wird die Bevölkerungszahl 2025 sein?

   b) Wie hoch ist die jährliche Durchschnittszuwachsrate?

4. Die Presse schreibt: Der Flughafen Hamburg erwartet 2002 ein Plus bei den Fluggästen um rund 4,5 % auf 9,5 Mio.

   a) Wie viele Fluggäste entsprechen 4,5 %?

   b) Wie viele Fluggäste waren es 2001?

5. Die Zahl der Firmenzusammenbrüche in Deutschland wird 2002 voraussichtlich 30 000 betragen. Gegenüber 2001 ist das bei den Firmenzusammenbrüchen eine Steigerung von 23,2 % gegenüber dem Vorjahr.

   Wie viele Zusammenbrüche gab es 2001?

6. Wie der Haushaltsplanung zu entnehmen ist, steigen geplante Einnahmen uns Ausgaben in den künftigen Jahren an.

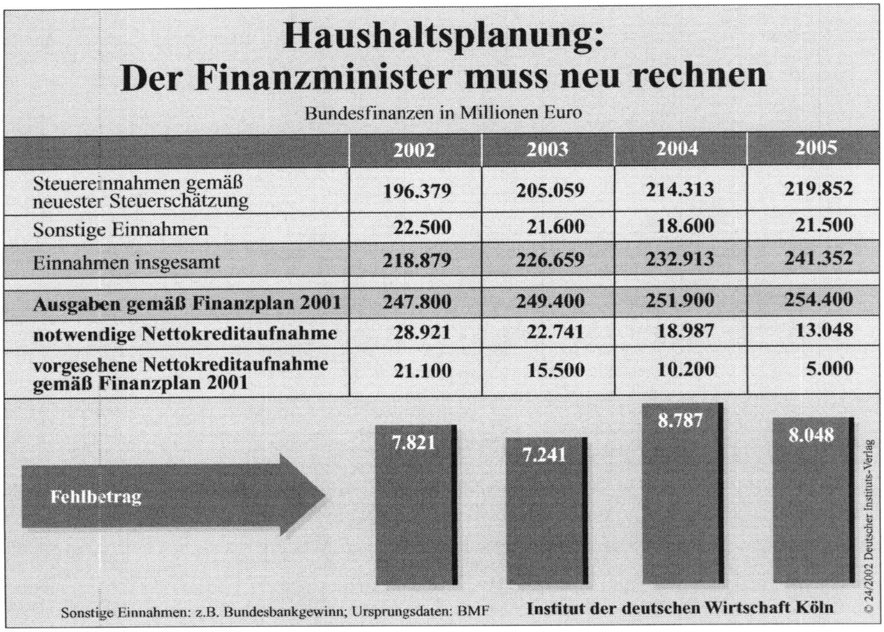

Haushaltsplanung:
Der Finanzminister muss neu rechnen

Bundesfinanzen in Millionen Euro

	2002	2003	2004	2005
Steuereinnahmen gemäß neuester Steuerschätzung	196.379	205.059	214.313	219.852
Sonstige Einnahmen	22.500	21.600	18.600	21.500
Einnahmen insgesamt	218.879	226.659	232.913	241.352
Ausgaben gemäß Finanzplan 2001	247.800	249.400	251.900	254.400
notwendige Nettokreditaufnahme	28.921	22.741	18.987	13.048
vorgesehene Nettokreditaufnahme gemäß Finanzplan 2001	21.100	15.500	10.200	5.000

Sonstige Einnahmen: z.B. Bundesbankgewinn; Ursprungsdaten: BMF **Institut der deutschen Wirtschaft Köln**

a) Wie hoch ist der prozentuale Zuwachs an Einnahmen im Jahre 2005?

b) Wie hoch ist der prozentuale Zuwachs an Ausgaben im Jahre 2005?

c) Im Jahre 2002 ergibt sich ein Fehlbetrag zwischen Einnahmen und Ausgaben von 7,821 Mrd. Euro. Wie hoch dürfte der Fehlbetrag 2005 unter Zugrundelegung der Zahlen von 2002 sein, wenn Ausgaben und Einnahmen proportional zueinander sind?

7. In der nebenstehenden Graphik ist der deutsche Außenhandel dargestellt.

a) Der Zuwachs der Exporte in den vergangenen Jahren belief sich auf durchschnittlich 5% p.a. Wie hoch war demnach die Exportsumme im Jahr 1995?

b) Um wie viel % überstieg der Export im Jahr 2005 den des Jahres 2004?

c) Wie hoch wird der Außenhandelssaldo im Jahre 2006 sein, wenn sich Import und Export proportional entwickeln und der Export um 5% wächst?

d) Die Schere zwischen Ex- und Import hat sich 2004 gegenüber 2005 vergrößert. Wie groß ist diese Veränderung in Euro?

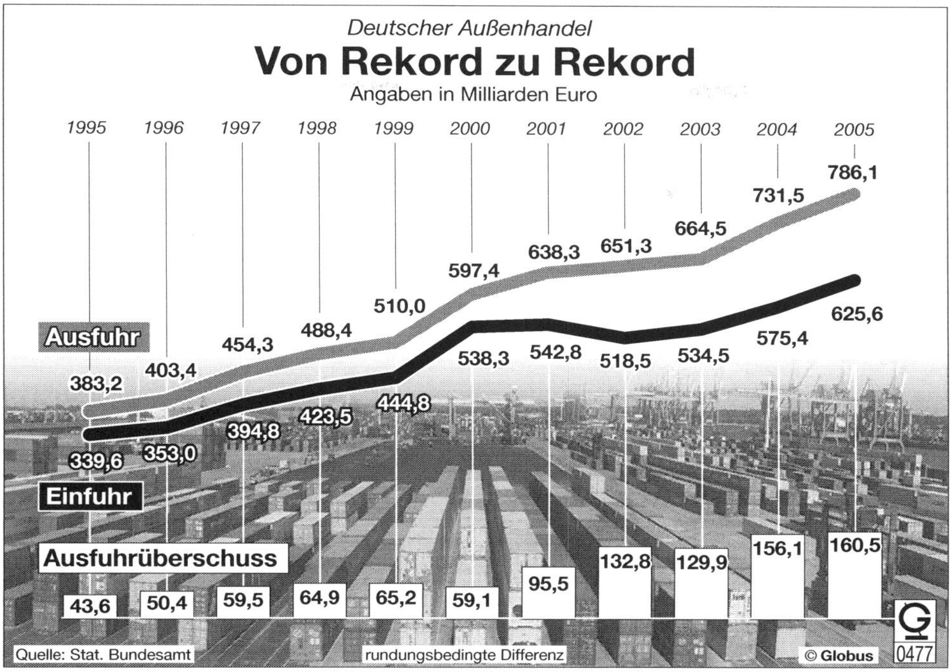

8. Wie sich deutsche Haushalte aufteilen, zeigt die Übersicht auf der Folgeseite.

a) Im Jahre 2004 gab es in Deutschland 39 122 Haushalte. Davon waren 14 543 Einzelhaushalte. Wie viel % waren das?

b) Es ist davon auszugehen, dass in den 4225 Vierpersonenhaushalten zwei Kinder leben müßten. Ermitteln Sie die Anzahl der Kinder, die nur eine grobe Schätzung darstellt. Begründen Sie, weshalb die ermittelte Größe nur ungenau sein kann. Zu welchem Ergebnis kommen Sie hierbei?

c) Der Anstieg der 2-Personenhaushalte von 2002 bis 2004 betrug 292 000. Man kann davon ausgehen, daß im Jahr 2005 weitere 2-Personenhaushalte dazukommen. Ein Schätzwert geht von 12 850 aus. Um wie viel % liegt die 2-Personenhaushaltszahl 2005 über der von 2002, wenn dieses das Basisjahr ist.

d) Nach der vorliegenden Statistik des statistischen Bundesamtes haben sich die Einbürgerungen in den letzten 3 Jahren vermindert. Wie viel % lag die Einbürgerungszahl 2002 (106 800) über der von 2004 (104 700), wenn 2002 das Basisjahr ist?

Haushalte und Bevölkerungsbewegung in 1000

Haushaltsgrößen	2002	2003	2004
Haushalte, gesamt	38 720	38 944	39 122
Einpersonenhaushalte	14 210	14 409	14 553
2-Personenhaushalte	13 048	13 163	13 340
3-Personenhaushalte	5 498	5 452	5 389
4-Personenhaushalte	4 297	4 284	4 225
Haushalte mit 5 oder mehr Personen	1 626	1 636	1 604

Die Kaufkraft der Nettoverdienste

So lange musste ein westdeutscher Arbeitnehmer im Schnitt für ... arbeiten, in Stunden : Minuten

Lebensmittel	1991	2000
Mischbrot 1 kg	0:11	0:11
Markenbutter 250g	0:06	0:05
Vollmilch 1 Liter	0:04	0:03
Schweinekottelett 1 kg	0:38	0:31
Speisekartoffeln 2,5 kg	0:10	0:07
Bohnenkaffee 250g	0:12	0:11
Bekleidung, Energie, Gebrauchsgüter		
Straßenanzug	21:36	19:49
Damen-Pumps 1 Paar	7:11	6:21
Normalbenzin, bleifrei 1 L	0:04	0:05
Waschmaschine	54:30	49:01
Personalcomputer	135:37	71:27
Medien, Dienstleistungen		
Tageszeitung, 1 Monat	1:13	1:25
Briefporto, 1 Brief	0:03	0:03
Haare waschen,legen ...	1:00	1:11

9. Die Kaufkraft der Nettoverdienste

a) Für 1 kg Mischbrot musste man 1991 genau so lange arbeiten wie 2000. Was können Sie dieser Aussage entnehmen?

b) Für Personalcomputer musste man 1991 ungefähr doppelt so lange atbeiten wie im Jahre 2000. Berechnen Sie den prozentualen Unterschied. Was entnehmen Sie dem Ergebnis?

c) Besorgen Sie sich im Internet (Statistisches Jahrbuch) die aktuellen Werte und vergleichen Sie!

VII. Zinsrechnung

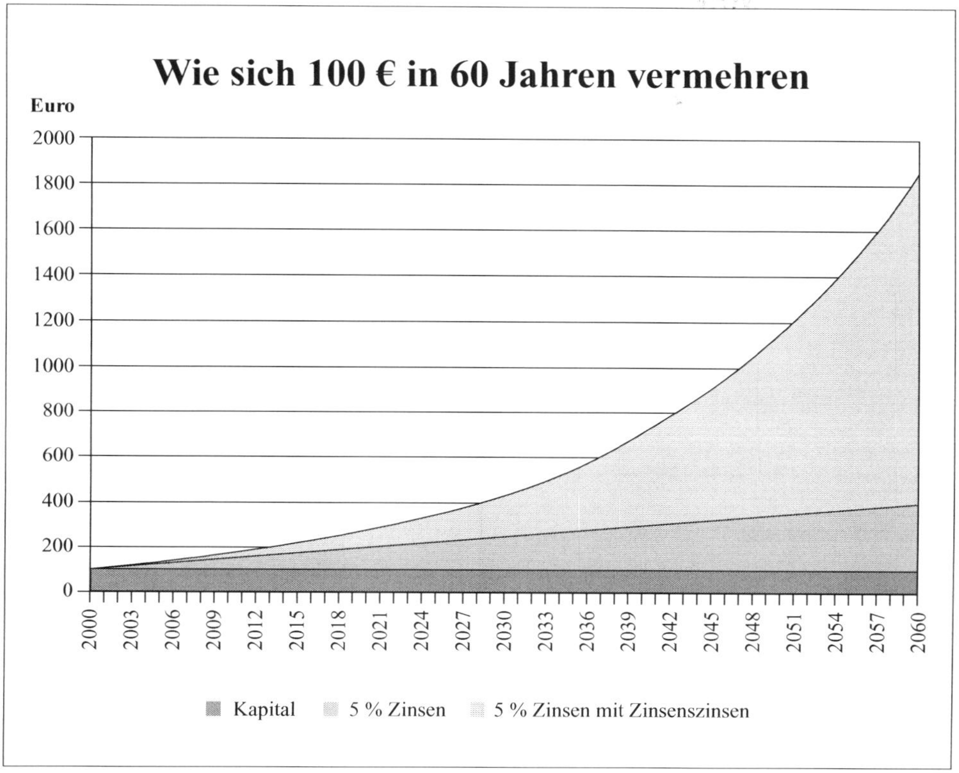

1. Die Aufgabe der Zinsrechnung

Überlässt ein Gläubiger dem Schuldner für einen bestimmten Zeitraum Geld (Kapital), so wird der Schuldner dafür einen Preis zu entrichten haben: den Zins. Diesen zu ermitteln, ist die Aufgabe der Zinsrechnung.

Die Höhe der Zinsen ist abhängig von 3 Variablen:

- dem ausgeliehenen Kapital
- dem vereinbarten Zinssatz
- der Laufzeit des Kredits.

Informationen

Was sind Zinsen?	Zinsen sind eine Vergütung für leihweise überlassenes Geld.
Wie weit entspricht die Zinsrechnung der Prozentrechnung?	Die Zinsrechnung ist eine angewandte Prozentrechnung. Dabei ist – der Grundwert das Kapital – der Prozentsatz der Zinssatz – der Prozentwert der Zinsbetrag.
Wie unterscheidet sich die Zinsrechnung von der Prozentrechnung?	Bei der Zinsrechnung kommt als neue Größe die Zeit hinzu, in der sich das leihweise überlassene Kapital verzinst. Je größer der Zeitraum ist, desto höher werden die zu zahlenden Zinsen sein.
Welche Bedeutung hat der Jahreszins?	Werden die Zinsen als Monatszinsen angegeben, erscheinen sie niedriger als der entsprechende Jahreszins. Deshalb müssen zu Vergleichszwecken die Zinsen immer als Jahreszins angegeben werden.
Welche Bedeutung hat der effektive Jahreszins?	Aufgrund der Preisangabenverordnung müssen die Preise von Waren, Dienstleistungen und Krediten so ausgewiesen werden, dass ein direkter Preisvergleich möglich ist. Deshalb ist für Kredite der effektive Jahreszins auszuweisen, der neben den laufenden Zinsen auch Vermittlungs- und Bearbeitungsgebühren und sonstige Kosten, wie einen geringeren Auszahlungsbetrag als den Kreditbetrag (Disagio), mit einzubeziehen hat.
Wann wird im Geschäftsverkehr die Zinsrechnung benötigt?	Die Zinsrechnung wird benötigt – beim Verkehr mit der Bank, wenn Gelder eingezahlt werden (Habenzinsen) oder wenn Kredite aufgenommen werden (Sollzinsen) – beim Verkehr mit Geschäftspartnern, wenn Skonto gewährt wird oder wenn ein Zahlungsverzug vorliegt (Verzugszinsen) – im internen Gebrauch, z. B. bei der Kalkulation, um die notwendige Verzinsung des eingesetzten Kapitals zu ermitteln, oder in der Lagerwirtschaft, um die Kapitalbindungskosten festzustellen.

2. Die Zinsrechnung mit der allgemeinen Zinsformel

2.1 Die Ermittlung der Jahreszinsen

Das Problem

Max Behrend ist Auszubildender und bezieht seine erste Wohnung. Für die Einrichtung benötigt er 3 000 €, die er nach Abschluss der Ausbildung von seinem dann gestiegenen Einkommen zurückzahlen will.

Die Bank hat ihm einen Überziehungskredit eingeräumt, verlangt dafür allerdings 12 % Zinsen p. a. (per anno = pro Jahr). Wie viel € sind das pro Jahr, und wie viel € wird er nach Ablauf von 3 Jahren an Zinsen gezahlt haben?

Zinsen für mehrere Jahre erfordern eine Berücksichtigung der Zeit.

3 Jahre = Zeitfaktor 3

Die Lösung

Mit Hilfe der Prozentrechnung lassen sich die Zinsen für ein Jahr errechnen:

$$\text{Jahreszinsen} = \text{Kapital} \times \frac{\text{Zinssatz in Prozent}}{100}$$

Max Behrend rechnet also:

$$3\,000 \times \frac{12}{100} = 360\ €$$

Für einen längeren Zeitraum müssen die Jahreszinsen mit einem entsprechenden Zeitfaktor multipliziert werden.

Die Formel wird entsprechend erweitert:

$$\text{Zinsen} = \text{Kapital} \times \frac{\text{Zinssatz in Prozent}}{100} \times \text{Zeitfaktor}$$

Ergebnis

Für einen Zeitraum von 3 Jahren beträgt der Zeitfaktor 3.

$$3\,000 \times \frac{12}{100} \times 3 = 1\,080\ €$$

Die Zinsen werden also das Dreifache der Jahreszinsen betragen.

2.2 Die Ermittlung der Monatszinsen

Das Problem

Max Behrend erhält 7 Monate nach Ausnutzung des Überziehungskredites über 3 000 €

Die Lösung

Der Zinssatz ist als Jahreszins angegeben. Für einen Zeitraum von nur 9 Monaten muss der Jahreszins mit einem Zeitfaktor multipliziert werden, der zu 12 % Jahreszinsen eine unerwartete Geldzuwendung von seiner Familie, durch die er sein Konto wieder ausgleichen kann.

Wie viel Zinsen hat er in den 9 Monaten für den Kredit gezahlt?

Zeitfaktor für einige Monate des Jahres: $\frac{\text{Monate}}{12}$

dem entsprechenden Bruchteil eines Jahres entspricht.

Für die Zeiträume unter einem Jahr wird damit der Zeitfaktor immer kleiner als 1 sein.

$$\text{Monatszinsen} = \text{Kapital} \times \frac{\text{Zinssatz in Prozent}}{100} \times \frac{\text{Monate}}{12}$$

7 Monate entsprechen 7/12 eines Jahres. Mit diesem Wert wird der Jahreszins multipliziert und die Jahreszinsen entsprechend verringert.

Ergebnis

$$3\,000 \times \frac{12}{100} \times \frac{7}{12} = 210\ €$$

2.3 Die Ermittlung der Tageszinsen

Das Problem

Max Behrend kann bereits nach ungefähr 7 Monaten seinen Überziehungskredit tilgen. Genau genommen hat er den Kredit 200 Tage in Anspruch genommen.

Wie viel Zinsen hat er in den 200 Tagen für den Kredit gezahlt, bei einem Zinssatz von 12 %?

Merkhilfe für die allgemeine Zinsformel:

Die „**K**a**p**i**t**änsformel“:

$$\text{Zinsen} = \frac{K \times P \times T}{100 \times 360}$$

wobei

K = Kapital
P = Zinssatz in Prozent
T = Tage

Die Lösung

Der Zinssatz ist als Jahreszins angegeben. Für einen Zeitraum von nur 200 Tagen muss nun der Jahreszins mit einem Zeitfaktor multipliziert werden, der dem entsprechenden Bruchteil eines Jahres entspricht.

Bei der Errechnung des Zeitfaktors bezogen auf die Zinstage geht die kaufmännische Praxis von einer Vereinfachung aus.

- Jeder Monat hat 30 Tage
- Das Jahr hat 12 × 30 = 360 Tage

Damit lassen sich die Tageszinsen wie folgt errechnen:

$$\text{Tageszinsen} = \text{Kapital} \times \frac{\text{Zinssatz in Prozent}}{100} \times \frac{\text{Tage}}{360}$$

Der Zeitfaktor für 200 Tage beträgt $^{200}/_{360}$.

Mit diesem Wert wird der Jahreszins multipliziert und die Jahreszinsen entsprechend verringert.

Ergebnis

$$3\,000 \times \frac{12}{100} \times \frac{200}{360} = 200\ €$$

Max Behrend hat in 200 Tagen 200 € Zinsen gezahlt.

Zum Merken

Zinsen werden als Jahreszinsen angegeben und errechnen sich nach der Formel:

$$\text{Zinsen} = \text{Kapital} \times \frac{\text{Zinssatz}}{100}$$

Für andere Zeiträume müssen die Jahreszinsen mit einem Zeitfaktor multipliziert werden.

Für Zeiträume unter einem Jahr ist dieser Zeitfaktor kleiner als 1 und beträgt

- bei den Monatszinsen: $\frac{\text{Monate}}{12}$
- bei den Tageszinsen: $\frac{\text{Tage}}{360}$

2.4 Die Ermittlung der Zinstage

Besonderheiten bei der Ermittlung der Zinstage in der kaufmännischen Zinsrechnung:

1. Das Jahr wird zu 360 Tagen gerechnet, der Monat zu 30 Tagen.
2. Der 31. eines Monats wird nicht gerechnet.
3. Der Februar wird zu 30 Tagen gerechnet
4. Der Tag, an dem die Verzinsung beginnt, wird nicht mitgezählt.
5. Der Tag, an dem die Verzinsung endet, wird mitgerechnet.

Das Datum des Zinsbeginns wird vom Datum des Zinsendes subtrahiert.

Beispiel 1: Zinsbeginn und Zinsende im gleichen Monat

Zinsende	28.02.	Zinsbeginn:	12.02.
– Zinsbeginn:	12.02.	Zinsende	28.02.
Differenz	16.00.		
Zinstage	16	(16 Tage, 0 Monate)	

Beispiel 2: Zinsbeginn und Zinsende in unterschiedlichen Monaten

Zinsende	19.03.		Zinsbeginn:	12.02.
– Zinsbeginn:	12.02.		Zinsende	19.03.
Differenz:	07.01.			
1 Monat in Tagen	30			
Zinstage	37		(7 Tage, 1 Monat)	

Enthält die Differenz einen Monat, wird dieser in 30 Tage umgerechnet.

Beispiel 3: Zinsende fällt auf den 31. eines Monats

Korrigiertes Zinsende	**30.05.**		Zinsbeginn:	12.02.
– Zinsbeginn:	12.02.		Zinsende:	31.05.
Differenz:	18.03.			
3 Monate in Tagen	90			
Zinstage	108		(18 Tage, 3 Monate)	

Der 31. eines Monats wird als 30. gerechnet.

Enthält die Differenz mehrere Monate, werden diese in Tage umgerechnet (Monate × 30 = Tage).

Beispiel 4: Tag des Zinsende ist kleiner als der Tag des Zinsbeginns

Zinsende	01.03.		Zinsbeginn:	29.01.
– Zinsbeginn:	29.01.		Zinsende	01.03.
korrigiertes Zinsende	31.02.			
– Zinsbeginn:	29.01.			
Differenz:	02.01.			
1 Monat in Tagen	30			
Zinstage	32		(2 Tage, 1 Monat)	

Das Zinsende wird in ein rechnerisches Datum des Vormonats umgewandelt.

(Monate werden um 1 vermindert, Tage werden entsprechend um 30 erhöht.)

Das Zinsende wird in ein rechnerisches Datum des Vorjahres umgewandelt.

(Jahre werden um 1 vermindert, Monate werden entsprechend um 12 erhöht.)

Beispiel 5: Zinsende liegt im neuen Jahr (Schaltjahr)

Zinsende	29.02.03	Zinsbeginn: 14.09.02
– Zinsbeginn:	14.09.02	Zinsende 29.02.03
korrigiertes Zinsende	29.14.02	
– Zinsbeginn:	14.09.02	
Differenz:	15.05.00	
5 Monaten in Tagen	150	
Zinstage	165	(15, Tage, 5 Mon., 0 Jahre)

Beispiel 6: Zinsende liegt mehrere Jahre entfernt

	Zinsende	04.02.05	Zinsbeginn: 28.02.02
	– Zinsbeginn:	28.02.02	Zinsende 04.02.05
Tage korrigieren	1. korrigiertes Zinsende	34.01.05	
	– Zinsbeginn:	28.02.02	
Monate korrigieren	2. korrigiertes Zinsende	34.13.04	
	– Zinsbeginn:	28.02.02	
Differenz bilden	Differenz:	06.11.02	
Monate in Tage umrechnen	11 Monate in Tagen	330	
Jahre in Tage umrechnen (Jahre × 360)	2 Jahre in Tagen	720	
	Zinstage	1056	(6 Tage, 11 Mon., 2 Jahre)

Aufgaben

1. Berechnen Sie die Zinsen für:

	Kapital	Zinssatz	Zeitraum		Kapital	Zinssatz	Zeitraum
a)	4 560 €	3,5 %	1 Jahr	e)	235,60 €	12 %	2 Monate
b)	2 125 €	3,5 %	4 Jahre	f)	125,46 €	5 %	72 Tage
c)	5 365 €	6 %	6 Monate	g)	34,50 €	5,2 %	252 Tage
d)	1 125 €	8 %	7 Monate	h)	347,45 €	7 %	35 Tage

2. Berechnen Sie die Zinstage für die folgenden Zeiträume:

von	bis	von	bis
a) 08.10.	31.10.	e) 21.12.03	31.01.04
b) 12.02.	28.08.	f) 15.11.03	01.05.04
c) 24.05.	12.09.	g) 28.02.03	29.02.04
d) 28.02.	05.07.	h) 31.05.03	28.02.06

3. Berechen Sie den Rückzahlungsbetrag einschließlich der Zinsen für die folgenden Kredite:

Kapital	Zins-satz	von	bis	Kapital	Zins-satz	von	bis
a) 1 120 €	4 %	03.03.	26.05	e) 265,40 €	8,8 %	12.09.03	28.02.04
b) 2 365 €	5 %	31.07.	08.08.	f) 295,70 €	2,5 %	25.08.03	02.06.04
c) 3 540 €	7 %	23.08.	31.12.	g) 45,80 €	4,3 %	12.12.03	31.01.04
d) 9 856 €	12 %	01.02.	02.03.	h) 345,70 €	6,2 %	31.08.03	28.02.04

4. Die Bier-Handelsgesellschaft schuldet einer Brauerei für eine Lieferung 12 800 €, fällig am 25.06.
   a) Welcher Betrag müsste am 21.08. überwiesen werden, wenn 8,5 % Verzugszinsen in Rechnung gestellt werden?
   b) Welcher Betrag müsste bei 5,5 % Verzugszinsen am 15.11. überwiesen werden, wenn nach erfolgter Mahnung die Bierhandelsgesellschaft am 16.09. einen Abschlag von 6 000 € gezahlt hat?

5. Ein Leihhaus gewährt auf ein Saxophon ein Darlehn über 240 €. Nach 4 Monaten wird das Pfand mit 252 € eingelöst. Welchem Zinssatz entspricht dieses?

6. Am 30.06.2003 werden 10 000 € zu 6 % angelegt. Die Zinsgutschrift erfolgt jeweils am 31.12. und am 30.06. des Jahres. Auf welchen Betrag ist das Kapital am 31.12.2006 angewachsen?

7. Für den Verkauf einer Eigentumswohnung liegen 3 Angebote vor:
   a) 300 000 €, Zahlung sofort.
   b) 200 000 € sofort, 105 000 € nach 4 Monaten.
   c) 100 000 € sofort, 110 000 € nach 6 Monaten, 100 000 nach einem Jahr.

   Der Inhaber hat vor, den Erlös in festverzinslichen Wertpapieren mit einer Verzinsung von 8 % anzulegen. Welches der 3 Angebote erbrächte die beste Verzinsung?

8. Herr Edelmann träumt davon, von den Zinsen seines Vermögens zu leben und mit einem Segelboot um die Welt zu reisen.
   a) Wie hoch muss sein Kapital sein, wenn er bei 6 % Zinsen 30 000 € pro Jahr erhalten möchte?
   b) Mit wie viel € pro Jahr kann er rechnen, wenn er sein Vermögen von 500 000 € zu 5 % angelegt hat und auf den Zinsertrag über 3 000 € jährlich 30 % Zinsabschlagssteuer zu zahlen hat?

Informationen

Wie wird bei der Zinsrechnung die unterschiedliche Laufzeit der Kredite berücksichtigt?

Die Jahreszinsen K × p/100 werden mit einem Zeitfaktor multipliziert. Bei einer Laufzeit von mehr als einem Jahr wird dieses als ein Vielfaches des Jahres angegeben, bei Laufzeiten unterhalb eines Jahres als ein Bruchteil eines Jahres.

Der Zeitfaktor wird als Bruch angegeben, wobei die Laufzeit im Zähler und die Jahresbezugsgröße im Nenner steht.

Beispiel:
Laufzeit 36 **Tage**: Zeitfaktor = 36/**360**
Laufzeit 4 **Monate**: Zeitfaktor = 4/**12**
Laufzeit 3 **Jahre**: Zeitfaktor = 3/**1**

Gibt es einen Unterschied zwischen der privaten und der geschäftlichen Anwendung der Zinsrechnung?

Ja. Bei einer privaten Kreditgewährung, beispielsweise unter Freunden, schreibt das Bürgerliche Gesetzbuch vor, dass die tatsächlich angefallenen Zinstage bei der Errechnung der Zinsen angesetzt und zu den tatsächlich angefallenen Tagen eines Jahres in Beziehung gesetzt werden. Damit wird der Februar mit 28 oder 29 Tagen, der März mit 31 Tagen und das Jahr zu 365 oder 366 Tagen (Schaltjahr) gerechnet. In den USA und GB wird das Jahr grundsätzlich zu 365 Tagen gerechnet.

Zinsformel für den privaten Bereich

$$\text{Zinsen} = \text{Kapital} \times \frac{\text{Zinssatz}}{100} \times \frac{\text{exakte Laufzeit}}{365 \text{ oder } 366}$$

Diese Errechnung führt zu unterschiedlichen monatlichen Zinsbelastungen. Deshalb ist im geschäftlichen Verkehr, beispielsweise bei einer Kreditgewährung durch eine Bank, laut Handelsgesetzbuch eine vereinfachte Errechnung der Laufzeit anzuwenden: Jeder Monat wird zu 30 Tagen, das Jahr zu 360 Tagen gerechnet. Für den Kreditnehmer besteht damit durch gleich bleibende Zinsbelastungen pro Monat eine verlässliche Kalkulationsgrundlage. Die Zinsformel für die kaufmännische Zinsrechnung lautet daher :

Zinsformel für den kaufmännischen Bereich

$$\text{Zinsen} = \text{Kapital} \times \frac{\text{Zinssatz}}{100} \times \frac{\text{vereinf. Laufzeit}}{360}$$

3. Die Zinsrechnung mit der kaufmännischen Zinsformel

3.1 Die summarische Zinsrechnung

Das Problem

Der Elektro-Großhandel berechnet seinem säumigen Kunden zum 30.09. Verzugszinsen in Höhe von 4 % ab Rechnungsdatum.

Folgende Rechnungen liegen vor:

Rechnungs-betrag	Rechnungs-Datum	Zins-tage
3 460 €	12.07.	48
45 530 €	08.07.	52
2 540 €	03.07.	57
12 640 €	26.06.	64

Wie hoch sind die Zinsen anzusetzen, und welcher Betrag wird insgesamt angemahnt?

1. Die Lösung (mit der allgemeinen Zinsformel)

Die jeweiligen Werte in die allgemeine Zinsformel eingesetzt, ergeben die jeweiligen Zinsen, die der Summe der Rechnungsbeträge hinzugezählt werden.

Rech-nungs-betrag (€)	Rech-nungs-Datum	Zins-tage	$\frac{\text{Kapital} \times \text{Zinssatz} \times \text{Tage}}{100 \times 360}$	Zinsen (€)
3 460	12.07.	48	$\frac{3\,460 \times 4 \times 48}{100 \times 360}$	18,45
45 530	08.07.	52	$\frac{45\,530 \times 4 \times 52}{100 \times 360}$	263,06
2 540	03.07.	57	$\frac{2\,540 \times 4 \times 57}{100 \times 360}$	16,09
12 640	26.06.	64	$\frac{12\,640 \times 4 \times 64}{100 \times 360}$	89,88
64 170,–			Summe	387,48
+ 387,48			Zinsen ←	
64 557,48			Gesamtforderung	

Zinsen mit der allgemeinen Formel 387,48 €

Es fällt auf, dass bei allen Rechnungen der Zinssatz immer gleich, das Kapital und die Tage hingegen immer unterschiedlich sind. Durch eine Aufteilung der allgemeinen Zinsformel in einen veränderlichen und einen gleich bleibenden Teil lässt sich die kaufmännische Zinsformel herleiten.

Das ist die allgemeine Zinsformel

$$\frac{\text{Kapital} \times \text{Prozentsatz} \times \text{Tage}}{100 \times 360}$$

veränderlicher Teil — gleich bleibender Teil

Der Ausdruck $^{P}/_{360}$ ist zu unhandlich, mit dem Kehrwert rechnet es sich leichter.

$$\frac{\text{Kapital} \times \text{Tage}}{100} \times \frac{\text{Prozentsatz}}{360}$$

Das ist die kaufmännische Zinsformel

$$\frac{\text{Kapital} \times \text{Tage}}{100} : \frac{360}{\text{Prozentsatz}}$$

Zinsen = Zinszahl (#) : Zinsteiler

2. Lösung (mit der kaufmännischen Zinsformel)

Entsprechend der obigen Formel wird zuerst der für alle Rechnungsbeträge gültige Zinsteiler ermittelt (Zinssatz 4 %)

Zinsteiler = 360 : 4 = 90

Sodann werden für die unterschiedlichen Rechnungsbeträge für die jeweilige Laufzeit die einzelnen Zinszahlen ermittelt. Diese werden addiert und durch den Zinsteiler dividiert. Die so ermittelten Zinsen werden der Rechnungssumme als Verzugszinsen zugeschlagen.

Zinsen mit der kaufmännischen Formel
387,50 €
Rundungsfehler durch ganze Zinszahlen
2 Cent

Rechnungsbetrag	Rechnungs-Datum	Zinstage	Zinszahl
3 460 €	12.07.	48	1661
45 530 €	08.07.	52	23676
2 540 €	03.07.	57	1448
12 640 €	26.06.	64	8090
64 170 €	Summe		34875
+ 387,50 €	+ Zinsen		
64 557,50 €	= Gesamtforderung		

Nebenrechnungen:

34,60 × 48 = 1 660,8

455,30 × 52 = 23 675,6

25,40 × 57 = 1 447,8

126,40 × 64 = 8 089,6

34 875 : 90 = 387,50

Die Zinszahlen werden zu ganzen Zahlen auf- bzw. abgerundet

Die Besonderheit der kaufmännischen Zinsformel liegt in der vereinfachten Berechnung der Gesamtzinsen:

Die Summe der Zinszahlen (die jeweils für die einzelne Rechnung unterschiedlich sind) wird nur einmal durch den für alle Rechnungen geltenden Zinsteiler dividiert.

Rechenweg bei der summarischen Zinsrechnung

1. Ermittlung des Zinsteilers (360 : Zinssatz)
2. Ermittlung der einzelnen Zinszahlen
   (1 Prozent des Kapitals mal Tage)
   (Achtung: Zu ganzen Zahlen auf- bzw. abrunden)
3. Addition der einzelnen Zinszahlen
4. Division der Summe aller Zinszahlen durch den Zinsteiler.

Die Ermittlung der kaufmännischen Zinsformel aus der allgemeinen Zinsformel

Die allgemeine Zinsformel lautet:

Beispiel:
Kapital: 2 125,40 €
Tage: 25
Zinssatz: 6 %

$$\text{Zinsen} = \text{Kapital} \times \frac{\text{Zinssatz}}{100} \times \frac{\text{Tage}}{360} = 2\,125 \times \frac{6}{100} \times \frac{25}{360}$$

Cent werden weggelassen

Die Formel wird aufgeteilt

$$\frac{\text{Kapital} \times \text{Tage}}{100} \times \frac{\text{Zinssatz}}{360} = \frac{2\,125 \times 25}{100} \times \frac{6}{360}$$

Diese Aufteilung ergibt noch keine Rechenvereinfachung $= 531{,}25 \times 0{,}01\overline{6}$

Die Formel wird umgestellt, es wird durch den Kehrwert des zweiten Bruches dividiert

$$\frac{\text{Kapital} \times \text{Tage}}{100} : \frac{360}{\text{Zinssatz}} = \frac{2\,125 \times 25}{100} : \frac{360}{6}$$

Das ist die Zinszahl (Zeichen: #)

Das ist der Zinsteiler

Der Zinsteiler ergibt oft eine ganze Zahl

$= 531{,}25 : 60$

Die Zinszahl wird gerundet und stets als ganze Zahl gerechnet $= 531 : 60 = 8{,}85$ €

➡ Zum Merken

Die kaufmännischen Zinsformel erleichtert die Rechentätigkeit insbesondere bei Krediten

- mit unterschiedlichen Beträgen
- und unterschiedlichen Laufzeiten
- die mit dem gleichen Prozentsatz verzinst werden.

Die kaufmännische Zinsformel lautet:

$$\text{Zinsen} = \frac{\text{Zinszahl}}{\text{Zinsteiler}} = \frac{\text{1 Prozent des Kapitals} \times \text{Tage}}{\frac{360}{\text{Zinssatz}}}$$

Bequeme Teiler

Tabelle der Zinssätze, die ein bequemer Teiler von 360 sind:

Zinssatz	Zinsteiler	Zinssatz	Zinsteiler	Zinssatz	Zinsteiler
1	360	3	120	8	45
1 1/8	320	3 1/3	108	9	40
1 1/5	300	3 3/5	100	10	36
1 1/4	288	3 3/4	96	11 1/4	32
1 1/3	270	4	90	12	30
1 1/2	240	4 1/2	80	13 1/3	27
1 2/3	216	4 4/5	75	14 2/5	25
1 7/8	192	5	72	15	24
2	180	6	60	18	20
2 1/4	160	6 2/3	54	22 1/2	16
2 1/2	144	7 1/5	50	24	15
2 2/3	135	7 1/2	48	30	12

Bei Zinssätzen, die ein bequemer Teiler von 360 sind, ist es immer vorteilhaft, die kaufmännische Zinsformel anzuwenden.

Aufgaben

1. Errechnen Sie die Zinsen mit Hilfe der kaufmännischen Zinsformel:

	Kapital	Tage	Zinssatz		Kapital	Tage	Zinssatz
a)	3 000	62	4 %	g)	270,00	80	3 1/3 %
b)	2 350	100	7 1/8 %	h)	125,60	174	6 2/3 %
c)	12 500	80	3 3/5 %	i)	42,50	284	6 2/3 %
d)	26 427	20	30 %	k)	25,00	6	24 %
e)	1 500	321	4 4/5 %	l)	365,70	36	4 4/5 %
f)	2 000	19	18 %	m)	100,00	270	1 1/3 %

2. Ein Handelsunternehmen zahlt an einen Lieferanten am 05.10. die folgenden Rechnungen:

445,40 €	fällig am 22.06.
3 653,56 €	fällig am 31.07.
4 358,42 €	fällig am 12.08.
458,42 €	fällig am 30.08.
8 452,00 €	fällig am 31.08.
345,50 €	fällig am 03.10.

Welcher Betrag wird überwiesen, wenn folgende Verzugszinsen in Rechnung gestellt werden?

a) 4 $^4/_5$ %
b) 5 %
c) 6 %
d) 7,5 %
e) 10 %
f) 4,5 %

3.2 Die Diskontrechnung

Das Problem

Der Elektro-Großhandel benötigt Geld. Als Sicherheit für einen Kredit gibt der Elektro-Großmarkt am 15.09. seiner Hausbank seine Kundenwechsel zum Diskont. Für diesen Kredit verlangt die Bank einen Zins, den „Diskont".

Wechsel-summe	Fälligkeits-datum
3 400 €	01.10. (Sa)
350 €	16.10. (Sa)
4 025 €	30.10. (So)
1 450 €	11.11. (So)

Welcher Betrag wird dem Elektro-Großmarkt am 15.09. gutgeschrieben, wenn der Diskontsatz 9 % beträgt, pro Wechsel aber mindestens 3 € berechnet werden? Außerdem werden 8 € an Gebühren erhoben.

Die Lösung

1. Schritt: Die Diskonttage werden ermittelt

Handelswechsel haben eine Laufzeit von maximal 3 Monaten. Es kann sein, dass an dem auf dem Wechsel angegebenen Fälligkeitstag die Banken geschlossen haben, weil es z. B. Sonntag ist. Dann kann der Wechsel erst am folgenden Werktag eingelöst werden. Die Laufzeit des Wechselkredites ist dann rechnerisch zu verlängern.

Die Rest-Laufzeit der Wechsel verändert sich daher:

Einreichdatum: 15.09.

Wechsel-summe	Fälligkeits-datum	korrigierte Fälligkeit	Tage	Bemer-kungen:
3 400 €	01.10. (Sa)	04.10. (Di)	(16) 19	03.10. Feiertag
350 €	16.10. (Sa)	18.10. (Mo)	(31) 33	
4 025 €	30.10. (So)	31.10. (Mo)	(45) 45	31.10. wird nicht gerechnet
1 450 €	11.11. (So)	12.11. (Mo)	(55) 56	

Diskontteiler ermitteln

2. Schritt: Der Diskontteiler wird ermittelt

$$\text{Diskontteiler} = \frac{360}{\text{Diskontsatz}} = \frac{360}{9} = 40$$

Entsprechend der Zinsformel einsetzen

3. Schritt: Die Mindestdiskontzahl wird ermittelt

$$\text{Diskont} = \frac{\text{Diskontzahl}}{\text{Diskontteiler}}$$

Wie hoch muss nun die Zinszahl mindestens sein, wenn der Diskont mindestens 3 € betragen soll?

Die Formel wird entsprechend umgestellt:

Diskontzahl = Diskont × Diskontteiler

oder auch

Mindestdiskontzahl ermitteln

Mindestdiskontzahl =
Mindestdiskont × Diskontteiler

das ergibt:

Mindestdiskontzahl = 3 × 40 = 120

Ergibt die Zinszahl rechnerisch einen Wert, der kleiner als 120 ist, wird anstelle der geringeren Zahl die Mindestdiskontzahl 120 eingesetzt.

Die Mindestdiskontzahl berücksichtigt den von der Bank geforderten Mindest-Diskontbetrag. Der Mindestdiskont ist in den Allgemeinen Geschäftsbedingungen der Banken festgelegt und beträgt meistens 203 €.

Mindestdiskontzahl = Mindestdiskont × Diskontteiler

4. Schritt: Der Diskont und der Auszahlungsbetrag werden ermittelt.

Zuerst die Diskontzahlen ermitteln …

Für die einzelnen Wechsel werden die Diskontzahlen errechnet. Die Summe der Zinszahlen dividiert durch den Diskontteiler ergibt die Diskontsumme, die die Bank als Zins für die vorzeitige Auszahlung der Wechselbeträge einbehält.

… dann den Diskont ermitteln

Die errechnete Zinszahl ist zu gering, deshalb wird die Mindestdiskontzahl 120 eingesetzt

Wechsel-summe/€	Fälligkeits-datum	Zins-tage	Zinszahl (mind. 120)
3 400 €	01.10. (Sa)	19	374
350 €	16.10. (Sa)	33	(115) 120
4 025 €	30.10. (So)	45	1811
1 450 €	11.11. (So)	56	812
9 225 €	Summe		3117
–77,93 €	Zinsen		3117 : 40 = 77,93 €
–8,00 €	Gebühren		
9 139,07 €	Auszahlungsbetrag (Barwert der Wechsel)		

Das ist der **Endwert** der Wechsel. Er wird ausgezahlt bei Fälligkeit der Wechsel.

Das ist der **Barwert** der Wechsel. Er wird am Einreichtag vorzeitig ausgezahlt, wenn die Wechsel beliehen werden.

Ergebnis

Der Elektro-Großhandel erhält für Wechsel im Wert von 9 225 € am 15.09. nur 9 139,07 €.

Rechenweg bei der summarischen Diskontrechnung

1. Ermittlung der Zinstage unter Berücksichtigung der Banköffnungstage
2. Ermittlung des Diskontteilers (360 : Diskontsatz)
3. Ermittlung der Mindestdiskontzahl (Mindestdiskont × Diskontteiler)
4. Ermittlung der einzelnen Diskontzahlen (1 Prozent des Wechselbetrages × Tage) Achtung: Mindestdiskontzahl nicht unterschreiten
5. Addition der einzelnen Diskontzahlen
6. Division der Summe aller Diskontzahlen durch den Diskontteiler
7. Subtraktion des Diskonts von der Wechselsumme.

3.3 Die Kontokorrentrechnung

Das Problem

Der Elektro-Markt eröffnet am 01.07. ein Kontokorrentkonto bei seiner Hausbank, am 15.08. wird das Konto wieder aufgelöst.

Die Lösung

1. Schritt: Ermittlung der Zinsteiler

Ein Guthaben bei der Bank steht auf der Habenseite und wird mit 2 % verzinst:

Zinsteiler (Haben) = 360 : 2 = 180

Das Konto weist die folgenden Bewegungen auf:

Datum	Text	Betrag
01.07.	Bareinzahlung	1 000 €
08.07.	Scheck Lastschrift	23 500 €
17.07.	Scheck Gutschrift	2 500 €
25.07.	Lastschrift	6 500 €
02.08.	Gutschrift	32 800 €

Die Bank berechnet für die Inanspruchnahme des Überziehungskredits 12 % Zinsen, Guthaben werden jedoch, abweichend vom normalen Girokonto, mit 2 % verzinst.

Welchen Betrag wird die Bank bei Auflösung des Kontos am 15.09. auszahlen, wenn an Auslagen 3,50 € und pro Buchung 0,50 € berechnet werden?

Wird der Kreditrahmen in Anspruch genommen, steht der Saldo im Soll und wird mit 12 % Zinsen belastet.

Zinsteiler (Soll) = 360 : 12 = 30

2. Schritt: Ermittlung der Zinszahlen

Für jede Kontenbewegung wird der neue Saldo ermittelt. Je nachdem, ob es sich um einen Sollsaldo oder einen Habensaldo handelt, werden die Zinszahlen getrennt ausgewiesen.

Die Sollzinsen ergeben sich aus der Summe der Soll-Zinszahlen dividiert durch den Soll-Zinsteiler. Diese werden dem Konto in Rechnung gestellt. Die Habenzinsen ergeben sich aus der Summe der Haben-Zinszahlen dividiert durch den Haben-Zinsteiler. Diese werden dem Konto gutgeschrieben.

Datum	Text	S/H	Betrag in €	Tage	# (Soll)	# (Haben)
01.07.	Bareinzahlung	H	1 000	7		70
08.07.	Scheck Lastschrift	S	23 500			
08.07.	Saldo	S	22 500	9	2 025	
17.07.	Scheck Gutschrift	H	2 500			
17.07.	Saldo	S	20 000	8	1 600	
25.07.	Lastschrift	S	6 500			
25.07.	Saldo	S	26 500	7	1 855	
02.08.	Gutschrift	H	32 800			
02.08.	Saldo	H	6 300	13		819
Summe der Zinszahlen:					5 480	889

Errechnung der Sollzinsen
5 480 : 30 = 182,67 €

Errechnung der Habenzinsen
889 : 180 = 4,94 €

Die Abrechnung der Bank am 15.09.

Saldo am 02.08.		6 300,00 €
Sollzinsen	–	182,67 €
Habenzinsen	+	4,94 €
4 Buchungen	–	2,00 €
Auslagen	–	3,50 €
Guthaben am 15.09.		6 116,77 €

Ergebnis

Das Guthaben am 15.09. beträgt 6 116,77 €.

Problemerweiterung

Die Bank hat für das Konto der Großhandlung Elektro-Markt einen Kreditrahmen von 20 000 € gesetzt. Bei Überschreitung wird eine zusätzliche Überziehungsprovision von 2,5 % berechnet.

Wie wird nun die Bank am 15.09. abrechnen?

Die Lösung

Für die Überziehungsprovision von zusätzlich 2,5 % wird der Zinsteiler ermittelt:

Zinsteiler (Überziehungsprovision)
360 : 2,5 = 144

Die Beträge, die oberhalb des gewährten Kreditrahmens liegen, werden gesondert erfasst und die Zinszahl gesondert ermittelt. Die Überziehungsprovision ergibt sich dann aus der Summe dieser Zinszahlen dividiert durch die Zinszahl der Überziehungsprovision (144). Diese Zinsen werden dem Großhandelsbetrieb zusätzlich in Rechnung gestellt.

Bisherige Rechnung							Zusätzliche Rechnung		
Datum	Text	S/H	Betrag in €	Tage	# (Soll)	# (Haben)	Überziehungsbetrag	Tage	#
01.07.	Bareinzahlung	H	1 000	7		70			
08.07	Scheck Lastschrift	S	23 500						
08.07.	Saldo	S	22 500	9	2 025		2 500	9	225
17.07.	Scheck Gutschrift	H	2 500						
17.07.	Saldo	S	20 000	8	1 600				
25.07.	Lastschrift	S	6 500						
25.07.	Saldo	S	26 500	7	1 855		6 500	7	445
02.08.	Gutschrift	H	32 800						
02.08.	Saldo	H	6 300	13		819			
Summe der Zinszahlen:					5 480	889			680

Ergebnis

Errechnung der Sollzinsen
5 480 : 30 = 182,67 €

Errechnung der Habenzinsen
889 : 180 = 4,94 €

Errechnung der Überziehungsprovision
680 : 144 = 4,72 €

Die Abrechnung der Bank am 15.09.

Saldo am 02.08.		6 300,00 €
Sollzinsen	–	182,67 €
Habenzinsen	+	4,94 €
Überziehungsprovision	–	4,72 €
4 Buchungen	–	2,00 €
Auslagen	–	3,50 €
Guthaben am 15.09.		6 112,05 €

Aufgaben

1. Ein Sparbuch enthält die folgenden Eintragungen

Datum	Text	Betrag in €	Saldo in €
01.01.	Übertrag		1 250,30
25.03.	Einzahlung	320,00	1 570,30
19.05.	Auszählung	200,00	1370,30
06.07.	Einzahlung	450,00	1 820,30
15.09.	Einzahlung	120,00	1 940,30
12.12.	Einzahlung	400,00	2 340,30
20.12.	Einzahlung	650,00	2 990,30
28.12.	Auszahlung	100,00	2 890,30

Wie hoch ist die Zinsgutschrift am Jahresende, wenn der Zinssatz 3,5 % beträgt?

2. Am 07.05. werden folgende Wechsel bei der Bank eingereicht:

Nr.	Wechselbetrag	Fälligkeitsdatum
1	3 460 €	15.08.
2	12 456 €	20.07.
3	640 €	03.07.
4	25 000 €	30.06.
5	18 150 €	19.06.
6	1 130 €	31.05.

a) Welchen Betrag wird die Bank auszahlen, wenn der Diskontsatz 9 % beträgt und ein Mindestdiskont von 15 € erhoben wird?

b) Welchen Betrag wird die Bank auszahlen, wenn der Diskontsatz für Wechsel ab 10 000 € nur 8,5 % beträgt?

3. Am 1. April weist das Kontokorrentkonto der Firma Franke & Sohn OHG einen Habensaldo von 4 130,50 € aus. Es werden die folgenden Vorfälle gebucht:

06.04.	Lastschrift	S	35 000,00
10.05.	Gutschrift vom Kunden	H	230,00
31.05.	Barauszahlung	S	15 000,00
22.06.	Gutschrift durch Wechseldiskont	H	23 428,52
26.06.	Gutschrift vom Kunden	H	26 358,54

Wie ist der Kontostand am 01.07., wenn die Kontoabrechnung vierteljährlich zum 01.07. erfolgt. Sollzinssatz: 3%, Habenzinssatz: 12%

4. Die Zinseszinsrechnung

Das Problem

Herr Arnold benötigt 10 000 € als langfristiges Darlehn. Ihm wird angeboten:

10 000 €, Auszahlung 100 %, Zinssatz 10 %. Die Rückzahlung erfolgt in einer Rate nach Ablauf von 10 Jahren incl. der angefallenen Zinsen. Innerhalb der 10 Jahre fallen keinerlei Zahlungen an.

Herr Arnold rechnet:

10 % Zinsen auf 10 000 € ergibt pro Jahr 1 000€ Zinsen. Damit hat sich die Schuld nach 10 Jahren verdoppelt.

Hat er Recht?

Die Lösung

Hier irrt Herr Arnold:

10 Jahre mal 10 % Zinsen ergibt mehr als nur 100 % Zinslast.

Da Herr Arnold innerhalb der 10-jährigen Laufzeit weder Tilgungs- noch Zinszahlungen zu leisten hat, wächst seine Schuld jedes Jahr um die Zinsen an. Diese verzinsen sich im folgenden Jahr entsprechend mit.

Diese Verzinsung der Zinsen nennt man Zinseszinsen.

Damit hat sich die Schuld bereits nach gut 7 Jahren verdoppelt und ist in 10 Jahren auf 25 973 € angewachsen.

Innerhalb von 10 Jahren hat sich die Schuld somit um den Faktor 2,5937 erhöht. Dieser Faktor ist der Zinseszinsfaktor, der für eine schnelle Ermittlung der Zinseszinsen der Zinsfaktorentabelle zu entnehmen ist.

Die Schuldenentwicklung

Jahr	Schuld/Kapital	Zinsen
0	10 000,00	1 000,00
1	11 000,00	1 100,00
2	12 100,00	1 210,00
3	13 310,00	1 331,00
4	14 641,00	1 464,10
5	16 105,10	1 610,51
6	17 715,61	1 771,56
7	19 487,17	1 948,72
8	21 435,89	2 143,59
9	23 579,48	2 357,95
10	25 937,43	

Rückzahlungsbetrag

Zins- und Zinseszinsenentwicklung

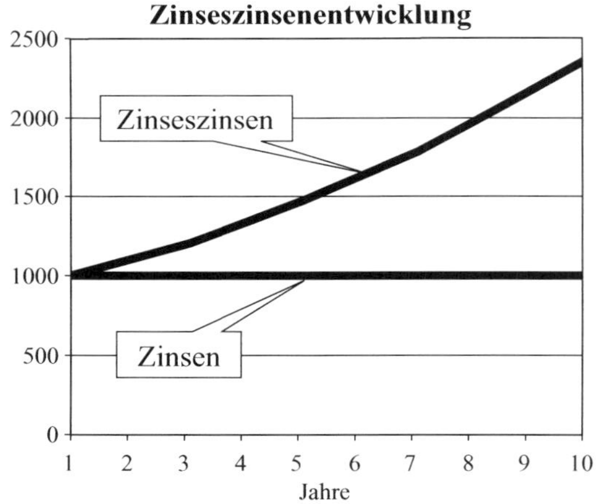

Durch die Zinseszinsen wächst die Schuld nicht gleichmäßig an, sondern mit jedem Jahr der Schuld um so stärker.

Die Zinseszinsrechnung berücksichtigt die Verzinsung der nicht gezahlten Zinsen. Sie führt zu einer im Laufe der Zeit steigenden jährlichen Zinslast und zu einer Verkürzung des Verdoppelungszeitraums des Kapitals.

Faustregel zur Ermittlung der Verdoppelungszeit: $\frac{70}{\text{Zinssatz}}$

1. Beispiel

Das Problem

Es werden für 5 000 € Bundesschatzbriefe vom Typ B erworben. Laufzeit 7 Jahre, 8 % Zinsen. Wie hoch ist der Auszahlungsbetrag am Ende der Laufzeit?

Die Lösung

Der Zinseszinsfaktor für 8 % und 7 Jahre wird der Zinseszinstabelle (Seite 128) entnommen und in die Rechnung eingesetzt:

5 000 € × 1,7138 = 8 569 €

Endkapital =
Einsatzkapital × Zinseszinsfaktor

Ergebnis

Der Auszahlungsbetrag beträgt nach 7 Jahren und 8 % Zinsen 8 569 €.

2. Beispiel

Das Problem

Ein bestimmter Betrag soll zu 7 % angelegt werden, so dass er nach Ablauf von 5 Jahren zur Abdeckung einer dann fälligen Schuld über 30 000 € verwendet werden kann. Wie hoch muss der anzulegende Betrag sein?

Die Lösung

Der Zinseszinsfaktor für 7 % und 5 Jahre wird der Zinseszinstabelle (Seite 116) entnommen und in die Rechnung eingesetzt:

30 000 € : 1,4026 = 21 388,85 €

Einsatzkapital =
Endkapital : Zinseszinsfaktor

Ergebnis

Der anzulegende Betrag, der nach 5 Jahren bei 7 % zu einer Auszahlung von 30 000 € führt, beträgt 21 388,85 €.

Zinseszinstabelle mit Zinseszinsfaktoren

Jahre	1 %	2 %	3 %	4 %	5 %	6 %	7 %	8 %	9 %	10 %
0	1,0000	1,0000	1,0000	1,0000	1,0000	1,0000	1,0000	1,0000	1,0000	1,0000
1	1,0100	1,0200	1,0300	1,0400	1,0500	1,0600	1,0700	1,0800	1,0900	1,1000
2	1,0201	1,0404	1,0609	1,0816	1,1025	1,1236	1,1449	1,1664	1,1881	1,2100
3	1,0303	1,0612	1,0927	1,1249	1,1576	1,1910	1,2250	1,2597	1,2950	1,3310
4	1,0406	1,0824	1,1255	1,1699	1,2155	1,2625	1,3108	1,3605	1,4116	1,4641
5	1,0510	1,1041	1,1593	1,2167	1,2763	1,3382	1,4026	1,4693	1,5386	1,6105
6	1,0615	1,1262	1,1941	1,2653	1,3401	1,4185	1,5007	1,5869	1,6771	1,7716
7	1,0721	1,1487	1,2299	1,3159	1,4071	1,5036	1,6058	1,7138	1,8280	**1,9487**
8	1,0829	1,1717	1,2668	1,3686	1,4775	1,5938	1,7182	1,8509	**1,9926**	2,1436
9	1,0937	1,1951	1,3048	1,4233	1,5513	1,6895	1,8385	**1,9990**	2,1719	2,3579
10	1,1046	1,2190	1,3439	1,4802	1,6289	1,7908	**1,9672**	2,1589	2,3674	2,5937
11	1,1157	1,2434	1,3842	1,5395	1,7103	1,8983	2,1049	2,3316	2,5804	2,8531
12	1,1268	1,2682	1,4258	1,6010	1,7959	**2,0122**	2,2522	2,5182	2,8127	3,1384
13	1,1381	1,2936	1,4685	1,6651	1,8856	2,1329	2,4098	2,7196	3,0658	3,4523
14	1,1495	1,3195	1,5126	1,7317	**1,9799**	2,2609	2,5785	2,9372	3,3417	3,7975
15	1,1610	1,3459	1,5580	1,8009	2,0789	2,3966	2,7590	3,1722	3,6425	4,1772
16	1,1726	1,3728	1,6047	1,8730	2,1829	2,5404	2,9522	3,4259	3,9703	4,5950
17	1,1843	1,4002	1,6528	1,9479	2,2920	2,6928	3,1588	3,7000	4,3276	5,0545
18	1,1961	1,4282	1,7024	**2,0258**	2,4066	2,8543	3,3799	3,9960	4,7171	5,5599
19	1,2081	1,4568	1,7535	2,1068	2,5270	3,0256	3,6165	4,3157	5,1417	6,1159
20	1,2202	1,4859	1,8061	2,1911	2,6533	3,2071	3,8697	4,6610	5,6044	6,7275
21	1,2324	1,5157	1,8603	2,2788	2,7860	3,3996	4,1406	5,0338	6,1088	7,4002
22	1,2447	1,5460	1,9161	2,3699	2,9253	3,6035	4,4304	5,4365	6,6586	8,1403
23	1,2572	1,5769	**1,9736**	2,4647	3,0715	3,8197	4,7405	5,8715	7,2579	8,9543
24	1,2697	1,6084	2,0328	2,5633	3,2251	4,0489	5,0724	6,3412	7,9111	9,8497

Die fettgedruckten, umrandeten Zahlen geben an, wann sich das Kapital ungefähr verdoppelt hat.

Aufgabe

Herrn Behrend wird folgendes Angebot von einem Freund unterbreitet: „Leih' mir 10 000 €. In 8 Jahren erhälts du das Doppelte zurück".

a) Welcher Verzinsung entspricht das ungefähr?

b) Wie hoch ist die Verzinsung, wenn Herr Behrend nur 5 000 € verleihen möchte?

c) Wie lange müsste Herr Behrend auf das Geld warten, wenn er eine Verzinsung von 5 % abgemacht hätte, bis er ungefähr die doppelte Summe wiederbekommen würde?

5. Der Kreditvergleich mit Hilfe des effektiven Jahreszinses

5.1 Skonto oder Zahlungsziel ausnutzen?

Das Problem

Der Elektro-Markt erhält eine Lieferrechnung:

Rechnungsbetrag 10 000 €

Zahlungsbedingungen:

Innerhalb von 10 Tagen mit 3 % Skonto oder 60 Tage netto.

Soll der Elektro-Markt den Skontoabzug ausnutzen, wenn er die vorzeitige Zahlung per Bankkredit bei 15 % Zinsen finanzieren müsste?

Die Lösung

Der Elektro-Markt ist bestrebt, seine Schulden möglichst spät zu zahlen, um die Zinsbelastung gering zu halten. Daher ist zu prüfen, ob die Skontoersparnis bei Zahlung am 10. Tag nach Rechnungseingang größer ist als die damit verbundene Kreditaufnahme für den Zeitraum von 50 Tagen, denn erst nach dem 60. Tag nach Rechnungseingang befindet sich der Elektro-Markt in Zahlungsverzug.

Bei einem Vergleich alternativer Finanzierungsmöglichkeiten ist es am einfachsten, die Zinssätze miteinander zu vergleichen und sich für die Alternative mit dem günstigeren Zinssatz zu entscheiden. Hierbei muss die Skontoersparnis von 3 % auf den Rechnungsbetrag (10 000 €) so umgerechnet werden, dass sie sich mit dem Jahreszins des Bankkredites von 15 % für den verminderten Rechnungsbetrag (10 000 – 300 = 9 700 €) vergleichen lässt.

Ermittlung des Jahreszinses

3 % Skonto auf 10 000 = 300 €. Dieser Abzug wird gewährt, wenn die Zahlung 50 Tage vor Ablauf des Zahlungszieles gezahlt wird. Rechnet man z. B. mit Hilfe des

Ermittlung des effektiven Jahreszinses

Um 3 % Skonto auf 10 000 € zu erhalten, muss ein Kredit aufgenommen werden. Die Kreditsumme allerdings verringert sich um eben diese Skontoersparnis

Dreisatzes die 50 Tage auf ein Jahr hoch, erhält man den Jahreszins:

50 Tage = 3 %

360 Tage = x %

$$x\,\% = \frac{360 \times 3}{50} = 21{,}6\,\%\text{ Jahreszins}$$

Der Jahreszins gibt hier noch kein richtiges Bild über den tatsächlichen Jahreszins der Skontoersparnis, da der Bankkredit von einer anderen Kreditsumme als 10 000 € ausgeht.

auf nur 9 700 €. Der vergleichbare Jahreszins erhöht sich entsprechend:

10 000 € = 21,6 %

9 700 € = x %

$$x\,\% = \frac{10\,000 \times 21{,}6}{9\,700} = 22{,}26\,\%\text{ effektiver Jahreszins}$$

Ergebnis

Dieser Zins ist der effektive (tatsächliche) Jahreszins. Er zeigt, dass Skonto ausgenutzt werden sollte, da er über dem Bankzins von 15 % liegt.

Formel zur Effektivverzinsung des Skontoabzugs

Ist die Effektivverzinsung höher als der Bankzins, sollte der Skontoabzug vorgenommen werden

$$\frac{\text{Skontosatz} \times 360}{\left(1 - \frac{\text{Skontosatz}}{100}\right) \times \text{Tage}} > \text{Bankzins}$$

5.2 Barzahlung oder Ratenkauf?

Das Problem

Herr Arnold interessiert sich für eine Video-Kamera. Der Fachhandel bietet an:

Video-Kamera:
Barpreis 1 600 €
oder
Anzahlung: 400 €
(+ 5 € Abschlussgebühr)
4 Monatsraten zu 312 €
Zinssatz 1 % pro Monat
auf die Kreditsumme

Die Lösung

Um den Zinssatz gering zu halten, wird aus optischen Gründen der Zins gern für einen Monat angegeben. Um nun eine Vergleichbarkeit zwischen dem Monatszins des Händlers und dem Jahreszins der Bank herzustellen, muss Herr Arnold den Monatszins als Jahreszins umrechnen:

1 % Monatszins × 12 = 12 % Jahreszins

Damit scheint der Ratenkredit günstiger zu sein als der alternative Bankkredit. Dieser Schein trügt:

Der Jahreszins taugt nur dann zum Vergleich, wenn die Kreditbedingungen beider Alternativen gleich sind.

Für eine Barzahlung muss sich Herr Arnold den Betrag bei seiner Bank leihen. Der Zinssatz bei der Bank beträgt 15 %.

Herr Arnold überlegt, welche Zahlungsweise für ihn günstiger ist.

Die beiden Zahlungsmöglichkeiten müssen verglichen werden. Dabei zeigt sich: Beim Bankkredit nimmt die zu verzinsende Schuld mit jeder Tilgung ab. Außerdem fallen keine zusätzlichen Gebühren an. Entsprechend ist die Zinsbelastung beim Bankkredit trotz eines höheren Jahreszinssatzes geringer.

Gemessen an den Kosten des Bankkredites (37,50 € bei 15 % Jahreszins) lässt sich der Vergleichszins für den Ratenkauf (53 € Kosten) mit Hilfe der Dreisatzrechnung ermitteln: 21,2 %.

Dieser Vergleichszins ist der effektive Jahreszins

Ergebnis

Der Ratenkauf ist abzulehnen.

Die Kosten des Ratenkaufs werden mit den Kosten des Bankkredites in Beziehung gesetzt (Dreisatzrechnung).

Ermittlung des tatsächlichen Zinssatzes (effektiver Zins) für den Ratenkredit:

Bankzinsen
37,50 € = 15 %

Kosten des Ratenkaufs
53,00 € = ? %

$$\text{Effektiver Jahreszins} = \frac{53 \times 15}{37{,}50} = 21{,}2\,\%$$

Ergebnis: Der Ratenkredit ist teurer als der Bankkredit

Vergleich der Kostenbelastungen:

Ratenkredit

1 % Monatszins auf die **anfängliche** Kreditsumme:

Anfangs-Kredit	Rückzahlung	Zinsen
1 200	300	12
	300	12
	300	12
	300	12
Summe der Zinsen		48
Abschlussgebühr		5
Kosten des Ratenkaufs		53

effektiver Jahreszins des Ratenkredits: 21,2 %

Bankkredit

15 % Jahreszins auf die **jeweilige** Kreditsumme

Kredit	Tage	Rückzahlung	Zinsen
1 200	30	300	15,00
900	30	300	11,25
600	30	300	7,50
300	30	300	3,75
Summe der Zinsen			37,50

Jahreszins: 15 % (Vergleichszins)

Der effektive Jahreszins gibt die tatsächliche Belastung eines Kredites incl. aller Nebenkosten an. Er muss bei jedem Kredit ausgewiesen werden, um einen schnellen Preisvergleich zu ermöglichen.

Aufgaben

1. Zur Geburt seines Enkels zahlt Herr Arnold 5 000 € auf ein Sparbuch ein. Dieses soll bis zum 18. Lebensjahr dem Enkel mit den bis dahin aufgelaufenen Zinsen übergeben werden. Über welchen Betrag wird der Enkel dann verfügen können,

   a) wenn der Zins 3 % beträgt
   b) wenn der Zins nach 6 Jahren auf 4 % angehoben wird?

2. Bei der Kündigung des Mietverhältnisses muss dem Mieter die hinterlegte Kaution incl. der aufgelaufenen Zinsen ausgezahlt werden.

   Wie hoch ist dieser Betrag, wenn die Kaution 4 500 € betragen hat, eine Verzinsung von 5 % vereinbart war und das Mietverhältnis 6 Jahre und 7 Monate bestand?

3. Zu wie viel % Zinsen war ein Kapital von 3 000 € ausgeliehen worden, das nach 5 Jahren mit 4 615,80 € zurückgezahlt wurde?

4. Herr Arnold hat geerbt und möchte das Geld zur Ablösung der Hypothek über 150 000 € auf sein Haus verwenden. Dieses ist aber erst in 7 Jahren möglich. Deshalb möchte er schon heute den notwendigen Betrag bei 6 % Zinsen über diesen Zeitraum so anlegen, dass nach Ablauf der 7 Jahre die Hypothek aus dem festgelegten Kapital incl. aufgelaufener Zinsen abgelöst werden kann. Welchen Betrag muss Herr Arnold heute einzahlen?

5. Zwei konkurrierende Großhandelsunternehmen bieten einen gleichen Artikel zu dem gleichen Zieleinkaufspreis von 620 € an, die Konditionen bei der Gewährung von Skonto sind aber unterschiedlich.

   – Unternehmen A gewährt 2 1/2 % Skonto bei sofortiger Zahlung oder 15 Tage Ziel,
   – Unternehmen B gewährt 2 % Skonto bei Zahlung innerhalb von 10 Tagen oder 30 Tage Ziel.

   Welches Angebot ist günstiger, wenn der Käufer die Zahlung in jedem Fall kreditfinanzieren müsste und der Zinssatz 12 % beträgt?

6. Lohnt sich die Kreditaufnahme zum Ausnutzen von Skonto bei den folgenden Rechnungen?

Rechnungsbetrag		Zahlungsbedingungen	Kreditzins
1.	3 400	sofort mit 3 % oder 30 Tage netto	12 %
2.	12 600	2 % in 20 Tagen oder 30 Tage netto	15 %
3.	800	3 % in 8 Tagen oder 14 Tage netto	14 %
4.	5 300	1 Monat mit 3 % oder 3 Monate netto	16 %

6. Grenzen der Zinsrechnung

Aufgrund der Preisangabenverordnung vom 14.03.1985 und vom 28.07.2000 müssen die Preise von Waren, Dienstleistungen und Krediten so ausgewiesen sein, dass auch für den kaufmännischen Laien ein Preisvergleich leicht möglich ist. § 3 der Verordnung legt fest, dass für Kredite der **effektive Jahreszins** auszuweisen ist, welcher neben den laufenden Zinsen auch Vermittlungsgebühren, Bearbeitungsgebühren, Abschläge beim Auszahlungsbetrag (Disagio) und sonstige Kosten einzubeziehen hat.

Die Preisangabenverordnung sagt aber nichts darüber, wie dieser effektive Jahreszins berechnet werden soll. Darüber befindet der Bund-Länderausschuss „Preisauszeichnung", in dem u. a. die Behörden vertreten sind, die in den Bundesländern für den Vollzug der Preisangabenverordnung zuständig sind. Die verbindliche Festlegung auf eine einheitliche Berechnungsmethode für den effektiven Jahreszins ist damit keine mathematische, sondern eine politische Angelegenheit. Die genannten Aufsichtsbehörden legen zusammen mit den Banken, der Bankenaufsicht und den Verbraucherverbänden eine Berechnungsart fest, die für alle Kreditverträge anzuwenden ist und trotzdem einen wirksamen Verbraucherschutz garantieren soll.

Diese Ziele können sich im Einzelfall ausschließen.

Für den Kunden ist der effektive Jahreszins eine Hilfe, mit der er aber vorsichtig umgehen muss:

Zum einen ist es ihm oft nicht möglich, die Richtigkeit des genannten effektiven Jahreszinses nachzuprüfen, da ihm oft die Berechnungsmethode nicht genannt wird.

Zum anderen besteht das Problem, dass die allgemein gültige Formel nicht für alle Kreditverträge gleich gut geeignet ist.

Obwohl das allgemein gültige Berechnungsverfahren in der Vergangenheit bereits korrigiert worden ist, um sich den sich verändernden Kreditbedingungen anzupassen, kann der so ermittelte effektive Jahreszins im Einzelfall vom mathematisch exakten effektiven Jahreszins abweichen. Das ist besonders dann gegeben, wenn

- die Rückzahlungen in unterschiedlichen Abständen erfolgen
- oder in unterschiedlicher Höhe geleistet werden
- oder sich die Konditionen innerhalb der Laufzeit ändern können.

Trotz der gezeigten Bedenken ist der effektive Jahreszins ein wichtiges (und oft das einzige) Hilfsmittel, das den Verbrauchern zur Verfügung steht, um schnell und einfach verschiedene Kreditangebote vergleichen zu können.

Der gesetzlich vorgeschriebene effektive Jahreszins ist eine wichtige Orientierungsgröße für den Kunden, schnell einen Vergleich alternativer Kreditangebote durchzuführen, er ersetzt aber im Einzelfall nicht die notwendige fachkundige Beratung, beispielsweise von den Verbraucherverbänden.

VIII. Die Kalkulation im Warenhandelsbetrieb

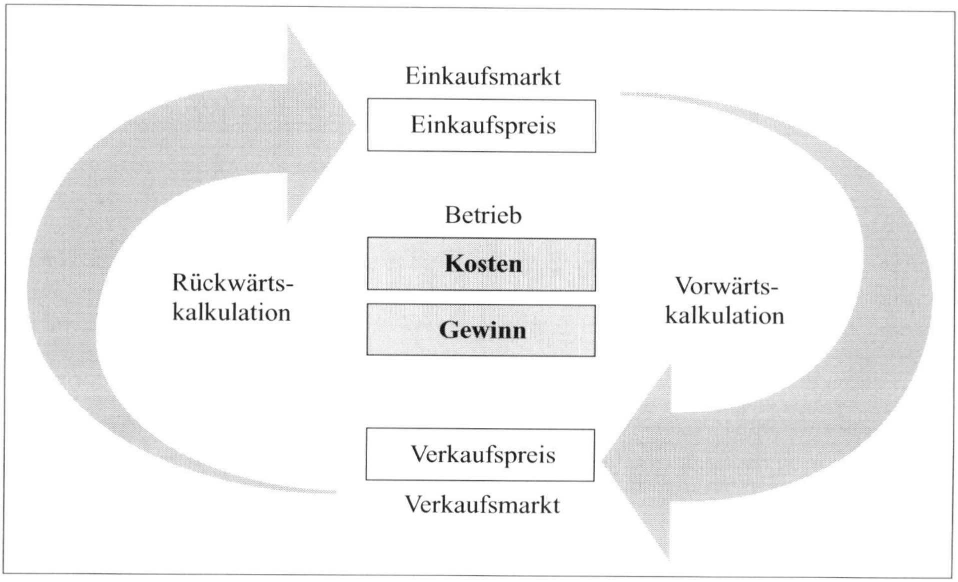

1. Die Aufgabe der Kalkulation

Kalkulieren bedeutet, den Preis für eine Sache zu bestimmen. Die Kalkulation im Warenhandelsbetrieb stellt sicher, dass die eingekauften Waren zu einem Preis verkauft werden können, der nicht nur die Kosten deckt, sondern auch einen angemessenen Gewinn ermöglicht. Um einen entsprechenden Verkaufspreis festlegen zu können, muss auf Daten aus der Buchhaltung zurückgegriffen werden. Ohne eine korrekte Buchführung ist damit eine korrekte Preisfindung nicht möglich.

Informationen

Was versteht man unter einer „Vorwärtskalkulation"?

Traditionell bedeutet kalkulieren für den Kaufmann, aus dem Einkaufspreis den Verkaufspreis zu berechnen, und zwar so, dass nicht nur alle Kosten gedeckt werden, sondern ihm darüber hinaus noch ein Gewinn verbleibt. Diese Bestimmung des Verkaufspreises vom Einkaufspreis aus nennt man Vorwärtskalkulation.

Welche Bedeutung hat der kalkulierte Verkaufspreis für den Kaufmann bei der Preisverhandlung?	Der kalkulierte Preis ist eine Kontrollgröße für den Kaufmann und muss nicht mit dem tatsächlich auf dem Markt erzielten Preis übereinstimmen. Ist dieser höher, bedeutet dies einen zusätzlichen Gewinn, liegt der Marktpreis allerdings unter dem kalkulierten Preis, bedeutet dies einen Verlust. Der Kaufmann ist dann aufgefordert, seine Kosten zu überprüfen oder ggf. den Artikel nicht mehr weiter zu verkaufen.
Was versteht man unter einer „Rückwärtskalkulation"?	Heute ist im Einzelhandel bei Standard-Artikeln der Preis weitgehend durch die Konkurrenzsituation festgelegt. Der Gewinn wird dann beim Einkauf „gemacht". Vom vorgegebenen Verkaufspreis werden dann der Gewinn und die Kosten abgezogen und der Einkaufspreis bestimmt. Kann der so ermittelte Einkaufspreis nicht durchgesetzt werden, geht dies zu Lasten des Gewinns.
Kann sich der Kaufmann auf den kalkulatorischen Verkaufspreis verlassen?	Die Kalkulation ist eine Prognoserechnung: Bereits vor Abschluss eines Kaufvertrages sollen die Kosten bei der Preisfindung berücksichtigt werden. Diese Kosten sind in der genauen Höhe noch nicht bekannt und können nur aufgrund von Erfahrungswerten geschätzt werden. Obwohl es für dieses Schätzverfahren ein genaues Rechenverfahren gibt, bleibt auch der genaue kalkulierte Verkaufspreis ein Schätzpreis. Die tatsächlichen Kosten (Ist-Kosten) werden i. d. R. von den geschätzten Kosten (Soll-Kosten) abweichen. Trotzdem kann man sich weitgehend auf den kalkulierten Verkaufspreis verlassen. Vorhersehbare Kostenveränderungen, wie beispielsweise Lohnkostensteigerungen bei bevorstehenden Tarifvertragsverhandlungen, können berücksichtigt werden, unvorhersehbare Ereignisse, wie beispielsweise eine Ölpreiserhöhung aufgrund plötzlicher politischer Ereignisse, können dazu führen, dass der kalkulatorische Verkaufspreis nicht die tatsächlich anfallenden Kosten decken wird.

2. Das Kalkulationsschema

Einkaufsrechnung		
Artikel	Preis	Betrag
1 000 Flaschen Wein	2,75	2 750,00
Rabatt 20 %		550,00
Nettobetrag		2 200,00
Umsatzsteuer 19 %		418,00
Rechnungsbetrag		2 618,00
Bei Barzahlung 3 % Skonto		

Erläuterung	Kalkulationsschema	Bereich
Dieser Preis steht in der Preisliste des Lieferers.	**Listeneinkaufspreis** – Rabatt (v. H.)	Bezugskalkulation
Dieser Preis steht in der Rechnung des Lieferers.	**Zieleinkaufspreis** – Skonto (v. H.)	
Diesen Preis wird der Lieferer bei Barzahlung erhalten.	**Bareinkaufspreis** + Bezugskosten	
Dieser Preis muss gezahlt werden, bis die Ware im Lager ist.	**Bezugspreis** (Einstandspreis) + Handlungskostenzuschlag (HKZ) (v. H.)	Kalkulation des Barverkaufspreises
Ab diesem Preis erzielt der Kaufmann einen Gewinn.	**Selbstkostenpreis** + Gewinnzuschlag (v. H.)	
Diesen Preis will der Kaufmann bei Barzahlung erhalten.	**Barverkaufspreis** + Kundenskonti (i. H.) + Vertreterprovision	Verkaufskalkulation
Dieser Preis wird auf der Verkaufsrechnung stehen.	**Zielverkaufspreis** + Kundenrabatt (i. H.)	
Dieser Preis wird in der Preisliste des Kaufmanns stehen.	**Listenverkaufspreis**	

Verkaufsrechnung		
Artikel	Preis	Betrag
1 000 Flaschen Wein	4,49	4 490,00
Rabatt 25 %		1 122,50
Nettobetrag		3 367,50
Umsatzsteuer 19 %		639,83
Rechnungsbetrag		4 007,33
Bei Barzahlung 2 % Skonto		

Die Umsatzsteuer ist kein Bestandteil der Kalkulation. Sie wird erst bei der Rechnungserstellung aufgeschlagen. Kalkuliert wird mit den Netto-Preisen.

3. Die Kalkulation des Bezugspreises (Einkaufskalkulation)

Das Problem

Weinhändler Bauer in Hamburg will 1 000 Flaschen Wein bei der Winzergenossenschaft Bickensuhl bestellen. Er will wissen, was er dafür bezahlen muss, bis der Wein in seinem Geschäft zum Verkauf bereitsteht. Information gibt ihm die Preisliste der Winzergenossenschaft.

Preisliste

Artikel Nr.	Artikel	Preis
00342	Reblaus	2,75

Ab einer Abnahme von 1 000 Flaschen gewähren wir 20 % Rabatt.

Zahlungsbedingungen:

4 Wochen, bei Zahlung innerhalb von 10 Tagen 3 % Skonto

Die Spedition verlangt für die Anlieferung 216 € netto sowie 50 € für die transportgerechte Verpackung.

Die Lösung

Zuerst ermittelt der Kaufmann den Preis für die 1 000 Flaschen und zieht den Rabatt von 20 % ab. Dieser Betrag wird auf der Rechnung stehen. Tatsächlich wird bei rechtzeitiger Zahlung weniger gezahlt: Der Preis verringert sich um weitere 3 % Skontoabzug.

Warenschulden sind Holschulden. Dafür, dass der Weinhandlung in Hamburg die Flaschen zugeschickt werden, werden ihr die Verpackungskosten und die Transportkosten in Rechnung gestellt. Das wird dem Warenwert hinzugerechnet. Damit ist der Wein durch den Transport wertvoller geworden.

Das Kalkulationsschema:

Listenpreis (2,75 × 1 000)		= 2 750	100 %
– Rabatt 20 % (vom Listenpreis)		= 550	20 %
Zieleinkaufspreis		= 2 200	100 %
– Skonto 3 % (vom Zieleinkaufspreis)		= 66	3 %
Bareinkaufspreis		= 2 134	
+ Bezugskosten		= 266	
Verpackung	= 50		
Frachtkosten	= 216		
Bezugspreis (Einstandspreis)		= 2 400	

Mit diesem Wert wird die Ware bilanziert.

Ergebnis

Tatsächlich muss der Weinhändler pro Flasche 2,40 € bezahlen, damit er den Wein in Hamburg verkaufen kann.

Der Bezugspreis ist der Preis, den der Kaufmann zahlen muss, bis er über die Waren verfügen kann.

Rechenweg zur Ermittlung des Bezugspreises

1. Erstellung des Kalkulationsschemas
2. Ermittlung des Listeneinkaufpreises aus dem Angebot des Lieferers
3. Subtraktion des gewährten Rabattes (Listenpreis = 100 %)
4. Subtraktion des gewährten Skontos (Zieleinkaufspreis = 100 %)
5. Ermittlung der Bezugskosten aus den Angaben der Transporteure
6. Addition der Bezugskosten

Aufgaben

1. Ein Autohändler bestellt 154 Straßenatlanten zum Preis von 12,50 € je Stück. Für jeweils 20 Exemplare gewährt der Verlag ein unberechnetes Freiexemplar sowie außerdem 20 % Rabatt und 2 % Skonto bei „kurzfristiger" Zahlung. Für die Zusendung muss der Autohändler dem Paketdienst 24 € zahlen.

   Errechnen Sie den Bezugspreis für einen Autoatlas!

2. Führen Sie einen Angebotsvergleich durch, und geben Sie den Angeboten eine Rangfolge:

	Lieferant A	Lieferant B	Lieferant C	Lieferant D
Listeneinkaufspreis	45,60 €	55,00 €	48,00 €	40,00 €
Rabatt	20 %	30 %	25 %	10 %
Skonto	3 %	2 %	3 %	1,5 %
Bezugskosten je Stück	3,73 €	1,17 €	7,08 €	9,54 €

3. Ein Importeur bietet an: Haselnüsse zum Preis von 1,50 € je Kilo. Bei Abnahme von mehr als 100 kg gewährt er einen Rabatt von 25 %. Das Zahlungsziel beträgt 4 Wochen, bei Zahlung innerhalb von 10 Tagen gewährt er Skonto in Höhe von 2,5 %. Die Lieferung erfolgt ab Versandstation. Für die Verpackung berechnet der Importeur je 50 kg-Sack 4 €. Die Transportkosten betragen je 100 kg 12 €.

   Ermitteln Sie den Bezugspreis je kg Haselnüsse, wenn 1 000 kg gekauft werden sollen!

4. Einer Herrenboutique liegt ein Angebot über 20 Lederjacken vor:

   Listenpreis je Stück 180 €, jede 4. Jacke bleibt unberechnet, Skonto wird nicht gewährt, die Lieferung erfolgt per Nachnahme, die Portokosten in Höhe von 44,00 € gehen zu Lasten des Kunden.

   Ermitteln Sie den Bezugspreis!

Informationen

Welche Gründe gibt es, Rabatt zu gewähren?	1. Mengenrabatt als Anreiz, größere Mengen abzunehmen. 2. Treuerabatt zur Belohnung regelmäßiger Käufe. 3. Wiederverkäufer-Rabatt, der dem Kunden als Endverbraucher nicht gewährt wird. 4. Sonderrabatt für unterschiedliche Anlässe, wie z. B. Schlussverkauf, Räumungsverkauf, Werbeaktionen.
Weshalb wird Skonto gewährt?	Skonto wird bei Zahlung innerhalb eines bestimmten Zeitabschnittes gewährt und soll einen Anreiz geben, möglichst schnell zu zahlen. Die Skontoersparnis liegt i. d. R. über den Kosten eines Bankkredites.
Weshalb kann man nicht die Rabatt- und Skontoprozentsätze zusammenzählen?	Rabatt und Skonto gehen von unterschiedlichen Bezugsgrößen aus und werden von unterschiedlichen Personen abgezogen. Rabatt wird vom Lieferer direkt vom Listenpreis abgezogen. Skonto wird vom Kunden vom Rechnungsbetrag (Zieleinkaufspreis) abgezogen, sofern er dann rechtzeitig zahlt.
Woraus setzen sich die Bezugskosten zusammen?	Die Bezugskosten setzen sich zusammen aus: – Verpackungskosten – Verlade- und Wiegekosten – Kosten für die Ausstellung der Transportpapiere – Frachtkosten (für die Anlieferung bis zum Zielbahnhof) – Rollgeld (für die Anlieferung der Ware vom Zielbahnhof zum Empfänger) – Entlade- und Nachwiegekosten – Transportversicherungskosten – Zölle und Abgaben (bei Importgeschäften).
Weshalb erhöhen die Bezugskosten den Warenwert?	Warenschulden sind Holschulden. Der Käufer muss die Ware entweder selbst abholen oder sie sich auf seine Kosten und Gefahr zuschicken lassen, sofern nichts anderes vertraglich vereinbart wurde. Diese Dienstleistung der Anlieferung wird dem Wert der Ware zugerechnet, da oft erst die Verfügbarkeit an einem bestimmten Ort zu einer bestimmten Zeit die Ware begehrt macht.

4. Die Kalkulation des Barverkaufspreises

4.1 Die Ermittlung des Handlungskostenzuschlages

Das Problem

Weinhändler Bauer hat aufgrund des Angebotes der Winzereigenossenschaft den Bezugspreis für 1 Flasche Reblaus in Höhe von 2,40 € ermittelt. Er muss nun prüfen, ob er diesen Wein zu einem marktgerechten Preis anbieten kann oder ob der Wein für ihn zu teuer ist. Bei der Ermittlung seiner Kosten für diesen Wein muss er allerdings feststellen, dass ihm diese weitgehend unbekannt sind. Sie fallen erst an, wenn die Ware verkauft wird.

Wie kann er die Kosten berücksichtigen, wenn er sie noch gar nicht kennt?

Die Lösung

Da die zukünftigen Kosten unbekannt sind, orientiert man sich an den Kosten der Vergangenheit. Aufschluss darüber gibt die G+V-Rechnung.

Dort sind die Kosten gesammelt, die durch die allgemeine Handelstätigkeit des Weinhandels während der vergangenen Periode angefallen sind: die Handlungskosten.

Die Handlungskosten können mit dem Wareneinsatz (das ist der Bezugspreis der verkauften Waren) verglichen und in ein Verhältnis gesetzt werden. Dieses Verhältnis soll auch für die Zukunft gelten.

Die G+V-Rechnung des Weinhändlers Bauer sieht so aus:

S — G+V-Rechnung (Vorjahr) — H

S		H	
Wareneinsatz (Wareneinkauf)	2 000 000	Warenverkauf	2 750 000
Personalkosten	200 000		
Raumkosten	100 000		
Betr. Steuern	50 000		
Verw. Kosten	150 000		

Verkaufte Ware zu Bezugspreisen (2 000 000)

Handlungskosten (500 000)

Damit lassen sich die Handlungskosten anteilsmäßig als Zuschlagssatz ermitteln, der dem Bezugspreis eines Artikels aufgeschlagen wird.

(irrige) Annahme: Die Handlungskosten stehen in einem festen Verhältnis zum Wareneinsatz.

Ergebnis

Für den Weinhändler Bauer ergibt sich ein Handlungskostenzuschlag von 25 %.

$$\text{Handlungskostenzuschlag (HKZ) in Prozent} = \frac{\text{Handlungskosten} \times 100}{\text{Wareneinsatz}} = \frac{500\,000 \times 100}{2\,000\,000} = 25\,\%$$

Bezugspreis	2,40 €
Handlungskosten-zuschlag 25 %	0,60 €
Selbstkostenpreis	3,00 €

Dem Kalkulationsschema kann Weinhändler Bauer entnehmen:

Jede einzelne Flasche Reblaus muss 25 % des Bezugspreises von 2,40 € = 0,60 € als anteilige Handlungskosten decken. Die Flasche ließe sich damit kostendeckend zum Selbstkostenpreis von 3 € verkaufen.

➡ Zum Merken

Der Handlungskostenzuschlag (HKZ) gibt an, um wie viel Prozent der Bezugspreis erhöht werden muss, um die Handlungskosten anteilig auf die einzelnen Artikel umzulegen.

Der HKZ muss laufend aktualisiert werden, damit Änderungen in der Kostenentwicklung berücksichtigt werden können.

Der Einfluss der G+V-Rechnung auf die Kalkulation

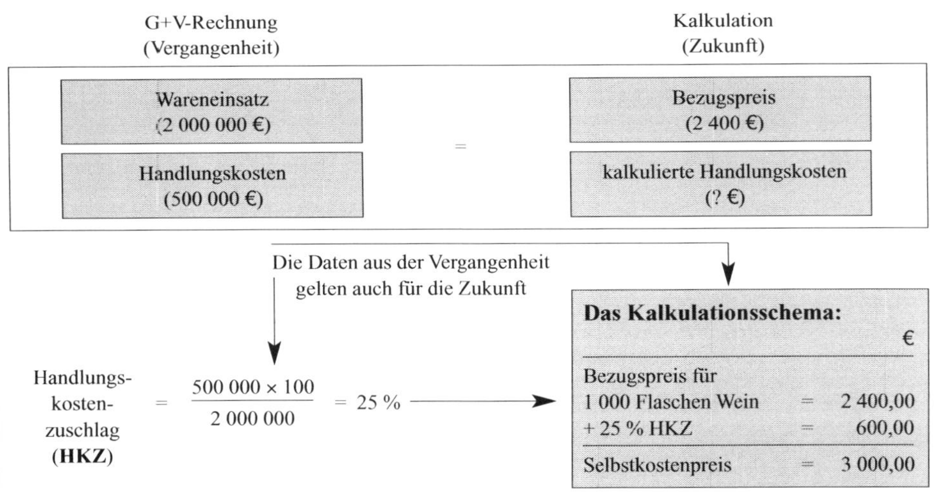

Rechenweg zur Ermittlung des Handlungskostenzuschlages

1. Ermittlung der Handlungskosten aus der G+V-Rechnung
2. Ermittlung des Einstandswertes der verkauften Ware
3. Errechnung des Handlungskostenzuschlages, beispielsweise mit Hilfe des Dreisatzes: Wie viel Prozent vom Einstandswert (100 %) betragen die Handlungskosten?
4. Eintrag des ermittelten Handlungskostenzuschlages in das Kalkulationsschema.

Informationen

Woraus setzen sich die Handlungskosten zusammen?

Handlungskosten sind die Kosten, die durch die Handelstätigkeit des Betriebes entstehen. Nicht dazugehörig sind die Kosten, die durch Ereignisse anfallen, die mit dem Handelsbetrieb nichts direkt zu tun haben wie außerordentliche Aufwendungen, betriebsfremde Aufwendungen, Zinsen, Spenden.

Weshalb gehören die Bezugskosten nicht zu den Handlungskosten?

Die Bezugskosten fallen durch den Einkauf einer bestimmten Ware an und können dieser direkt zugeordnet werden. Dies geschieht bereits in der Bezugskalkulation. Die Bezugskosten sind damit im Einstandswert der Waren bereits enthalten. Die Handlungskosten hingegen lassen sich nicht direkt einer Ware zuordnen. Diese Zuordnung erfolgt deshalb pauschal für alle Waren gleich mit dem Zuschlagssatz, dem Handlungskostenzuschlag (HKZ).

Weshalb muss der HKZ laufend überprüft werden?

Im Handlungskostenzuschlag wird ein festes Verhältnis zwischen den Handlungskosten und dem Wareneinstandswert angenommen. Verringerte sich beispielsweise der Einkaufswert der verkauften Ware aufgrund eines Umsatzrückganges, würden sich nach dieser Annahme auch die Handlungskosten des Betriebes verringern. Umgekehrt würde beispielsweise eine Erhöhung der Personalkosten aufgrund von Tarifvertragsänderungen eine Erhöhung des Wareneinkaufswertes zur Folge haben müssen. Dieser Zusammenhang besteht aber nicht. Er wird nur zur Vereinfachung vorausgesetzt, um Erfahrungswerte aus der Vergangenheit in die Zukunft zu übertragen. Deshalb muss regelmäßig überprüft werden, ob der errechnete HKZ noch mit den Daten der Realität oder der abschätzbaren Zukunft übereinstimmt.

Welche Auswirkungen haben Preiserhöhungen der Lieferanten auf den HKZ?

Erhöhen die Lieferanten ihre Preise, bedeutet dieses bei einem unveränderten HKZ, dass die kalkulierten Handlungskosten anteilig steigen. Die tatsächlich angefallenen Handlungskosten bleiben aber von der Preiserhöhung der Lieferanten unberührt. Deshalb muss in diesem Fall der Handlungskostenzuschlag verringert werden.

Welche Auswirkungen auf den HKZ hat es, wenn der Tarifvertrag in Kürze ausläuft und über die Höhe einer möglichen Tariferhöhung noch nichts bekannt ist?

Für Aufträge, die erst in der Zukunft, nach der Gültigkeit des neuen Tarifvertrages, anfallen, muss eine mögliche Lohnerhöhung mit eingerechnet werden. Hier müssen die Personalkosten der Vergangenheit für die Zukunftsplanung erhöht werden. Da heute die Lohnerhöhung noch nicht feststeht, muss diese subjektiv geschätzt werden. Der Handlungskostenzuschlag wird also steigen. Liegt die spätere tatsächliche Lohnerhöhung unter der geschätzten, erwirtschaftet der damit kalkulierte Auftrag einen zusätzlichen Gewinn.

4.2 Der kalkulierte Mindestgewinn

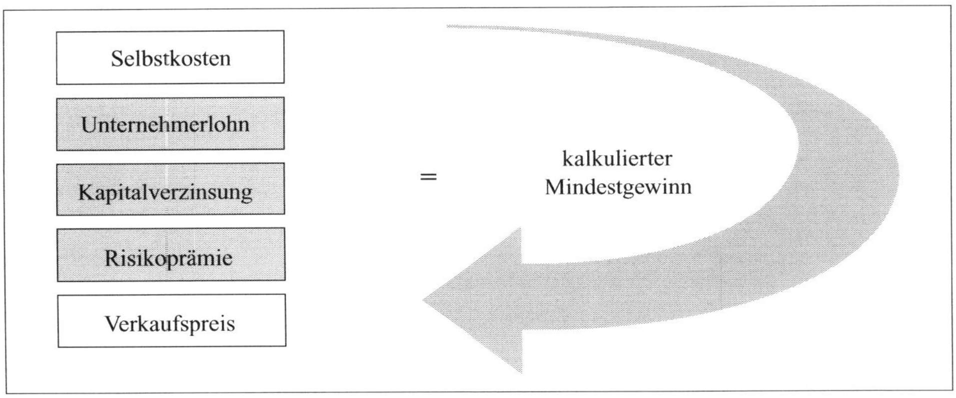

Das Problem

Weinhändler Bauer möchte einen angemessenen Gewinn erzielen und einen entsprechenden Verkaufspreis kalkulieren. Er erwartet

- eine Entlohnung seiner Arbeit im Betrieb, da er sonst jemanden für seine Tätigkeit einstellen und entlohnen müsste
- eine Verzinsung seines eingesetzten Kapitals, da er es sonst auch auf der Bank verzinsen lassen könnte.

Die Lösung

Weinhändler Bauer setzt folgende Werte an:

Kalkulatorischer Unternehmerlohn: 150 000 €

(Diesen Jahreslohn müsste er für seine Tätigkeit einem Geschäftsführer zahlen)

Verzinsung des Eigenkapitals: 35 000 €

Kaufmann A hat 500 000 € in sein Unternehmen investiert (Eigenkapital), statt es bei der Bank arbeiten zu lassen. Die bankübliche Verzinsung beträgt 7 %.

$$\frac{500\,000 \times 7}{100} = 35\,000$$

– einen Risikozuschlag für das höhere Risiko, das Geld stattdessen im Betrieb investiert zu haben.

Er will wissen, welche Höhe der Gewinn mindestens pro Jahr betragen muss. Diese Gewinnvorstellung ist für ihn eine Untergrenze. Es kann sein, dass der Markt einen höheren Gewinn für ihn zulässt.

Unternehmerische Risikoprämie: 15 000 €

Die Anlage seines Geldes in einem kaufmännischen Betrieb ist risikoreicher, als es auf der Bank zu deponieren. Er erwartet daher eine zusätzliche Verzinsung seines Eigenkapitals in Höhe von 3 %.

$$\frac{500\,000 \times 3}{100} = 15\,000$$

Kalkulatorischer Jahresmindestgewinn 200 000 €

Diesen Gewinn sollte der Betrieb im laufenden Jahr mindestens erzielen.

➡ Zum Merken

Der kalkulatorische Mindestgewinn soll eine angemessene Verzinsung des eingesetzten Kapitals und eine marktgerechte Entlohnung der geleisteten Arbeit der Unternehmenseigner gewährleisten.

4.3 Die Ermittlung des Gewinnzuschlags

Das Problem

Weinhändler Bauer möchte einen angemessenen Gewinn erzielen und einen entsprechenden Verkaufspreis kalkulieren. Der kalkulatorische Mindestgewinn beträgt 200 000 €, bezogen auf ein Jahr. Er möchte seine Preise so kalkulieren, dass dieser Jahresgewinn auch erzielt wird.

Die Lösung

Aufschluss über die Marktsituation gibt ein Blick in die G+V-Rechnung der Vorperiode, in diesem Fall des Vorjahres:

Selbstkosten des Vorjahres (2 500 000)

Gewinn des Vorjahres (250 000)

S	G+V-Rechnung (Vorjahr)		H
Wareneinsatz	2 000 000	Warenverkauf	2 750 000
Personalkosten	200 000		
Raumkosten	100 000		
Betr. Steuern	50 000		
Verw. Kosten	150 000		
Gewinn	250 000		
	2 750 000		2 750 000

Im vergangenen Jahr wurde ein Gewinn von 250 000 € erzielt. Das ist höher als der zuvor kalkulierte Mindestgewinn von 200 000 €. Für die weitere Berechnung ist der höhere Gewinn, in die-

> Annahme:
> Das Verhältnis zwischen Kosten und Gewinn des Vorjahres lässt sich auch im neuen Jahr erzielen.

sem Fall der im Vorjahr erzielte Gewinn, entscheidend.

Dieser Gewinn wird mit den Selbstkosten verglichen und in ein Verhältnis gesetzt. Dieses Verhältnis soll auch für die Zukunft gelten.

$$\text{Gewinnzuschlag in Prozent} = \frac{\text{Gewinn} \times 100}{\text{Selbstkosten}} = \frac{250\,000 \times 100}{2\,500\,000} = 10\ \%$$

Selbstkostenpreis	3,00 €
Gewinn-zuschlag 10 %	0,30 €
Verkaufspreis	3,30 €

Ergebnis

Dem Kalkulationsschema kann Weinhändler Bauer entnehmen:

Die Selbstkosten der Flasche Reblaus von 3 € müssen um 10 % = 0,30 € erhöht werden, um den geplanten Gewinn zu garantieren.

➡ Zum Merken

Der Gewinnzuschlag gibt an, um wie viel Prozent der Selbstkostenpreis erhöht werden muss, um den beabsichtigten Gewinn anteilig auf den einzelnen Artikel umzulegen.

Der Einfluss der G+V-Rechnung auf die Kalkulation

G+V-Rechnung (Vergangenheit)		Kalkulation (Zukunft)
Selbstkosten (2 500 000 €)	=	Selbstkostenpreis (3 000 €)
realisierter Gewinn oder Mindestgewinn (250 000 €)		kalkulierter Gewinn (? €)

Die Daten aus der Vergangenheit gelten auch für die Zukunft

$$\text{Gewinnzuschlag} = \frac{250\,000 \times 100}{2\,500\,000} = 10\ \% \longrightarrow$$

Das Kalkulationsschema:

		€
Selbstkostenpreis für 1 000 Flaschen Wein	=	3 000,00
(+ 10 % Gewinnzuschl.)	=	300,00
Barverkaufspreis	=	3 300,00

Rechenweg zur Ermittlung des Gewinnzuschlages

1. Errechnung des kalkulatorischen Mindestgewinns
2. Ermittlung des realisierten Gewinns aus der G+V-Rechnung der Vorperiode
3. Auswahl des höheren Gewinns
4. Errechnung des Gewinnzuschlages:

   Beispielsweise mit Hilfe des Dreisatzes: Wie viel Prozent von den Selbstkosten beträgt der Gewinn? (Selbstkosten = 100 %)
5. Eintrag des ermittelten Gewinnzuschlages in das Kalkulationsschema

4.4 Die Kalkulation des Barverkaufspreises

Das Problem

Weinhändler Bauer in Hamburg möchte für den Wein der Winzergenossenschaft Bickensuhl einen Preis festlegen, der sowohl seine Kosten deckt als ihm auch einen Gewinn beschert. Er rechnet mit folgenden Daten:

Einstandspreis für 1 000 Flaschen:	2 400 €
Handlungskostenzuschlag:	25 %
Gewinnzuschlag :	10 %

Barverkaufspreis pro Flasche (3 300 € : 1 000) = 3,30 €

Die Lösung

Der Weinhändler setzt die Zuschlagssätze in das Kalkulationsschema ein und errechnet mit Hilfe der Prozentrechnung den Selbstkostenpreis und den Barverkaufspreis:

Das Kalkulationsschema:

Bezugspreis für 1 000 Flaschen Wein	= 2 400,00 €	100 %
+ Handlungskostenzuschlag (HKZ) (25 % vom Bezugspreis)	= 600,00 €	25 %
Selbstkostenpreis	= 3 000,00 €	100 %
+ Gewinnzuschlag (10 % vom Selbstkostenpreis)	= 300,00 €	10 %
Barverkaufspreis	= 3 300,00 €	

➡ Zum Merken

Der Barverkaufspreis ist der Preis, zu dem der Kunde die Ware beim Händler gegen Barzahlung abholen kann.

Rechenweg zur Ermittlung des Barverkaufspreises

1. Ermittlung des Bezugspreises
2. Ermittlung und Addition der anteiligen Handlungskosten mit dem Handlungskostenzuschlag (Bezugspreis = 100 %)
3. Ermittlung und Addition des anteiligen Gewinns mit dem Gewinnzuschlag (Selbstkostenpreis = 100 %)

5. Die Kalkulation des Listenverkaufspreises

5.1 Allgemeine Problemstellung

Das Problem

Der Weinhändler Bauer in Hamburg hat den Barverkaufspreis für 1 000 Flaschen Wein mit 3 300 € kalkuliert. Er möchte diesen Wein in seine Preisliste aufnehmen, allerdings soll bei Abnahme dieser Menge ein Mengenrabatt von 25 % gewährt werden sowie ein Skonto von 2 %, um für die Kunden einen Anreiz für rechtzeitige Zahlung zu schaffen.

Der kalkulierte Barverkaufspreis darf jedoch nicht unterschritten werden, da dieses ja den kalkulierten Gewinn schmälern würde.

Wie kann ein Anreiz in Form eines Preisnachlasses für ein bestimmtes Kundenverhalten geschaffen werden, ohne dass der kalkulierte Barverkaufspreis gesenkt werden muss?

Die Lösung

Der Kaufmann unterscheidet seine Kunden danach, ob sie ein gewünschtes Verhalten an den Tag legen oder nicht. Gewünscht ist in diesem Fall, dass die Kunden in größeren Mengen kaufen und möglichst schnell bezahlen. Sind es in dieser Hinsicht „gute Kunden", können sie den Wein zum kalkulierten Barverkaufspreis erhalten.

Statt seine „guten" Kunden zu belohnen, bestraft der Kaufmann seine „schlechten" Kunden dafür, dass sie nicht die genügende Menge kaufen und nicht rechtzeitig zahlen: Er erhöht den Verkaufs-

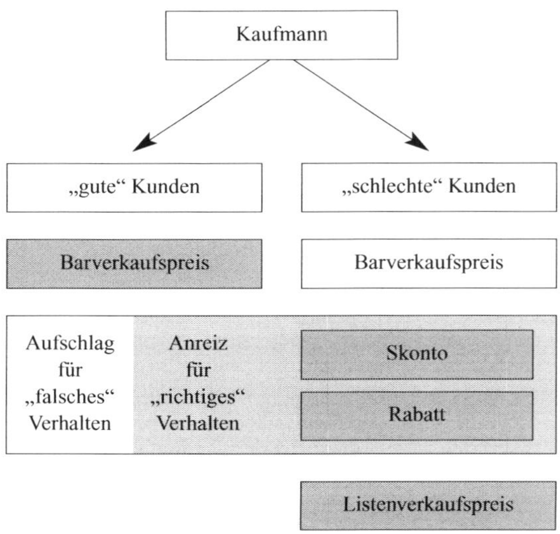

preis um einen Skontozuschlag und einen Rabattzuschlag und nimmt diesen erhöhten Verkaufspreis in seine Preisliste auf. Der Rabattzuschlag ist ein Ausgleich für den bei kleineren Mengen unverhältnismäßig hohen Verwaltungsaufwand, der Skontozuschlag ist ein Zinszuschlag für das eingeräumte Zahlungsziel.

Damit wird der Listenverkaufspreis immer höher sein als der Barverkaufspreis.

➡ Zum Merken

Skonto und Rabatt werden für den Kunden auf den Preis aufgeschlagen, um den Kunden einen Anreiz zu bieten, genügende Stückzahlen abzunehmen und rechtzeitig zu zahlen.

5.2 Die Ermittlung des Listenverkaufspreises

Das Problem

Der Weinhändler A in Hamburg hat den Barverkaufspreis für 1 000 Flaschen Wein mit 3 300 € kalkuliert. Es soll ein Skonto von 2 % und ein Mengenrabatt von 25 % gewährt werden. Der Verkaufspreis soll entsprechend erhöht werden:

Vom Rechnungsbetrag (Zielverkaufspreis) soll sich der Kunde gegebenenfalls 2 % Skonto abziehen, wenn er denn rechtzeitig zahlt.

Vom Listenverkaufspreis soll dem Kunden gegebenenfalls 25 % Rabatt abgezogen werden, wenn er denn die erforderliche Menge abnimmt.

Die Lösung

Rabatt und Skonto wird sich der Kunde entsprechend der Bezugskalkulation abziehen. Daher muss die Verkaufskalkulation umgestellt werden:

Der zu ermittelnde Zielverkaufspreis ist dabei der Grundwert und der bereits bekannte Barverkaufspreis der um den Skontoabzug verminderte Grundwert. Errechnet wird der Zielverkaufspreis damit in einer „in Hundert“ Rechnung.

Errechnung des Zielverkaufspreises in der i. H.-Rechnung =

$$ZVP = \frac{3\,300\ € \times 100}{98} = 3\,367{,}35\ €$$

Der Listenverkaufspreis errechnet sich entsprechend. Der bereits errechnete Zielverkaufspreis entspricht dem um den Rabatt-Satz verminderten Grundwert.

Errechnung des Listenverkaufspreises in der i. H.-Rechnung =

100 % – 25 % = 75 %

$$LVP = \frac{3\,367{,}35\ € \times 100}{75} = 4\,489{,}80\ €$$

So rechnet der Kunde:

	Listenpreis	100 %
–	Rabatt	25 %
	Rechnungsbetrag	100 %
–	Skonto	2 %
Zahlungsbetrag		98 %

Listenverkaufspreis pro Flasche (4 489,80 € : 1 000) = 4,49 €

Das Kalkulationsschema:

Barverkaufspreis	3 300,00 €	98 %	
+ Skonto (2 % vom Zielverkaufspreis)	67,35 €	2 %	
Zielverkaufspreis	3 367,35 €	100 %	75 %
+ Rabatt (25 % vom Listenverkaufspreis)	1 122,45 €		25 %
Listenverkaufspreis	4 489,80 €		100 %

➡ **Zum Merken**

Der Zielverkaufspreis ist der Rechnungsbetrag und gilt nur bei Ausnutzung des Zahlungszieles.

Der Listenverkaufspreis steht in der Preisliste und gilt nur für die Kunden, die nicht zum normalen Kundenkreis des Händlers zählen und nur in geringen Mengen kaufen.

5.3 Die Berücksichtigung der Vertreterprovision

Das Problem

Der Weinhändler Bauer in Hamburg vertreibt seine Weine durch selbstständige Handelsvertreter. Diesen ist ein Gebietsschutz eingeräumt: Von jedem Verkauf innerhalb ihres Gebietes erhalten sie 8 % des Rechnungsbetrages, unabhängig davon, ob sie am Zustandekommen des Geschäftes beteiligt sind oder nicht.

Diese Provision soll allerdings in der Kalkulation so berücksichtigt werden, dass sie zu Lasten des Kunden geht und nicht zu Lasten des kalkulierten Gewinns. Damit wird sich der Preis für den Kunden erhöhen.

Die Lösung

Das Kalkulationsschema:

Barverkaufspreis	3 300,00 €	**90 %**	
+ Skonto (2 % vom Zielverkaufspreis)	73,33 €	+ 2 %	
+ Vertreterprovision (8 % vom Zielverkaufspreis)	293,33 €	+ 8 %	
Zielverkaufspreis	3 666,66 €	100 %	**75 %**
+ Rabatt (25 % vom Listenverkaufspreis)	1 222,22 €		+ 25 %
Listenverkaufspreis	4 888,88 €		100 %

Der Rechnungsbetrag, von dem die Vertreterprovision berechnet wird, entspricht dem Zielverkaufspreis. Um die Vertreterprovision zu berücksichtigen, muss der Zielverkaufspreis entsprechend der Vertreterprovision in einer i. H. Rechnung erhöht

Wie kann die Provision in der Kalkulation berücksichtigt werden?

werden. Da sich die Vertreterprovision wie auch der Kundenskonto prozentual vom Zieleinkaufspreis errechnen, können beide Prozentsätze zusammengezogen werden.

Rechenweg zur Ermittlung des Listenverkaufspreises

1. Ermittlung des verminderten Grundwertes des Barverkaufspreises (BVP) durch Subtraktion der Prozentsätze der Vertreterprovision und des Skontos von 100 %
2. Ermittlung des Zielverkaufspreises in einer i. H. Rechnung: BVP × 100 geteilt durch den verminderten Grundwert
3. Ermittlung des verminderten Grundwertes des Zielverkaufspreises (ZVP) durch Subtraktion des Rabattsatzes von 100 %
4. Ermittlung des Listenverkaufspreises in einer i. H. Rechnung: ZVP × 100 geteilt durch den verminderten Grundwert

6. Zusammenfassung: die Gesamtkalkulation

Das Problem

Ein Elektro-Großmarkt erhält einen Sonderposten über 150 Haushaltskaffeemaschinen zu 25 € je Stück frei Lager mit 20 % Mengenrabatt und 2 % Skonto.

Der Großmarkt kalkuliert mit 15 % HKZ, 20 % Gewinnzuschlag und 1 % Vertreterprovision.

Seinen Kunden gewährt der Großmarkt 3 % Skonto bei Zahlung innerhalb von 10 Tagen sowie einen Mengenrabatt von 25 % bei einer Abnahme von 10 Kaffeemaschinen.

Zu welchem Preis kann der Großmarkt die Kaffeemaschinen anbieten?

Listenverkaufspreis pro Stück (4 600 : 150)
= 34,50 €

Die Lösung

Das Kalkulationsschema:

Listeneinkaufspreis (150 × 25 €)	**3 750,00 €**
– 20 % Rabatt (v. H.)	**750,00 €**
Zieleinkaufspreis	**3 000,00 €**
– 2 % Skonto (v. H.)	**60,00 €**
Bareinkaufspreis	**2 940,00 €**
+ Bezugskosten	**0,00 €**
Bezugspreis	**2 940,00 €**
+ 15 % HKZ (v. H.)	**441,00 €**
Selbstkostenpreis	**3 381,00 €**
+ 20 % Gewinnzuschlag (v. H.)	**676,20 €**
Barverkaufspreis	**4 057,20 €**
+ 3 % Kundenskonto (i. H.)	**126,79 €**
+ 1 % Vertreterprovision (i. H.)	**42,26 €**
Zielverkaufspreis	**4 226,25 €**
+ 25 % Kundenrabatt (i. H.)	**1 408,75 €**
Listenverkaufspreis	**5 635,00 €**

Der ermittelte Preis ist eine Mindestvorstellung.

Der Großmarkt wird die Kaffeemaschine zu einem Preis von 56,35 € netto anbieten, sofern die Marktsituation keinen höheren Preis zulässt.

Der Großmarkt führt eine Kalkulation für die Gesamtzahl der Kaffeemaschinen durch, um Rundungsfehler gering zu halten.

Das Kalkulationsschema wird aufgestellt, die entsprechenden Prozentsätze eingetragen und die Beträge errechnet. Bezugskosten fallen nicht an, da der Lieferer die Ware auf seine Kosten anliefert. (Er hat die Anlieferungskosten bereits in seinem Listenpreis berücksichtigt.)

Aufgaben

1. Eine Großhandlung für Werbeartikel rechnete bislang mit einem Handlungskostenzuschlag von 25 %. Überprüfen Sie anhand der nachfolgenden Daten aus der Buchführung, ob dieser Zuschlag auch für die Zukunft gelten kann, und korrigieren Sie diesen gegebenenfalls!

   Wareneinsatz: 400 000, Personalkosten: 32 000, Raumkosten: 10 000, Betriebssteuern und Abgaben: 5 500, Werbekosten 12 500, Allgemeine Verwaltungskosten: 12 000, Abschreibungen: 8 000.

2. Ermitteln Sie den Handlungskostenzuschlag!

	Einstandspreis der verkauften Ware	Handlungskosten
a	650 000	52 000
b	1 075 000	172 000
c	776 000	48 500
d	498 600	124 650
e	2 727 500	543 500
f	689 000	34 450

3. Berechnen Sie den Gewinnzuschlag!

	Kapital	Unternehmerlohn	Selbstkosten der Vorperiode	Gewinn der Vorperiode
a	450 000	76 000	600 000	120 000
b	320 000	50 000	756 000	70 000
c	750 000	82 000	1 136 000	130 000
d	1 250 000	110 000	3 750 000	250 000

Kapitalverzinsung: 5 % Risikoaufschlag: 3 %

4. Berechnen Sie den Barverkaufspreis!

	Bezugspreis	HKZ	Gewinnzuschlag
a	301,50	15 %	20 %
b	269,60	12 %	25 %
c	9 875,00	8 %	12 %
d	12,50	30 %	16 %

5. Berechnen Sie den Listenverkaufspreis!

	Barverkaufspreis	Händlerskonto	Händlerrabatt
a	92,15	3 %	5 %
b	918,75	2 %	25 %
c	46 465,65	1 %	30 %
d	95,94	2,5 %	18 %

7. Die kalkulatorische Rückrechnung (Rückwärtskalkulation)

Das Problem

Bei der Preisgestaltung muss sich der Kaufmann oft an den Preisvorgaben der Konkurrenz orientieren. So will der Elektro-Markt Mikrowellengeräte in sein Programm aufnehmen, die bereits von Konkurrenzbetrieben für 380 € netto angeboten werden. Welchen Listeneinkaufspreis kann der Elektro-Markt bei dem Hersteller höchstens akzeptieren, wenn er mit den folgenden Daten rechnet:

Beabsichtigte Einkaufsmenge: 100 Stück, Großhändler-Rabatt: 25 %, Händler-Skonto: 3 %, Bezugskosten: 1083,20 €, HKZ: 40 %, Gewinnzuschlag: 25 %, Kundenskonto: 2 %, Kundenrabatt: 30 %.

Die Lösung

Das Kalkulationsschema wird in umgekehrter Reihenfolge erstellt und der Listeneinkaufspreis errechnet. Die Rechnung erfolgt für die Gesamtmenge, um Rundungsfehler gering zu halten.

Ergebnis

Der Elektro-Markt wird nur dann die Mikrowelle in sein Programm mit aufnehmen, wenn es ihm gelingt, diese für einen Stückpreis von 178 € zu erwerben. Siehe dazu die Kalkulation auf Seite 142.

Gelingt es, einen noch niedrigeren Einkaufspreis zu erzielen, erwirtschaftet der Elektro-Markt einen zusätzlichen Gewinn.

Das umgekehrte Kalkulationsschema:

Listenverkaufspreis (100 × 380 €)	38 000,00 €	100 %	
– 30 % Rabatt	11 400,00 €	30 %	
Zielverkaufspreis	26 068,00 €	70 %	100 %
– 2 % Skonto	532,00 €		2 %
Barverkaufspreis	26 068,00 €	125 %	98 %
– 25 % Gewinnzuschlag	5 213,60 €	25 %	
Selbstkostenpreis	20 854,40 €	100 %	140 %
– 40 % HKZ	5 958,40 €		40 %
Bezugspreis	14 896,00 €		100 %
– Bezugskosten	1 083,20 €		
Bareinkaufspreis	13 812,80 €	97 %	
+ 3 % Lieferskonti	427,20 €	3 %	
Zieleinkaufspreis	14 240,00 €	100 %	80 %
+ Liefererrabatt 20 %	3 560,00 €		20 %
Listeneinkaufspreis	17 800,00 €		100 %
Listeneinkaufspreis pro Stück (17 800 : 100)	178,00 €		

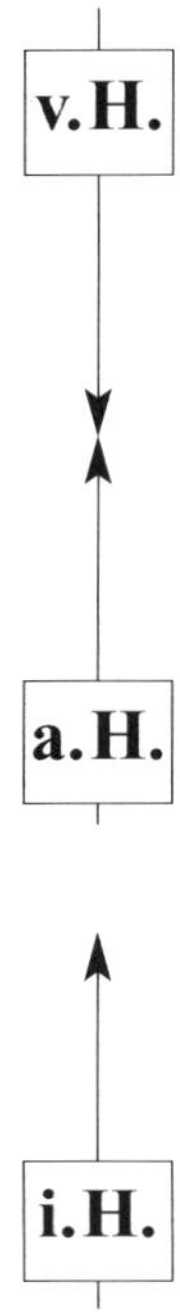

➡ Zum Merken

Die kalkulatorische Rückrechnung ermöglicht es, bei Einkaufsverhandlungen von einem durch die Konkurrenz vorgegebenen Verkaufspreis den Listeneinkaufspreis zu ermitteln, der sowohl die Kosten deckt als auch den gewünschten Gewinn erwirtschaftet.

Aufgabe

„Ich kalkuliere ganz einfach“, erklärte der Altwarenhändler. „Ich kaufe die Ware ein und schlage 10 % auf den Preis. In den Verkaufsverhandlungen gehe ich dann um 9 % mit dem Preis wieder herunter. Dann sind meine Kunden zufrieden. Und von dem einen Prozent lebe ich dann.“

Worin liegt der Denkfehler des Altwarenhändlers?

Die Prozentrechnung bei der Vorwärts- und Rückwärtskalkulation

Vorwärts ↓		Rückwärts ↑
	Listeneinkaufspreis	
v.H.	– Rabatt +	i.H.
	Zieleinkaufspreis	
v.H.	– Skonto +	i.H.
	Bareinkaufspreis	
	+ Bezugskosten –	
	Bezugspreis (Einstandspreis)	
v.H.	+ Handlungskostenzuschlag –	a.H.
	Selbstkostenpreis	
v.H.	+ Gewinnzuschlag –	a.H.
	Barverkaufspreis	
i.H.	+ Kundenskonti – + Vertreterprovision –	v.H.
	Zielverkaufspreis	
i.H.	+ Kundenrabatt –	v.H.
	Listenverkaufspreis	

Rechenweg bei der Rückwärtskalkulation

1. Erstellung des Kalkulationsschemas in umgekehrter Reihenfolge
2. Rückrechnung vom Listenverkaufspreis stufenweise auf den Barverkaufspreis in einer von Hundert Rechnung.
3. Rückrechnung vom Barverkaufspreis stufenweise auf den Bezugspreis in einer auf Hundert Rechnung
4. Rückrechnung vom Bezugspreis stufenweise auf den Listeneinkaufspreis in einer in Hundert Rechnung.

8. Die Differenzkalkulation

8.1 Allgemeine Problemstellung

Das Problem

Oft bestimmt bereits der Hersteller den Endverkaufspreis. Besonders bei Markenartikeln spricht er eine unverbindliche Preisempfehlung aus und druckt diese oft bereits auf die Verpackung. Der Handel muss diesen Preis dann als Obergrenze akzeptieren.

Für die Preisgestaltung bleibt dem Handel damit kein Spielraum mehr. Der Hersteller räumt dem Zwischenhändler auf diesen Richtpreis einen Rabatt ein, der neben dem gewährten Skonto ausreichen muss, um dem Händler die Bezugskosten, die Handlungskosten, den Gewinn, die Vertreterprovision, den Kundenskonto und den Kundenrabatt zu decken.

So will der Elektro-Markt Handmixer in sein Programm aufnehmen, die bereits vom Hersteller mit dem unverbindlichen Ladenpreis von 98,90 € ausgezeichnet wurden.

Wie kann er prüfen, ob ihm bei den bestehenden Ein- und Verkaufskonditionen noch ein entsprechender Gewinn verbleibt?

Die Lösung

Dabei wird die Kalkulation sowohl als Vorwärtskalkulation vom Listeneinkaufspreis (= unverbindlicher Richtpreis) bis zum Selbstkostenpreis durchgeführt als auch als Rückwärtskalkulation vom Listenverkaufspreis (= unverbindlicher Richtpreis) zum Barverkaufspreis.

Die Differenz zwischen den beiden Werten ergibt den Gewinn des Artikels und entscheidet über die Aufnahme des Artikels in das Sortiment des Zwischenhändlers.

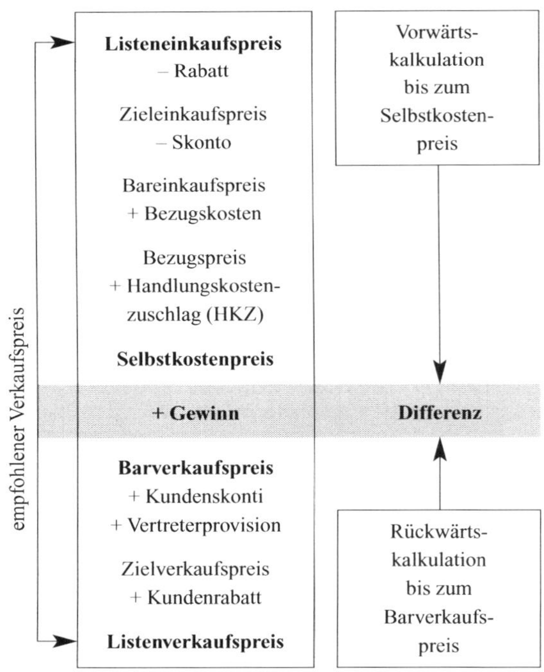

➡ Zum Merken

Mit der Differenzkalkulation wird geprüft, ob bei den bestehenden Ein- und Verkaufskonditionen dem Großhändler beim einzelnen Artikel noch ein Gewinn verbleibt.

8.2 Die Ermittlung der Differenz

Das Problem

Der Elektro-Markt will prüfen, ob ein Haushalts-Handmixer mit dem vom Hersteller vorgegebenen Ladenverkaufspreis von 102,34 € in das Sortiment aufgenommen werden soll.

Der Hersteller gewährt 45 % Rabatt und 3 % Skonto. Die Bezugskosten betragen anteilig pro Gerät 4,12 €. Der Einzelhandel erwartet einen Rabatt von 25 % sowie 2 % Skonto.

Welchen Gewinn erzielt der Elektro-Markt, wenn er mit einem HKZ von 20 % rechnet?

Die Lösung

Aus dem empfohlenen Ladenverkaufspreis wird zuerst die Umsatzsteuer herausgerechnet, der Nettopreis entspricht sowohl dem Listeneinkaufspreis als auch dem Listenverkaufspreis. Von diesen Preisen wird parallel durch Vorwärts- und Rückwärtskalkulation überprüft, ob dem Elektro-Markt ein Gewinn verbleibt.

Empfohlener Ladenpreis (brutto)	102,34 €
19 % Umsatzsteuer	16,34 €
Nettopreis	**86,00 €**

Vorwärtskalkulation	
Listeneinkaufspreis	**86,00 €**
– 45 % Rabatt (v H.)	38,70 €
Zieleinkaufspreis	47,30 €
– 3 % Skonto (v.H.)	1,42 €
Bareinkaufspreis	45,88 €
+ Bezugskosten	4,12 €
Bezugspreis	50,00 €
+ 20 % HKZ (v. H.)	10,00 €
Selbstkostenpreis	**60,00 €**

Rückwärtskalkulation	
Listenverkaufspreis	**86,00 €**
– 25 % Rabatt (v.H.)	21,50 €
Zieleinkaufspreis	64,50 €
– 2 % Skonto (v.H.)	1,29 €
Barverkaufspreis	**63,21 €**

Differenz
3,21 € Gewinn

Der Artikel kann in das Sortiment aufgenommen werden.

8.3 Der Gewinnvergleich

Das Problem

Der Elektro-Markt prüft, ob ein Haushalts-Handmixer mit dem vom Hersteller vorgegebenen Ladenverkaufspreis von 102,34 € in das Sortiment aufgenommen werden soll.

Die Differenzkalkulation ergab, dass bei einem HKZ von 20 % der Elektromarkt einen Gewinn von 3,21 € erzielt.

Soll der Artikel in das Sortiment aufgenommen werden, wenn der Elektro-Markt mit einem Gewinnzuschlag von 22,5 % kalkuliert?

Die Lösung

Grundsätzlich kann ein Artikel immer dann in das Sortiment aufgenommen werden, wenn er einen Gewinn erzielt. Das wird überprüft, indem man vom Barverkaufspreis (Rückwärtskalkulation) subtrahiert. Ist die Differenz positiv, so würde der Artikel einen Gewinn erzielen und kann somit in das Sortiment aufgenommen werden.

	Barverkaufspreis	63,21 €
–	Selbstkostenpreis	– 60,00 €
	erzielbarer Gewinn	+ 3,21 €

Oft wird ein Artikel erst dann in das Sortiment aufgenommen, wenn der erzielbare Gewinn den kalkulatorischen Mindestgewinn nicht unterschreitet. Der Elektro-Markt rechnet in seiner Kalkulation mit einem Gewinnzuschlag von 22,5 %. Der erzielbare Gewinn von 3,21 € muss nun mit dem Gewinnzuschlag verglichen werden.

Mindestgewinn lt. Gewinnzuschlag 22,5 %	←→ Vergleich	erzielbarer Gewinn in Prozent der Selbstkosten = x %

Dazu muss der Gewinn in Prozent des Selbstkostenpreises errechnet werden. Das geschieht mit dem Dreisatz:

Selbstkostenpreis	60,00 €	=	100 %
Erzielbarer Gewinn	3,21 €	=	x %

$$x = \frac{3{,}21 \times 100}{60} = 5{,}35\ \%$$

Ergebnis

Der errechnete Prozentsatz ist in diesem Fall kleiner als der festgesetzte Gewinnzuschlag. Der Haushalts-Handmixer sollte daher nicht in das Sortiment aufgenommen werden, sofern nicht besondere Gründe es doch rechtfertigen, den Artikel in das Sortiment aufzunehmen.

8.4 Die Ermittlung des notwendigen Liefererrabatts

Das Problem

Der Elektro-Markt prüft, ob ein Haushalts-Handmixer mit dem vom Hersteller vorgegebenen Ladenverkaufspreis von 102,34 € (brutto) in das Sortiment aufgenommen werden kann.

Die Differenzkalkulation ergab, dass bei einem HKZ von 15 % der Elektro-Markt einen Gewinn von 9,21 € erzielt. Das entspricht einem Gewinnzuschlag von 5,35 % statt geplanter 22,5 %.

Wenn der Artikel in das Sortiment aufgenommen werden soll, müsste der Hersteller einen günstigeren Liefererrabatt gewähren, um einen entsprechenden Gewinn zu ermöglichen.

Welchen Liefererrabatt sollte der Elektro-Markt fordern?

Die Kalkulationsdaten:

Der Hersteller gewährt bislang 45 % Rabatt und 3 % Skonto. Die Bezugskosten betragen anteilig pro Gerät 4,12 €. Der Einzelhandel erwartet einen Rabatt von 25 % sowie 2 % Skonto. Der Elektro-Markt rechnet mit einem HKZ von 20 % und einem Gewinnzuschlag von 22,5 %.

Die Lösung

Der Elektro-Markt führt eine Rückwärtskalkulation vom Listenverkaufspreis (entspricht dem Nettopreis des vom Hersteller vorgegebenen Ladenverkaufspreises) zum Zieleinkaufspreis durch.

Listenverkaufspreis (netto)	86,00 €
– 25 % Rabatt (v. H.)	21,50 €
Zielverkaufspreis	64,50 €
– 2 % Skonto (v. H.)	1,29 €
Barverkaufspreis	63,21 €
– 22,5 % Gewinnzuschlag (a. H.)	11,61 €
Selbstkostenpreis	51,60 €
– 20 % HKZ (a. H.)	8,60 €
Bezugspreis	43,00 €
– Bezugskosten	4,12 €
Bareinkaufspreis	38,88 €
+ 3 % Liefererskonti (i. H.)	1,20 €
Zieleinkaufspreis	40,08 €

Die Differenz zum Listeneinkaufspreis (entspricht ebenfalls dem Nettopreis des vom Hersteller vorgegebenen Ladenverkaufspreises) ergibt den notwendigen Liefererrabatt, der dem Elektro-Markt nicht nur eine Kostendeckung verspricht, sondern auch den geplanten Gewinn ermöglicht.

Listeneinkaufspreis	86,00 €	=	100 %
– Zieleinkaufspreis	40,08 €		
Liefererrabatt	45,92 €	=	x %

$$x = \frac{45{,}92 \times 100}{86{,}00} = 53{,}4\ \%$$

Ergebnis

Der Elektro-Markt sollte bei den Einkaufsverhandlungen vom Hersteller einen Liefererrabatt von 53,4 % anstelle der bisherigen 45 % verlangen, da erst bei diesem Prozentsatz der Gewinnzuschlag von 22,5 % gewährleistet ist.

Rechenweg der Differenzkalkulation

1. Erstellung des Kalkulationsschemas bis zum Selbstkostenpreis

   Der Nettowert der unverbindlichen Preisempfehlung entspricht dem Listeneinkaufspreis

2. Errechnung des Selbstkostenpreises mit der Vorwärtskalkulation

3. Erstellung des Kalkulationsschemas in umgekehrter Reihenfolge bis zum Barverkaufspreis

   Der Nettowert der unverbindlichen Preisempfehlung entspricht dem Listenverkaufspreis

4. Errechnung des Barverkaufspreises mit der Rückwärtskalkulation

5. Gewinnermittlung durch Subtraktion des Selbstkostenpreises der Vorwärtskalkulation von dem Barverkaufspreis der Rückwärtskalkulation

6. Umrechnung des Gewinns in einen Prozentsatz vom Selbstkostenpreis, z. B. mit dem Dreisatz

7. Entscheidung über die Aufnahme des Artikels in das Sortiment

   Der Artikel wird aufgenommen,

   a. wenn der Artikel einen Gewinn erzielt,

   b. wenn der Gewinn den kalkulatorischen Gewinn nicht unterschreitet

9. Kalkulationsvereinfachungen

9.1 Kalkulationsfaktor und Kalkulationszuschlag

Das Problem

Frau Irene Bendig ist Einkäuferin eines Großhandels für Werbeartikel. Bei ihren vielfältigen Einkaufsverhandlungen muss sie schnell reagieren können und hat während der Verhandlung keine Zeit, lange zu rechnen. Sie weiß: der auszuhandelnde Bezugspreis darf nicht zu hoch sein. Es besteht sonst die Gefahr, dass bei den Kalkulationsdaten ihres Unterneh-

Die Lösung

Frau Bendig führt eine Musterkalkulation durch, die von einem **Bezugspreis** von 100 € ausgeht. Die ermittelten Werte kann sie dann auf andere Bezugspreise übertragen.

mens der Listenverkaufspreis so hoch angesetzt werden muss, dass dieser Artikel nicht mehr konkurrenzfähig angeboten werden kann. Das möchte sie schnell überprüfen, ohne eine vollständige Kalkulation durchführen zu müssen.

Sie sucht eine Zahl, mit der sie stets schnell für alle Artikel vom ausgehandelten Bezugspreis den sich daraus ergebenden Listenverkaufspreis errechnen kann.

Der Großhandel für Werbeartikel kalkuliert mit folgenden Daten: HKZ: 10 %, Gewinnzuschlag: 5 %, Kundenskonto: 2 %, Vertreterprovision: 1,75 %, Kundenrabatt 20 %.

Bezugspreis	100,00 €
+ 10 % HKZ (v. H.)	10,00 €
Selbstkostenpreis	110,00 €
+ 5 % Gewinnzuschlag (v. H.)	5,50 €
Barverkaufspreis	115,50 €
+ 2 % Kundenskonto (i. H.)	2,40 €
+ 1,75 % Vertreterprovision (i. H.)	2,10 €
Zielverkaufspreis	120,00 €
+ 20 % Kundenrabatt (i. H.)	30,00 €
Listenverkaufspreis	150,00 €

Differenz = 50 €

Ein Vergleich ergibt, dass der Listenverkaufspreis bei diesen Kalkulationsdaten um 50 € höher ist als der Bezugspreis. Da die Musterkalkulation den Bezugspreis = 100 gesetzt hat, entspricht dieses der prozentualen Erhöhung des Listenverkaufspreises: 50 %.

Frau Bendig braucht also bei den Vertragsverhandlungen nur 50 % des ausgehandelten Bezugspreises aufzuschlagen, um den sich daraus ergebenden Listenverkaufspreis zu ermitteln. Dieser Prozentsatz ist der **Kalkulationszuschlag**.

Sie kommt zum selben Ergebnis, wenn sie stattdessen den Bezugspreis mit dem Faktor 1,5 multipliziert. Dieser Faktor ist der **Kalkulationsfaktor**.

Kalkulationszuschlag 50 %
=
Kalkulationsfaktor 1,5

➡ Zum Merken

Der Kalkulationszuschlag (KZ) ist die Differenz zwischen dem Verkaufspreis und dem Bezugspreis in Prozent des Bezugspreises.

$$\text{KZ} = \frac{(\text{Verkaufspreis} - \text{Bezugspreis}) \times 100}{\text{Bezugspreis}}$$

Der Kalkulationszuschlag wird dem Bezugspreis aufgeschlagen, um den Verkaufspreis zu erhalten.

Der Kalkulationsfaktor (KF) ist die Zahl, mit der man den Bezugspreis multiplizieren muss, um den Verkaufspreis zu erhalten.

Verkaufspreis = Bezugspreis × KF

daraus ergibt sich

$$\text{KF} = \frac{\text{Verkaufspreis}}{\text{Bezugspreis}}$$

9.2 Die Handelsspanne

Das Problem

Die Einkäuferin eines Großhandels für Werbeartikel, Frau Irene Bendig, ist auch zuständig für den Einkauf von **Markenartikeln**, bei denen der Hersteller durch eine **unverbindliche Preisempfehlung** den Verkaufspreis festlegt.

Sie möchte schnell unter Berücksichtigung der Kalkulationsdaten ihres Unternehmens den maximalen Bezugspreis ermitteln, den sie bei den bevorstehenden Verhandlungen noch akzeptieren kann.

Die Kalkulationsdaten:

HKZ: 10 %, Gewinnzuschlag: 5 %, Kundenskonto: 2 %, Vertreterprovision: 1,75 %, Kundenrabatt: 20 %.

Die Lösung

Frau Bendig führt eine Musterkalkulation durch, die von einem **Listenverkaufspreis** von 100 € ausgeht. Die ermittelten Werte kann sie dann auf andere Listenverkaufspreise übertragen.

Musterkalkulation

Listenverkaufspreis	100,00 €
– 20 % Kundenrabatt (v. H.)	20,00 €
Zielverkaufspreis	80,00 €
– 2 % Kundenskonto (v. H.)	1,60 €
– 1,75 % Vertreterprovision (v. H.)	1,40 €
Barverkaufspreis	77,00 €
– 5 % Gewinnzuschlag (a. H.)	3,67 €
Selbstkostenpreis	73,33 €
– 10 % HKZ (a. H.)	6,67 €
Bezugspreis	66,66 €

Differenz = 33,34 €

Ein Vergleich ergibt, dass der Bezugspreis bei diesen Kalkulationsdaten um 33,34 € niedriger ist als der Listenverkaufspreis. Da die Musterkalkulation den Listenverkaufspreis = 100 gesetzt hat, entspricht dieses der prozentualen Verringerung des Listenverkaufspreises: 33 1/3 %.

Frau Bendig braucht also für die Vertragsverhandlungen nur 1/3 oder 33 1/3 % des festgelegten Listenverkaufspreises abzuziehen, um den sich daraus ergebenden maximalen Bezugspreis zu ermitteln. Dieser Prozentsatz ist die **Handelsspanne** (HSp).

➡ Zum Merken

Die Handelsspanne ist die Differenz zwischen dem Verkaufspreis und dem Bezugspreis in Prozent des Verkaufspreises:

$$\textbf{Handelsspanne} = \frac{\textbf{(Verkaufspreis – Bezugspreis)} \times \textbf{100}}{\textbf{Verkaufspreis}}$$

Der Listenverkaufspreis wird um die Handelsspanne prozentual verringert, um den Bezugspreis zu erhalten.

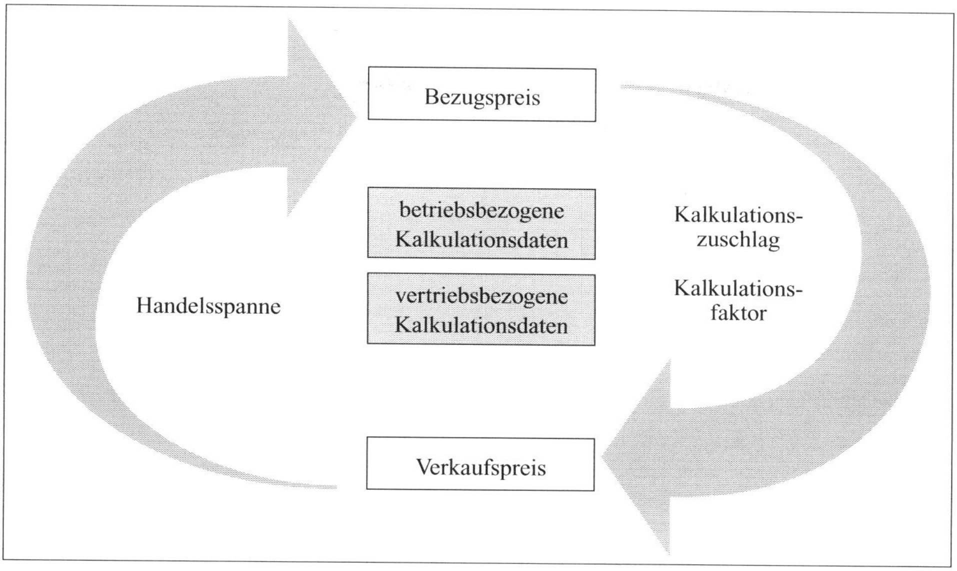

Informationen

Welchen Zweck verfolgen die Kalkulationsvereinfachungen?

Kalkulationsvereinfachungen haben den Zweck, die Kalkulation so zu verkürzen, dass direkt vom Bezugspreis auf den Verkaufspreis oder direkt von dem Verkaufspreis auf den Bezugspreis geschlossen werden kann.

Wie unterscheiden sich der Kalkulationszuschlag und die Handelsspanne?

Der Kalkulationszuschlag verkürzt die Vorwärtskalkulation, die Handelsspanne die Rückwärtskalkulation. Die Differenz zwischen dem Verkaufspreis und dem Bezugspreis wird als Prozentsatz ermittelt: Bezogen auf den Bezugspreis wird dieser als Kalkulationszuschlag aufgeschlagen, bezogen auf den Verkaufspreis wird dieser vom Verkaufspreis abgezogen. Damit muss der Kalkulationszuschlag immer etwas größer sein als die Handelsspanne. Der Zusammenhang sei an typischen Prozentsätzen verdeutlicht:

Zuschlagssatz Kalkulationszuschlag		Abschlagssatz Handelsspanne	
als Prozentsatz	als Bruch	als Prozentsatz	als Bruch
10 %	1/10	9,09 %	1/11
12,5 %	1/8	11,11 %	1/9
20 %	1/5	16,66 %	1/6
25 %	1/4	20 %	1/5
33,33 %	1/3	25 %	1/4
50 %	1/2	33,33 %	1/3
60 %	1/1,5	40 %	1/2,5
100 %	1/1	50 %	1/2
200 %	2/1	66,66 %	1/1,5

Wie unterscheidet sich der Kalkulationszuschlag von dem Kalkulationsfaktor?

Während der Kalkulationszuschlag (KZ) einen prozentualen Aufschlag auf den Bezugspreis darstellt, ist der Kalkulationsfaktor (KF) ein Multiplikator, mit dem der Verkaufspreis direkt ermittelt wird. Aus dem Kalkulationszuschlag lässt sich der Kalkulationsfaktor ermitteln:

Formel: **KF = 1 + KZ/100**

Beispiel: KZ = 20 % → KF = 1,2

KZ = 150 % → KF = 2,5

Kann der ermittelte Kalkulationszuschlag für alle Artikel verwendet werden?

Der Kalkulationszuschlag fasst die betriebsbezogenen Kalkulationsdaten Handlungskostenzuschlag und Gewinnzuschlag sowie die vertriebsbezogenen Kalkulationsdaten Kundenskonto, Kundenrabatt sowie die Vertreterprovision in einem Wert zusammen. Während die betriebsbezogenen Daten für einen gewissen Zeitraum konstant bleiben und für alle Artikel gelten, können die vertriebsbezogenen Daten je nach Warengruppe oder Kundengruppe variieren. So muss im Einzelfall geprüft werden, ob der ermittelte Kalkulationszuschlag allgemein gültig ist oder ob er für den speziellen Artikel neu ermittelt werden muss.

Wie lange haben die ermittelten Zuschlagssätze Gültigkeit?

Die Zuschlagssätze haben Gültigkeit, solange die einzelnen Kalkulationsdaten unverändert bleiben. Änderungen in der Verkaufspolitik können die vertriebsbezogenen Kalkulationsdaten verändern. Änderungen der Kostenstruktur oder der Gewinnerwartung führen zu einem anderen Handlungskosten- und Gewinnzuschlag. Es ist dann erforderlich, die Handelsspanne, den Kalkulationszuschlag und den Kalkulationsfaktor neu zu ermitteln.

Wann wird die Differenzkalkulation verwendet?

Die Differenzkalkulation wird dann verwendet, wenn sowohl die Einkaufskonditionen als auch die Verkaufskonditionen vorgegeben sind und weder der Einkaufspreis noch der Verkaufspreis vom Unternehmen selbst bestimmt werden können. Es wird dann mit Hilfe der Vorwärtskalkulation und der Rückwärtskalkulation der Selbstkostenpreis und der Barverkaufspreis ermittelt und über die Differenz der beiden Preise der bei den gegebenen Konditionen zu erwartende Gewinn ermittelt.

Welche Bedeutung hat der Liefererrabatt bei Artikeln, deren Verkaufspreis vom Hersteller bereits als „unverbindliche Preisempfehlung" vorgegeben ist?

Der Großhändler erhält vom Hersteller einen Liefererrabatt und gegebenenfalls einen Liefererskonto eingeräumt. Diese Abzüge sollen sowohl die betriebsbezogenen Kalkulationsdaten Bezugskosten und Handlungskosten als auch die vertriebsbezogenen Kalkulationsdaten Kundenskonto, Vertreterprovision und Kundenrabatt abdecken und außerdem noch einen geplanten Gewinn ermöglichen. Ist dies bei dem eingeräumten Liefererrabatt nicht möglich, wird der Großhändler nun bei den Einkaufsverhandlungen versuchen, den ihm gewährten Liefererrabatt so zu verändern, dass sein angestrebter Gewinn auch erzielt werden kann.

Aufgaben

1. Der Großhändler kann einen Videorecorder dem Einzelhandel aus Konkurrenzgründen nur zu einem Listenverkaufspreis von maximal 220 € anbieten. Welchen Einkaufspreis kann der Großhändler höchstens beim Hersteller akzeptieren, wenn der Hersteller 2 % Skonto und 25 % Rabatt gewährt und er mit folgenden weiteren Kalkulationsdaten rechnet:

   Bezugskosten: 19,75 €, HKZ 10 %, Gewinnzuschlag 23 %, Kundenskonto 2,5 %, Kundenrabatt 18 %?

2. Eine Waschmaschine wird dem Großhändler zu einem empfohlenen Richtpreis von 1 120,50 € mit 45 % Liefererrabatt und 2 % Liefererskonto angeboten.

   a) Wie hoch ist der Gewinn in € und Prozent bei den folgenden Kalkulationsdaten: Bezugkosten 16,05 €, HKZ 12 %, Kundenskonto 2 %, Kundenrabatt 25 %?

b) Wie hoch muss der Liefererrabatt sein, wenn der Großhandel mit 20 % Gewinn rechnet?

3. Der empfohlene Verkaufspreis für einen Wäschetrockner liegt bei 879 € excl. 19 % Mehrwertsteuer. Der Hersteller gewährt dem Großhändler auf diesen Preis einen entsprechenden Liefererrabatt.

   Wie hoch muss dieser in € und Prozent sein, wenn der Einzelhandel 30 % Rabatt, 2 % Skonto erhält und mit einem HKZ von 25 % sowie einem Gewinnzuschlag von 20 % rechnet und die Bezugskosten pro Wäschetrockner 54,08 € betragen?

4. Errechnen Sie die fehlenden Werte:

	Listeneinkaufspreis	Rabatt	Skonto	Bezugskosten	HKZ	Gewinnzuschlag	Kundenskonto	Kundenrabatt	Listenverkaufspreis
a	12 650 €	30 %	2 %	22,10 €	25 %	8 %	3 %	30 %	? €
b	? €	26 %	3 %	88,28 €	$33^1/_3$%	19 %	2 %	15 %	1 870 €
c	4 500 €	45 %	2 %	57,50 €	25 %	? %	2 %	20 %	4 500 €
d	2 550 €	? %	2 %	124,95 €	$16^2/_3$%	25 %	2 %	12,5 %	2 550 €

5. Errechnen Sie den Kalkulationszuschlag, den Kalkulationsfaktor und die Handelsspanne!

	Bezugspreis	Verkaufspreis
a	225 €	375 €
b	125 €	375 €
c	1 250 €	1 875 €

6. Erstellen Sie eine Musterkalkulation, und ermitteln Sie den Kalkulationszuschlag, den Kalkulationsfaktor und die Handelsspanne!

	HKZ	Gewinnzuschlag	Kundenskonto	Kundenrabatt
a	20 %	$33^1/_3$ %	2 %	25 %
b	18 %	25 %	3 %	30 %
c	32 %	26 %	2,5 %	46 %
d	16 %	24 %	1 %	$33^1/_3$ %

7. Berechnen Sie den Listenverkaufspreis!

	Listeneinkaufspreis	Liefererrabatt	Liefererskonto	Bezugskosten	HKZ	Gewinnzuschlag	Händlerskonto	Vertreterprovision	Händlerrabatt
a	145 €	12 %	2,5 %	33,54 €	12 %	20 %	3 %	1 %	20 %
b	13 540 €	20 %	3 %	64,56 €	18 %	25 %	2,5 %	1,5 %	30 %
c	345 680 €	35 %	2 %	498,64 €	25 %	28 %	2 %	0,6 %	$33^1/_3$ %

10. Grenzen der Vollkostenrechnung:

Die Planung des Sortiments bei sinkenden Verkaufspreisen

Das Problem

Ein Möbelhaus vertreibt ausschließlich selbstentwickelte Schlafmöbel, die nach eigenen Bauplänen von Fremdfirmen gefertigt werden.

Das Möbelhaus steht im starken Wettbewerb mit anderen Möbelhäusern, so dass die Verkaufspreise vom Markt vorgegeben und die geplanten Verkaufspreise nicht mehr zu erzielen sind.

Das Sortiment:

Artikel	Bezugspreis	erzielbarer Verkaufspreis
Drehbett-sofa	2 000 €	2 820 €
Klappbett	500 €	670 €
Schlafsessel	1 500 €	1 675 €

Die Handlungskosten betragen pro Monat 100 000 €.

Jeden Monat werden von jedem Artikel 100 Stück geliefert und verkauft.

Wie hoch ist der Gewinn des Möbelhauses pro Monat?

Welche Sortimentsentscheidungen müssen getroffen werden, um auf den gesunkenen Verkaufspreis zu reagieren?

Die Lösung

Der Einkaufswert aller verkauften Artikel eines Monats werden ermittelt, die Handlungskosten dazu ins Verhältnis gesetzt und der HKZ ermittelt.

	Drehbett-sofa	Klapp-bett	Schlaf-sessel
Verkaufsmenge	100	100	100
Bezugspreis	2 000 €	500 €	1 500 €
Einstands-Wert des Umsatzes	200 000 €	50 000 €	150 000 €
zusammen			400 000 €
Handlungskosten			100 000 €
→ Handlungskostenzuschlag			25 %

Damit kann für jeden Artikel der Selbstkostenpreis ermittelt werden, dem der erzielbare Verkaufspreis gegenübergestellt wird. Die Differenz ergibt den Gewinn bzw. den Verlust.

	Drehbett-sofa	Klapp-bett	Schlaf-sessel
Bezugspreis	2 000 €	500 €	1 500 €
+ HKZ 25 %	500 €	125 €	375 €
= Selbstkostenpreis	2 500 €	625 €	1 875 €
– Verkaufspreis	2 820 €	670 €	1 675 €
= Gewinn pro Stück	+ 320 €	+ 45 €	– 200 €
Gewinn insgesamt	+ 32 000 €	+ 4 500 €	– 20 000 €
Gesamtgewinn:			16 500 €

Ergebnis

Der Verkaufspreis für den Schlafsessel liegt unter dem Selbstkostenpreis, so dass dieser einen Verlust von 20 000 € pro Monat erwirtschaftet. Der Gewinn aller Artikel liegt bei 16 500 €.

Der Artikel Schlafsessel erzielt einen Verlust und wird aus dem Sortiment genommen.

Entscheidung

Der Schlafsessel wird aus dem Sortiment genommen.

Folge

Die Vollkostenrechnung ordnet die Handlungskosten den einzelnen Artikeln zu. Dabei wird eine Abhängigkeit der Handlungskosten vom Einstandswert der verkauften Artikel angenommen. Diese Annahme ist falsch und führt bei der Beurteilung des Erfolges der einzelnen Artikel zu falschen Ergebnissen:

Die Handlungskosten müssen nun von den verbleibenden zwei Artikeln getragen werden. Gelingt es dem Möbelhaus nicht, den Umsatz der verbleibenden Artikel zu steigern, erhöht sich der Handlungskostenzuschlag auf 40 %.

	Drehbettsofa	Klappbett
Verkaufsmenge	100	100
Bezugspreis	2 000 €	500 €
Einstandswert des Umsatzes	200 000 €	50 000 €
zusammen		250 000 €
Handlungskosten		100 000 €
→ Handlungskostenzuschlag		40 %

Die Reduzierung des Sortiments führt zu einer Erhöhung des HKZ.

Statt eines Gewinns von 16 500 € wird nun ein Verlust von 1 000 € erzielt.

		Drehbettsofa	Klappbett
	Bezugspreis	2 000 €	500 €
+	HKZ 40 %	800 €	200 €
=	Selbstkostenpreis	2 800 €	700 €
–	Verkaufspreis	2 820 €	670 €
=	Gewinn pro Stück	+ 20 €	– 30 €
	Gewinn insgesamt	+ 2 000 €	– 3 000 €
	Gesamtgewinn:		– 1 000 €

Der Artikel Klappbett erzielt nun einen Verlust und wird ebenfalls aus dem Sortiment genommen.

Ergebnis

Der Verkaufspreis für das Klappbett liegt nun auch unter dem Selbstkostenpreis, so dass dieses einen Verlust von 3 000 € pro Monat erwirtschaftet. Der Verlust aller liegt bei 1 000 €.

Entscheidung

Das Klappbett wird ebenfalls aus dem Sortiment genommen.

Folge

Damit befindet sich nur noch ein Artikel im Sortiment, der die gesamten Handlungskosten tragen muss. Der Verlust erhöht sich auf 18 000 €. Der Möbelmarkt hat sich selbst aus dem Markt geworfen.

		Drehbettsofa
	Verkaufsmenge	100 €
×	Bezugspreis	2 000 €
=	Einstandwert des Umsatzes	200 000 €
+	Handlungskosten	100 000 €
=	Gesamtkosten	300 000 €
–	Verkaufserlöse	282 000 €
=	Gewinn (Verlust)	– 18 000 €

Das Möbelhaus hat nun keinen Artikel mehr, der einen Gewinn erzielt und muss aufgeben.

➡ **Zum Merken**

Die Vollkostenrechnung ermöglicht keine korrekte Aussage über den Beitrag des einzelnen Artikels zum Unternehmenserfolg und führt zu falschen Entscheidungen bei der Preis- und Sortimentspolitik.

IX. Die Deckungsbeitragsrechnung

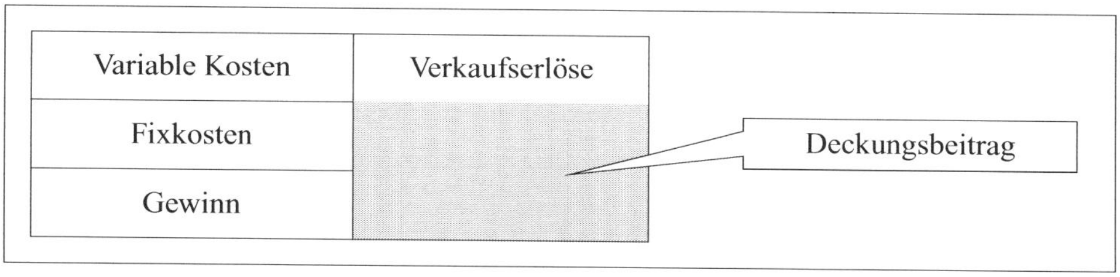

1. Die Aufgabe der Deckungsbeitragsrechnung

Die Deckungsbeitragsrechnung gibt Antwort auf die Fragen:

- Welche Produkte (Sortimentspolitik)
- müssen zu welchem Preis (Preispolitik)
- in welcher Menge (Absatzpolitik)

verkauft werden, um Gewinn zu erzielen.

Da im Gegensatz zur Vollkostenrechnung die Handlungskosten nicht pauschal den Artikeln zugerechnet werden, kann eine aggressivere Preispolitik betrieben werden, als es mit der Vollkostenrechnung sinnvoll erscheint. Die Deckungsbeitragsrechnung ist damit ein unverzichtbares Instrument, um in Zeiten verstärkten Wettbewerbs zu den richtigen Entscheidungen in der Sortiments-, Preis- und Absatzpolitik zu gelangen.

Informationen

Was sind variable Kosten?	Variable Kosten sind die Kosten, die durch den einzelnen Artikel direkt verursacht werden. Sie können diesem direkt zugerechnet werden und fallen nur an, wenn dieser Artikel auch verkauft wird. Sie sind in der Höhe von der Anzahl der verkauften Artikel abhängig.
Was sind Fixkosten?	Fixkosten sind die Kosten, die unabhängig vom Verkaufserfolg des einzelnen Artikels durch die allgemeine Handelstätigkeit des Unternehmens entstehen. Sie sind in der Höhe von der Anzahl der verkauften Artikel unabhängig.
Was ist die Deckungsspanne eines Artikels?	Die Deckungsspanne ist der Teil des Verkaufspreises, der nach Abzug der variablen Kosten, das ist im Handel i. d. R. der Bezugspreis, übrig bleibt. Er trägt dazu bei, die Fixkosten zu decken.

Was ist der Deckungsbeitrag eines Artikels?

Der Deckungsbeitrag eines Artikels gibt an, welchen Beitrag der Artikel insgesamt erzielt hat, um die Fixkosten zu decken. Er errechnet sich aus der Deckungsspanne multipliziert mit der Verkaufsmenge.

2. Fixe und variable Kosten

Das Problem

Die Bäckerei „Neumann" fertigt ausschließlich kleine Brote (Brötchen) zum Stückpreis von 1 €. Im Monat Mai wurden 40 000 Brote gefertigt und verkauft. Die Kosten dafür betrugen 34 000 €, der Gewinn 6 000 €. Die G+V-Rechnung gab darüber die folgenden Informationen:

S G+V-Rechnung Mai H

Material	11 900	Ums.-E.	40 000
Löhne	1 500		
Gehälter	13 600		
Energie	2 400		
Wasser	600		
Abschr.	1 000		
Miete	3 000		
Gewinn	6 000		
	40 000		40 000

Im Monat Juni wird aufgrund der Sommerferien nur mit einem Absatz von 20 000 Stück gerechnet.

Bäckermeister Neumann rechnet überschlagsweise wie folgt:

Halber Umsatz	= 20 000 €
– halbe Kosten	= 17 000 €
halber Gewinn	= 3 000 €

Hat er Recht? Wie hoch werden die Kosten im Juni sein?

Die Lösung

Bäckermeister Neumann irrt hier. Die Annahme, dass die Absatzmenge und die Kosten in einem festen Verhältnis stehen, konstante Preise vorausgesetzt, ist aus der Kalkulation bekannt und Grundlage der Vollkostenrechnung. Diese Annahme ist aber falsch, damit auch die Rechnung des Bäckermeisters und eine Entscheidung aus seiner Rechnung.

Schaut man sich die G+V-Rechnung genauer an, wird deutlich, dass sich die einzelnen Kosten unterschiedlich verändern, wenn statt 40 000 Broten nur noch 20 000 Brote gefertigt werden:

Einige Kosten verändern sich gar nicht. Die Miete beispielsweise beträgt 3 000 € unabhängig davon, wie viel Brote gebacken werden. Diese Kosten heißen fixe Kosten (fix = feststehend).

Die Materialaufwendungen für Mehl, Zucker, Hefe und Fett sind hingegen von der Produktionsmenge abhängig. Werden keine Brote gebacken, wird auch kein Mehl verbraucht. Diese Kosten, die von der Produktionsmenge abhängig sind, heißen variable Kosten.

Andere Kosten, wie z. B. Strom und Gas, haben sowohl einen fixen Anteil (Grundgebühr) als auch einen variablen, verbrauchsbezogenen Anteil.

Damit sind nicht mehr alle Kosten mengenabhängig, wie bei der Vollkostenrechnung, sondern nur ein Teil der Kosten, nämlich die variablen Kosten. Deshalb heißt diese Form der Kostenrechnung auch Teilkostenrechnung.

Um die Kosten für den Monat Juni mit einem Absatz von nur 20 000 Broten zu errechnen, werden die fixen Bestandteile der einzelnen Kosten ermittelt und in die Tabelle eingetragen. Die Differenz ergibt jeweils den variablen Kostenanteil. Teilt man die variablen Kosten durch die Produktionsmenge, erhält man die variablen Kosten pro Stück. Mit diesen Stückkosten lassen sich die Kosten für andere Produktionsmengen errechnen.

Die Kosten werden in fixe und variable aufgeteilt.

Kostenarten	Gesamtkosten	Fixkosten	Variable Kosten
Material Aufw.	11 900	0	11 900
Aushilfslöhne	1 500	0	1 500
Gehälter	13 600	13 600	0
Energie Aufw.	2 400	350	2 050
Wasser	600	50	550
Abschreibungen	1 000	1 000	0
Miet Aufw.	3 000	3 000	0
Zusammen	34 000	18 000	16 000

Ergebnis für den **Monat Mai**
(Herstellmenge: 40 000 Brote):

- Die **Fixkosten** betragen 18 000 €.
- Die **variablen Kosten** betragen 16 000 €.
  Bezogen auf ein Brot betragen die variablen Kosten pro Stück 16 000 : 40 000 = 0,40 €.

Die variablen Kosten pro Stück werden ermittelt.

Für den **Monat Juni**
(Herstellmenge: 20 000 Brote)
lässt sich damit ermitteln:

- Die Fixkosten betragen unverändert 18 000 €.
- Die variablen Kosten betragen
  0,40 € × 20 000 = 8 000 €

Für 20 000 Brote werden die variablen Kosten ermittelt und zu den Fixkosten addiert.

Ergebnis

Die Gesamtkosten werden damit im Juni 26 000 € betragen.

Zum Merken

Gesamtkosten = Fixkosten + variable Kosten

Variable Kosten = variable Kosten × Produktionsmenge

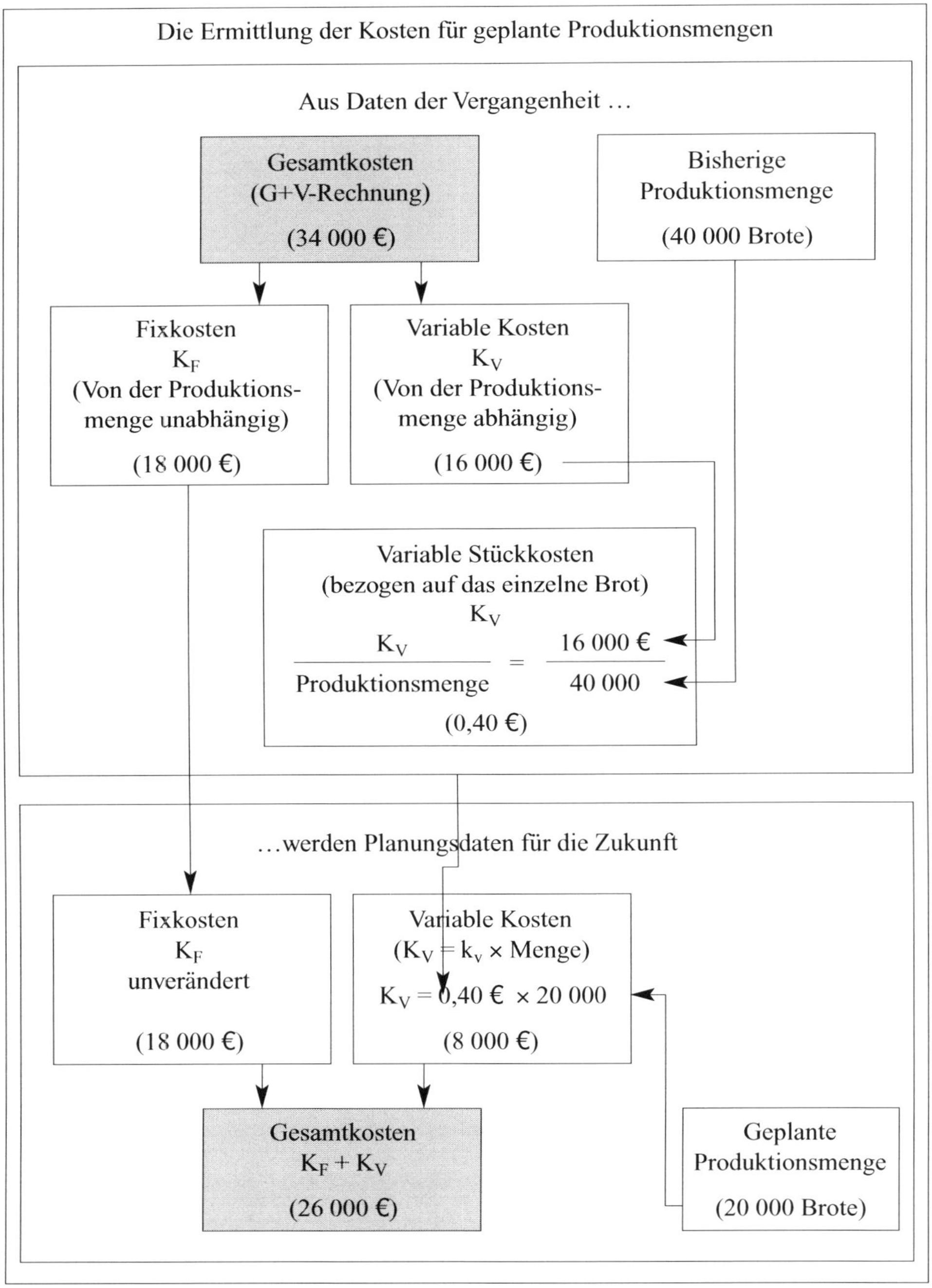
Die Ermittlung der Kosten für geplante Produktionsmengen
Aus Daten der Vergangenheit ...
Gesamtkosten (G+V-Rechnung) (34 000 €)
Bisherige Produktionsmenge (40 000 Brote)
Fixkosten K_F (Von der Produktionsmenge unabhängig) (18 000 €)
Variable Kosten K_V (Von der Produktionsmenge abhängig) (16 000 €)
Variable Stückkosten (bezogen auf das einzelne Brot) k_V
$\frac{K_V}{\text{Produktionsmenge}} = \frac{16\,000\ €}{40\,000}$
(0,40 €)
...werden Planungsdaten für die Zukunft
Fixkosten K_F unverändert (18 000 €)
Variable Kosten ($K_V = k_v \times$ Menge)
$K_V = 0{,}40\ € \times 20\,000$
(8 000 €)
Gesamtkosten $K_F + K_V$ (26 000 €)
Geplante Produktionsmenge (20 000 Brote)

Die unterschiedlichen Kostenverläufe bei der Vollkostenrechnung und der Deckungsbeitragsrechnung

Vollkostenrechnung

Unterscheidung der Kosten in Einzelkosten (Bezugskosten) und Gemeinkosten (Handlungskosten), die in einem festen Verhältnis zueinander stehen (Handlungskostenzuschlag).

Annahme: Die Selbstkosten verändern sich proportional zur Absatzmenge.

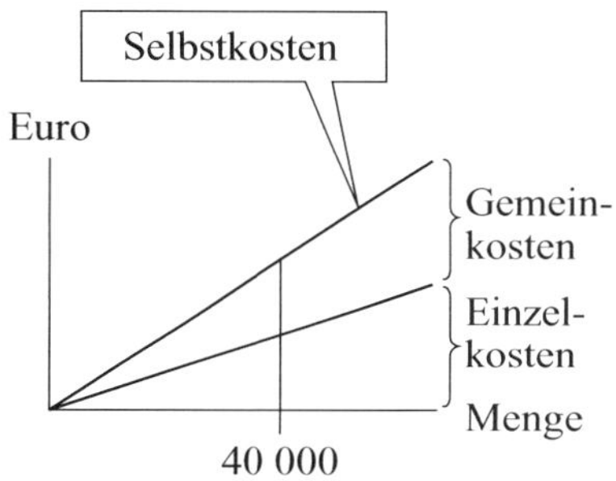

Annahme des Kostenverlaufs bei der Vollkostenrechnung

Deckungsbeitragsrechnung

Unterscheidung der Kosten in variable Kosten (Bezugspreis) und Fixkosten (Handlungskosten). Die Fixkosten fallen unabhängig von der Absatzmenge in immer gleicher Höhe an.

Annahme: Nur die variablen Kosten verändern sich proportional zur Absatzmenge.

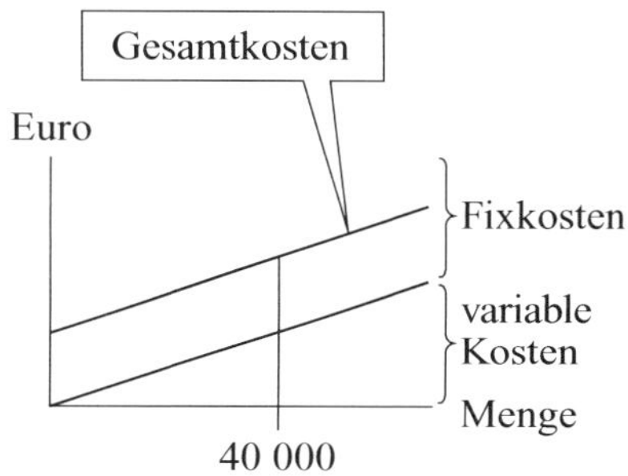

Annahme des Kostenverlaufs bei der Deckungsbeitragsrechnung

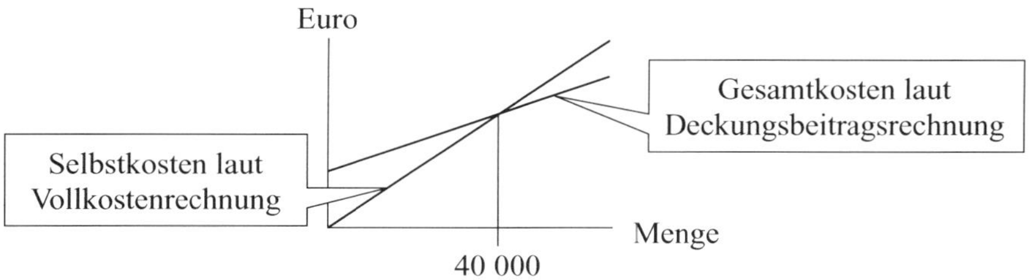

Die unterschiedlichen Kostenverläufe bei der Vollkostenrechnung und bei der Deckungsbeitragsrechnung.

Fehler der Vollkostenrechnung gegenüber der Deckungsbeitragsrechnung

- *bei geringen Absatzmengen:* Die tatsächlichen Kosten sind höher als die kalkulierten Selbstkosten, die bei geringen Absatzmengen noch unterhalb der Fixkosten liegen. Der kalkulierte Preis ist zu niedrig, trotz kalkuliertem Gewinn wird ein Verlust erzielt.
- *bei hohen Absatzmengen:* Die tatsächlichen Kosten sind geringer als die kalkulierten Selbstkosten. Der kalkulierte Preis ist hoch, was zu ungewollten Absatzverlusten im Wettbewerb führen kann.

3. Deckungsspanne und Deckungsbeitrag

Das Problem

Die Bäckerei „Neumann“ produziert ausschließlich Brote, die sie zum Stückpreis von 1 € verkauft.

Die variablen Kosten pro Stück betragen 0,40 €.

Die Fixkosten pro Monat betragen 18 000 €.

Üblicherweise beträgt die Monatsproduktion 40 000 Brote. Im Ferienmonat Juni sinkt der Absatz auf 20 000 Brote.

a) Wie hoch ist der Gewinn bzw. der Verlust bei den unterschiedlichen Absatzmengen?

b) Sollte die Bäckerei im Ferienmonat vorübergehend schließen, wenn sie einen Verlust erwirtschaftet?

Die Lösung

Für die Produktionsmengen 40 000 Brote (Mai), 20 000 (Juni) oder keinem Brot bei der vorübergehenden Schließung werden die Kosten und die Erträge ermittelt.

Die Differenz zwischen den Erträgen und den Kosten ergibt den Gewinn bzw. den Verlust.

Ergebnis

- Bei einer Produktionsmenge von 40 000 Broten erwirtschaftet die Bäckerei einen Gewinn von 6 000 €.
- Bei einer Produktionsmenge von 20 000 Broten erwirtschaftet die Bäckerei einen Verlust von 6 000 €.
- Stellt der Betrieb vorübergehend seine Produktion ein, steigt der Verlust auf 18 000 €.

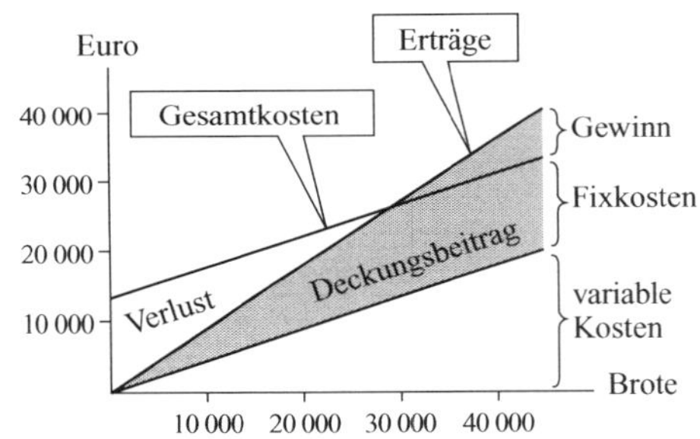

Produktions-menge (Brote)	Erträge 1,00 € × Menge	variable Kosten 0,40 € × Menge	Deckungs-beitrag 0,60 € × Menge	Fixkosten (unverändert)	Gewinn/ Verlust
40 000	40 000 €	16 000 €	24 000 €	18 000 €	6 000 €
20 000	20 000 €	8 000 €	12 000 €	18 000 €	– 6 000 €
0	0 €	0 €	0 €	18 000 €	– 18 000 €

Es wird deutlich, dass die Bäckerei im Ferienmonat Juni nicht vorübergehend schließen sollte, da die Fixkosten auch dann anfallen, wenn nicht produziert wird.

Deckungsspanne =

1,00 € – 0,40 € = 0,60 €

Wird die Bäckerei im Ferienmonat geschlossen, entsteht ein Verlust in Höhe von 18 000 €. Dieser verringert sich durch jedes Brot, das gebacken wird: Von jedem € Verkaufserlös für das Brot bleiben nach dem Abzug der variablen (produktionsbedingten) Kosten von 0,40 € noch weitere 0,60 € übrig. Das ist die **Deckungsspanne**. Sie trägt dazu bei, die Fixkosten zu decken.

Deckungsbeitrag =

0,60 € × 20 000 = 12 000 €

Bei einer Produktionsmenge von 20 000 Broten sind das bereits 20 000 × 0,60 = 12 000 €. Dieser Betrag ist der **Deckungsbeitrag**. Dieser, und nicht der Gewinn, ist die Entscheidungsgröße darüber, ob die Bäckerei vorübergehend schließen sollte. Solange noch ein positiver Deckungsbeitrag erzielt wird, ist es sinnvoll, die Produktion fortzusetzen, denn es ist besser, einen Verlust von 6 000 € bei einer Produktion von nur 20 000 Broten hinzunehmen, als einen Verlust von 18 000 € bei Schließung der Bäckerei.

➡ Zum Merken

Deckungsspanne = Verkaufspreis – variable Stückkosten

Deckungsbeitrag = Deckungsspanne × Produktionsmenge

Solange ein positiver Deckungsbeitrag erzielt wird, ist es sinnvoll, die Produktion aufrecht zu erhalten – kurzfristig selbst dann, wenn ein Verlust erzielt wird.

Aufgaben

Füllen Sie die fehlenden Felder aus:

Menge	Fixkosten	Variable Kosten	Erlöse	Deckungsbeitrag	Gewinn
0					
10 000	20 000	20 000			
20 000			60 000		
30 000					

4. Die Gewinnschwelle (Break-even-point)

Das Problem

Die Bäckerei „Neumann" erwartet einen vorübergehenden Absatzrückgang im Ferienmonat Juni von 40 000 Broten auf 20 000 Brote.

Der Verkaufspreis pro Brot beträgt 1 €, die variablen Kosten pro Stück betragen 0,40 €. Daraus ergibt sich eine positive Deckungsspanne von 0,60 € pro Stück.

Es ist sinnvoll, trotz eines Verlustes den Betrieb nicht vorübergehend zu schließen. Sollte allerdings der Absatzrückgang bestehen bleiben, kann der Betrieb langfristig trotz eines positiven Deckungsbeitrages nicht aufrecht erhalten werden, wenn nicht ein Gewinn erwirtschaftet wird.

Bäckermeister Neumann möchte daher wissen, wie viele Brote im Monat mindestens produziert und verkauft werden müssen, damit ein Gewinn erzielt wird und die Existenz der Bäckerei langfristig gesichert ist.

Die Lösung

Die Bäckerei weiß, dass von jedem €, der durch den Verkauf eines Brotes erzielt wird, nach Abzug der variablen Stückkosten von 0,40 € noch 0,60 € zur Deckung der Fixkosten verbleiben. Dieser Beitrag ist die Deckungsspanne.

Je mehr Brote verkauft werden können, desto größer ist der Betrag, der zur Abdeckung der Fixkosten verbleibt (Deckungsbeitrag), bis schließlich eine Menge erreicht ist, bei der die gesamten Fixkosten gedeckt sind und kein Verlust mehr erwirtschaftet wird. Diese Menge ist die **Gewinnschwelle (Break-even-point)**. Steigt der Absatz über diese Menge, erzielt die Bäckerei einen Gewinn.

Menge	Deckungsbeitrag (0,60 × Menge)	Fixkosten	Gewinn/ Verlust
0	0	18 000	– 18 000
10 000	6 000	18 000	– 12 000
20 000	12 000	18 000	– 6 000
30 000	18 000	18 000	0
40 000	24 000	18 000	+ 6 000

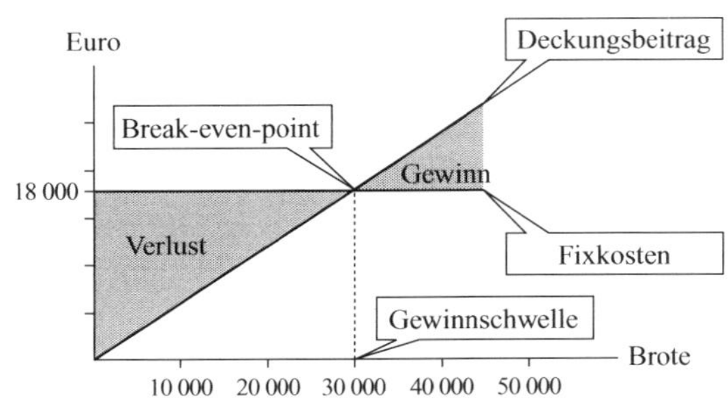

Ergebnis

Die Gewinnschwelle liegt bei einer Menge von 30 000 Broten.

Deckungsspanne: 0,60 €

Fixkosten: 18 000 €

Pro verkauftem Brot wurden die Fixkosten von 18 000 € um 0,60 € abgedeckt, bis schließlich der Deckungsbeitrag aller verkauften Brote genauso groß war wie die Fixkosten. Diese Menge ist in der Grafik dort zu finden, wo die Fixkosten und der Deckungsbeitrag sich schneiden.

Für die Gewinnschwelle gilt also

(1) Deckungsbeitrag = Fixkosten

oder

(2) Deckungsspanne × Menge = Fixkosten

Für die Gewinnschwelle kann nun die entsprechende Menge ermittelt werden:

$$(3)\ \text{Menge} = \frac{\text{Fixkosten}}{\text{Deckungsspanne}}$$

Gewinnschwelle =

$$\frac{18\,000}{0{,}60} = 30\,000$$

Weil ein Überschreiten dieser Menge für den Betrieb einen Gewinn bedeutet, eine Unterschreitung der Menge hingegen für den Betrieb einen Verlust, nennt man diese Menge die Gewinnschwelle (Break-eben-point). Jenseits dieser Schwelle liegt die Gewinn bzw. die Verlustzone.

Zum Merken

Die Gewinnschwelle gibt die Menge an, ab der ein Gewinn erzielt wird. Kurzfristig ist ein Verlust zu akzeptieren, wenn der Deckungsbeitrag positiv ist, langfristig allerdings muss neben einem positiven Deckungsbeitrag auch eine Überschreitung der Gewinnschwelle gewährleistet sein.

Aufgaben

1. Welche Entscheidung ist jeweils zu treffen?

   a) Betrieb in jedem Fall schließen
   b) Betrieb kurzfristig nicht schließen
   c) Betrieb auch langfristig nicht schließen

	Fall 1	Fall 2	Fall 3
Preis	5 €	2 €	3 €
variable Kosten	3 €	3 €	2 €
Fixkosten	100 000 €	50 000 €	30 000 €
Menge	30 000 Stück	40 000 Stück	50 000 Stück

2. Ein Taxenunternehmen möchte sich vergrößern und eine weitere Taxe erwerben. Es stehen 2 verschiedene Taxen zur Auswahl: Ein neuer Audi oder ein gebrauchter BMW.

   Das Taxenunternehmen rechnet mit einer unterschiedlichen monatlichen Belastung bei den beiden Taxen:

monatliche Belastung	Audi	BMW
Kauf-Rate	700 €	190 €
Taxameter	50 €	10 €
Funkgerät	100 €	50 €
Versicherung	200 €	200 €
Steuern	30 €	30 €
Beitrag zur Taxen-Funk-Gesellschaft	120 €	120 €

   Das Taxenunternehmen berechnet dem Fahrgast durchschnittlich 1,30 € pro gefahrenen Kilometer, der Fahrer wird ausschließlich auf Provisionsbasis entlohnt und erhält 0,60 € pro Fahrgastkilometer. An Betriebskosten wie Treibstoff und Öl rechnet das Taxenunternehmen bei dem Audi mit 0,15 € pro Fahrgastkilometer, bei dem älteren BMW mit 0,30 € pro Fahrgastkilometer. Für Wartungszwecke und Reparaturen müssen beim Audi pro Fahrgastkilometer 0,05 € zurückgestellt werden, beim BMW sind es hingegen 0,10 €.

   a) Ermitteln Sie die variablen Kosten je Fahrgastkilometer und die Fixkosten für die alternativen Fahrzeuge!
   b) Ermitteln Sie die Deckungsspanne bezogen auf den Fahrgastkilometer für den Audi und BMW!
   c) Ermitteln Sie, wie viel Fahrgastkilometer der Audi pro Monat zurücklegen muss, um einen Gewinn einzufahren, und wie viele Fahrgastkilometer dies beim BMW sind!

   Stellen Sie dieses graphisch in einem Koordinatensystem dar:

   d) Das Taxiunternehmen rechnet mit einer durchschnittlichen Auslastung von 2 500 Fahrgastkilometern. Für welches Taxi sollte es sich entscheiden? (Begründung)
   e) Das Taxiunternehmen rechnet mit einer durchschnittlichen Auslastung von 5 000 Fahrgastkilometern. Für welches Taxi sollte es sich entscheiden? (Begründung)
   f) Errechnen Sie die „kritische Menge“, die Fahrgastkilometerzahl, bei der beide Taxen einen gleich hohen Gewinn einfahren, und erklären Sie die Bedeutung dieser Kilometerzahl für die Entscheidung, den Audi oder den BMW zu nehmen!
   g) Stellen Sie in Ihrer Graphik dar, in welchen Bereichen jeweils der Audi und der BMW kostengünstiger sind!

5. Auswirkungen von Kostenänderungen auf den Break-even-point

5.1 Auswirkungen von Kostenänderungen auf den Break-even-point bei einer Erhöhung der Fixkosten

Das Problem

Die Bäckerei „Neumann“ erwartet eine Erhöhung der Fixkosten um monatlich 3 000 €. Der Bäcker möchte wissen, ob bei einem durchschnittlichen Absatz von 40 000 Broten noch ein Gewinn erzielt werden kann.

Die betrieblichen Daten:

Fixkosten	bisher:	18 000 €
	neu:	21 000 €
Variable Stückkosten:		0,40 €
Verkaufspreis pro Brot:		1,00 €

Die Lösung

Die Deckungsspanne beträgt 1,00 € – 0,40 € = 0,60 €

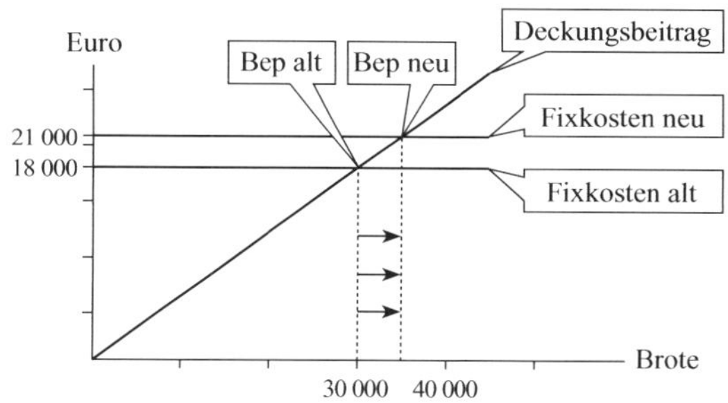

$$\text{Bep} = \frac{\text{Fixkosten}}{\text{Deckungsspanne}} = \frac{21\,000}{0{,}60} = 35\,000 \text{ Stück}$$

Ergebnis

Die Gewinnschwelle liegt nun bei 35 000 Broten. Das ist der Break-even-point (Bep).

Zum Merken

Erhöhen sich die Fixkosten, erhöht sich auch die Menge, ab der ein Gewinn erzielt wird. Die Gewinnschwelle verlagert sich nach rechts.

5.2 Auswirkungen von Kostenveränderungen auf den Break-even-point bei einer Erhöhung der variablen Stückkosten

Das Problem

Zusätzlich erwartet die Bäckerei „Neumann“ auch eine Erhöhung der variablen Stückkosten um 0,10 €.

Bäckermeister Neumann möchte wissen, ob auch dann bei einem durchschnittlichen Absatz von 40 000 Broten noch ein Gewinn erzielt werden kann.

Die betrieblichen Daten:

Fixkosten	21 000 €
Variable Stückkosten:	
bisher:	0,40 €
neu:	0,50 €
Verkaufspreis pro Brot:	1,00 €

Die Lösung

Die Deckungsspanne beträgt nun 1,00 € – 0,50 € = 0,50 €

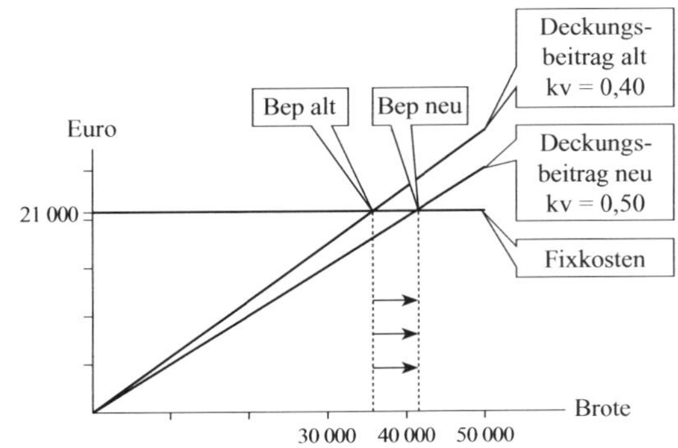

$$Bep = \frac{\text{Fixkosten}}{\text{Deckungsspanne}} = \frac{21\,000}{0{,}50} = 42\,000 \text{ Stück}$$

Ergebnis

Die Gewinnschwelle liegt nun bei 42 000 Broten, oberhalb der durchschnittlichen Absatzmenge.

Das ist der neue Break-even-point.

Die Bäckerei wird keinen Gewinn mehr erzielen.

➡ Zum Merken

Erhöhen sich die variablen Stückkosten, verringert sich die Deckungsspanne. Die Gewinnschwelle verlagert sich nach rechts, die notwendige Menge, um Gewinn zu erzielen, steigt.

6. Auswirkungen von Preisveränderungen auf den Break-even-point

Das Problem

Die Kosten der Bäckerei „Neumann“ haben sich erhöht. Das bringt sie aus der Gewinnzone, wenn der augenblickliche Preis von 1,00 € pro Brot beibehalten wird.

Die Bäckerei muss daher den Preis für ein Brot erhöhen. Der neue Preis soll so hoch sein, dass bei den betrieblichen Kosten von

Fixkosten = 21 000 €
Variable Kosten pro Brot = 0,50 €

wie bisher ab einer Absatzmenge von 30 000 Broten Gewinn erzielt wird.

Die Lösung

Die Gewinnschwelle errechnet sich nach der Formel

$$(1)\quad \text{Bep} = \frac{\text{Fixkosten}}{\text{Deckungsspanne}}$$

Die Bäckerei kann nun errechnen, wie groß der Deckungsbeitrag ist, wenn die Gewinnschwelle (Bep) 30 000 Stück beträgt.

Durch Umformen der Formel (1) erhält man

$$(2)\quad \text{Bep} \times \text{Deckungsspanne} = \text{Fixkosten}$$

$$(3)\quad \text{Deckungsspanne} = \frac{\text{Fixkosten}}{\text{Bep}}$$

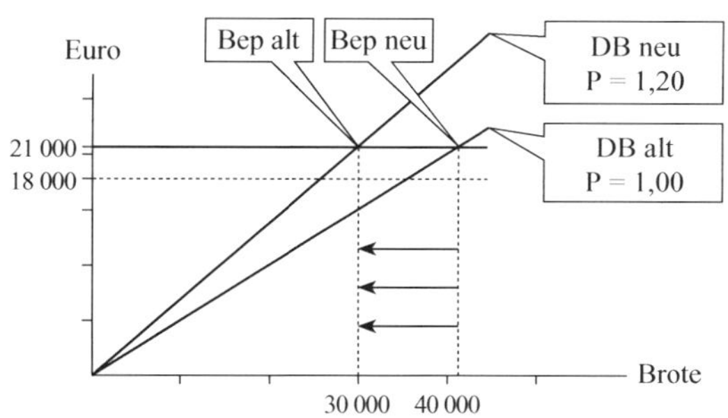

Ergebnis

Die Bäckerei kann nun aus (3) errechnen, dass die Fixkosten von 21 000 € bei einer Absatzmenge von 30 000 Broten gedeckt sind, wenn die Deckungsspanne 0,70 € beträgt:

21 000 : 3 000 = 0,70

Daraus lässt sich nun der neue Verkaufspreis aus (1) in Höhe von 1,20 € ermitteln

Variable Kosten	0,50 €
+ Deckungsspanne	+ 0,70 €
= Verkaufspreis	= 1,20 €

➡ Zum Merken

Preiserhöhungen führen zu einer niedrigeren Gewinnschwelle.

Aufgaben

1. Ein Hersteller fertigt Kühlschränke. An variablen Kosten fallen pro Stück 280 € an. Der Verkaufspreis beträgt 420 €.

   a) Wie viele Kühlschränke müssen mindestens pro Monat abgesetzt werden, wenn bei monatlichen Fixkosten in Höhe von 120 000 € ein Gewinn erzielt werden soll?

   b) Der Absatz beträgt 800 Stück pro Monat. Wie hoch dürfen die Fixkosten höchstens sein, um noch einen Gewinn zu erzielen?

2. In einem Unternehmen betragen

   – die Fixkosten 250 000 €,
   – die variablen Stückkosten 8,50 €.
   – Der Absatz beträgt 50 000 Stück.
   – Wie hoch muss der Verkaufspreis sein, um keinen Verlust zu erzielen?

3. Die Deckungsspanne eines Produktes beträgt 2,50 €, die variablen Stückkosten 5,50 €.

   a) Wie hoch ist der Verkaufspreis?

   b) Der Absatz beträgt 3 000 Stück. Wie hoch ist der Gewinn, wenn die Fixkosten 20 000 € betragen?

4. Ein Unternehmen stellt nur ein Produkt her. Es wird ein Gewinn von 100 000 € erzielt. Die Fixkosten betragen 150 000 €, die variablen Kosten betragen insgesamt 160 000 €.

   – Die Deckungsspanne des Produktes beträgt 2,50 €.
   – Wie hoch ist der Absatz?

5. Ein Gaswerk bietet seinen Kunden 2 Tarife an:

   Tarif 1: Jährliche Grundgebühr: 150 €, Preis pro m^3: 0,60 €
   Tarif 2: Jährliche Grundgebühr: 350 €, Preis pro m^3: 0,40 €

   a) Ermitteln Sie die „kritische Menge", bei der beide Tarife zu gleichen Belastungen für den Kunden führen!

   b) Der Kunde A hat einen monatlichen Verbrauch von durchschnittlich 120 m^3, der Kunde B verbrauchte pro Jahr 850 m^3.
   Welcher Tarif sollte bei den Kunden jeweils Anwendung finden?

   c) Stellen Sie den Sachverhalt graphisch dar!

6. Der Deckungsbeitrag beträgt 165 000 €, die Umsatzerlöse betragen 415 000 €, der Absatz beträgt 200 000 Stück.

   Wie viel € betragen die variablen Kosten pro Stück?

7. Die Planung des optimalen Produktionsprogrammes

Das Problem

Die Bäckerei „Neumann“ erweitert ihr Produktionsprogramm, um damit ihren Absatz zu erhöhen. Statt wie bisher nur Weizenbrote zu fertigen, werden nun 3 weitere Brotarten mit unterschiedlichen Deckungsspannen angeboten:

Artikel	Deckungsspanne	Absatz pro Monat
Weizenbrot	0,60	25 000
Roggenbrot	0,80	10 000
Rosinenbrot	0,40	15 000
Baguettebrot	0,50	10 000

Es lassen sich aber nicht alle 60 000 Brote im Monat herstellen, die verkauft werden könnten. Die maximale Produktionsmenge (Kapazitätsgrenze) wird auf 45 000 Stück geschätzt.

Welche Brote sollen in welchen Mengen hergestellt werden?

Wie hoch ist der Gewinn, wenn monatliche Fixkosten in Höhe von 18 000 € anfallen?

Die Lösung

Die Artikel werden entsprechend der Deckungsspanne geordnet. Der Artikel mit der höchsten Deckungsspanne wird zuerst produziert, weil er am meisten zur Deckung der Fixkosten beiträgt. Der Artikel mit der geringsten Deckungsspanne entsprechend zuletzt. Diese Rangfolge ergibt das Produktionsprogramm mit dem höchsten Gesamt-Deckungsbeitrag.

Rangfolge	Artikel	Deckungsspanne	Produktionsmenge in €	Deckungsbeitrag in €
1	Roggenbrot	0,80	10 000	8 000
2	Weizenbrot	0,60	25 000	15 000
3	Baguettebrot	0,50	10 000	5 000
4	Rosinenbrot	0,40	0	0
Zusammen:			45 000	28 000
Monatliche Fixkosten:				18 000
Gewinn:				10 000

Die Produktionsmenge multipliziert mit der jeweiligen Deckungsspanne ergibt den Deckungsbeitrag des einzelnen Artikels. Die Summe der Deckungsbeiträge aller Artikel ergibt 28 000 €. Nach Abzug der Fixkosten in Höhe von 18 000 € erhält man den Gewinn der Bäckerei in Höhe von 10 000 €.

Ergebnis

Es lohnt sich nicht, Rosinenbrot herzustellen, da die Produktionskapazität bei der Herstellung der anderen Brote, die eine höhere Deckungsspanne besitzen, bereits voll ausgeschöpft ist.

➡ Zum Merken

Das optimale Produktionsprogramm wird anhand der Deckungsspanne bestimmt. Das Erzeugnis mit der höchsten Deckungsspanne wird zuerst produziert, dann absteigend die nachfolgenden, bis die Kapazitätsgrenze erreicht ist.

8. Die Planung des optimalen Produktionsprogrammes bei einem Engpass (relative Deckungsspanne)

Das Problem

Die Bäckerei Neumann hat die Ursache der Kapazitätsgrenze festgestellt. Die Kapazität des Backofens ist begrenzt. Pro Monat stehen nur 1 000 000 Backminuten bezogen auf 1 Brot zur Verfügung. Der Backofen stellt somit für die Fertigstellung einen Engpass dar.

Weiterhin wurde festgestellt, dass die Brote trotz gleicher Größe bei verschiedenen Zutaten unterschiedliche Backzeiten haben.

Artikel	Backzeit in Minuten	Deckungsspanne	Absatz pro Monat
Weizenbrot	20	0,60	25 000
Roggenbrot	25	0,80	10 000
Rosinenbrot	8	0,40	15 000
Baguettebrot	25	0,50	10 000

Welche Brote sollen in welchen Mengen nun hergestellt werden?

Wie hoch ist der Gewinn, wenn monatliche Fixkosten in Höhe von 18 000 € anfallen?

Die Lösung

Die Kapazität des Ofens ist begrenzt. Daher werden die Brote vorrangig gebacken, die den höchsten Ertrag bringen. Den Ertrag allerdings nur am Deckungsbeitrag messen zu wollen, wäre in diesem Fall nicht richtig, da die verschiedenen Brotsorten unterschiedliche Backzeiten haben.

Um die Ertragswirksamkeit der verschiedenen Brotsorten vergleichbar zu machen, wird die Deckungsspanne der einzelnen Brote mit der Backzeit in ein Verhältnis gesetzt. Daraus ergibt sich die relative Deckungsspanne, bezogen auf eine Minute Backzeit.

$$\text{relative Deckungsspanne} = \frac{\text{Deckungsspanne}}{\text{benötigte Fertigungszeit in Minuten}}$$

Die Artikel werden entsprechend der relativen Deckungsspanne geordnet. Der Artikel mit der höchsten relativen Deckungsspanne (Rosinenbrot) wird zuerst produziert, weil er pro Minute am meisten dazu beiträgt, die Fixkosten zu decken. Der Artikel mit der geringsten relativen Deckungsspanne (Baguettebrot) wird entsprechend zuletzt produziert. Dafür stehen nur noch 130 000 Backminuten zur Verfügung. Das entspricht bei einer Backzeit von 25 Minuten pro Brot einer Produktionsmenge von 5 200 Broten.

Die Produktionsmenge multipliziert mit der jeweiligen Deckungsspanne ergibt den Deckungsbeitrag des einzelnen Artikels. Die Summe der Deckungsbeiträge aller Artikel ergibt 31 600 €. Nach Abzug der Fixkosten in Höhe von 18 000 € erhält man den Gewinn der Bäckerei in Höhe von 13 600 €.

Rangfolge	Artikel	benötigte Deckungsspanne in €	(relative) Backzeit (Min.)	Deckungsspanne pro Min.	Benötigte Produktionsmenge	Gesamtbackzeit (Minuten)	Deckungsbeitrag in €
1	Rosinenbrot	0,40	8	0,050	15 000	120 000	6 000
2	Roggenbrot	0,80	25	0,032	10 000	250 000	8 000
3	Weizenbrot	0,60	20	0,030	25 000	500 000	15 000
4	Baguettebrot	0,05	25	0,020	5 200	130 000	2 600
Zusammen:					55 200	1 000 000	31 600
monatliche Fixkosten:							18 000
Gewinn:							13 600

Ergebnis

Dadurch, dass statt der Deckungsspanne nun die relative Deckungsspanne als Grundlage für die Produktionsplanung herangezogen wird, hat sich der Gewinn von 10 000 € auf 13 000 € verbessert und die Zahl der gebackenen Brote von 45 000 Stück auf 55 200 Stück erhöht.

Zum Merken

Bei unterschiedlichen Fertigungszeiten der einzelnen Erzeugnisse und einer nicht ausreichenden Fertigungskapazität bestimmt der relative Deckungsbeitrag das optimale Produktionsprogramm.

Aufgabe

Gesucht ist das optimale Produktionsprogramm und der Gewinn für die Bäckerei, wenn mit folgenden Daten zu rechnen ist: Kapazitätsgrenze 1 200 000 Backminuten, Fixkosten: 20 000 €

Artikel	Variable Stückkosten	Verkaufspreis	Backzeit	mögliche Absatzmenge
Weizenbrot	0,85 €	1,20 €	15 Minuten	13 000 Stück
Roggenbrot	0,95 €	1,50 €	20 Minuten	18 000 Stück
Sauerteigbrot	1,30 €	2,00 €	25 Minuten	14 000 Stück
Schwarzbrot	1,15 €	1,80 €	30 Minuten	17 000 Stück

Informationen

Wie können Kosten aus der G+V-Rechnung in variable und fixe aufgeteilt werden?	Variable Kosten sind im Handelsbetrieb die Wareneinstandswerte des Umsatzes. Hinzuzählen kann man noch anteilige Kapitalbindungskosten sowie spezielle Lager- und Vertriebskosten. Fixkosten sind die verbleibenden Kosten, die in der Vollkostenrechnung als Handlungskosten im HKZ berücksichtigt werden. Haben Kosten sowohl einen variablen als auch einen festen Anteil, müssen diese aufgeteilt werden. Grundlage der Entscheidung ist es, ob die Kosten in der Verursachung dem einzelnen Artikel direkt zurechenbar sind oder nicht.
Wie hoch sind die variablen Kosten bei einem Umsatz von 0 € aufgrund von Betriebsferien?	Ebenfalls 0 €, Artikel, die nicht produziert worden sind, können auch nicht verkauft werden und auch keine variablen Kosten verursachen.
Wie verändern sich die Fixkosten, wenn der Umsatz sich halbiert?	Gar nicht. Die Fixkosten fallen immer in gleicher Höhe an, unabhängig vom Verkaufserfolg.
Was ist der Break-even-point (Bep)?	Bei einer Ein-Produkt-Betrachtung gibt der Bep die Menge an, bei der der Deckungsbeitrag groß genug ist, die Fixkosten vollständig zu decken. Ab dieser Menge erzielt der Betrieb dann einen Gewinn (Gewinnschwelle).
Welche Auswirkungen hat ein Ansteigen der Fixkosten auf den Bep?	Der Bep steigt, da entsprechend mehr Artikel verkauft werden müssen, um die Fixkosten zu decken.
Welche Auswirkungen hat ein Sinken der variablen Kosten auf den Bep?	Der Bep sinkt, da pro Artikel eine höhere Deckungsspanne erzielt wird, die dazu beiträgt, die Fixkosten zu decken.
Welche Auswirkungen hat eine Preissenkung auf den Bep?	Der Bep steigt, da pro Artikel eine geringere Deckungsspanne erzielt wird.
Wann ist die Deckungsbeitragsrechnung der Vollkostenrechnung überlegen?	Die Deckungsbeitragsrechnung ist in Zeiten des aggressiven Wettbewerbs mit Preiskämpfen der Vollkostenrechnung überlegen, da sie Preissenkungen solange verantworten kann, solange die variablen Kosten gedeckt sind. Die Vollkostenrechnung würde bereits einen Artikel aus dem Sortiment nehmen, wenn der Selbstkostenpreis unterschritten wird, da dann die anteiligen Fixkosten nicht gedeckt sind. Bei der Deckungsbeitragsrechnung bleiben die Fixkosten bei der Entscheidungsfindung unberücksichtigt.

9. Die kurzfristige Preisuntergrenze

Das Problem

Der Elektro-Markt will eine aggressive Preispolitik bei ausgewählten werbewirksamen Artikeln betreiben. Er möchte einen tragbaren CD-Player, der normalerweise einen Barverkaufspreis von 378,– € hat, neu in sein Sortiment aufnehmen und diesen so preiswert wie möglich anbieten.

Der Barverkaufspreis wird wie folgt kalkuliert:

Bezugspreis + 40 % HKZ	225,00 € 90,00 €
Selbstkostenpreis + 20 % Gewinnzuschlag	315,00 € 63,00 €
Barverkaufspreis	378,00 €

Die Lösung

Nach der Vollkostenrechnung könnte der Elektro-Markt den CD-Player günstigstenfalls zum Selbstkostenpreis von 315 € anbieten. Sonst, so die Theorie der Vollkostenrechnung, würden die anteiligen Handlungskosten nicht gedeckt werden und der Artikel würde einen Verlust erwirtschaften.

Die Deckungsbeitragsrechnung kennt keine anteiligen Handlungskosten. Die Handlungskosten sind Fixkosten, der Bezugspreis stellt die variablen Kosten dar, die nur dann anfallen, wenn der Artikel verkauft wird. Solange ein Artikel einen positiven Deckungsbeitrag erzielt, ist sein Verbleiben im Sortiment gerechtfertigt, da er dazu beiträgt, die Fixkosten zu decken. Der Preis des CD-Players kann bis maximal auf den Bezugspreis von 225 € gesenkt werden, ohne dass dem Elektromarkt durch den preisgünstigen Artikel ein Verlust entsteht. Allerdings trägt er dann auch nicht zum Gewinn bei. Diese Preisuntergrenze ist auf Dauer nur sinnvoll, wenn dadurch die anderen Artikel des Elektro-Marktes einen entsprechend höheren Deckungsbeitrag erzielen. Die Deckungsbeitragsrechnung ermöglicht somit eine **aggressivere Preispolitik** als die Vollkostenrechnung.

Bei einem Verkauf unter dem Bezugspreis, z. B. zu 190 €, würde der Elektro-Markt pro CD-Player einen Verlust von z. B. 35 € erzielen. Wird der Preis unterhalb des Bezugspreises festgelegt, handelt es sich um einen **ruinösen Wettbewerb**, da der Verlust dieses Artikels mit dem Verkaufserfolg steigt. Ein ruinöser Wettbewerb ist nur dann zu überstehen, wenn die Verluste dieses Preiskampfes durch Gewinne anderer Artikel ausgeglichen werden können.

➡ Zum Merken

Die kurzfristige Preisuntergrenze eines Produktes ist die, bei der seine variablen Kosten gedeckt sind. Im Handel entspricht dies i. d. R. dem Bezugspreis. Die langfristige Preisuntergrenze ist der Preis, bei dem das Unternehmen die Gewinnschwelle erreicht.

Die Preiszonen der Deckungsbeitragsrechnung im Vergleich zur Vollkostenrechnung

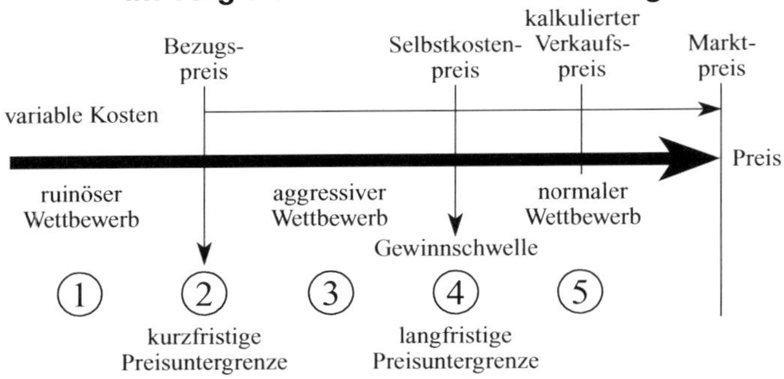

①	Verkaufspreis < variable Kosten (Bezugspreis) negativer Deckungsbeitrag	negative Deckungsspanne Der Verlust wächst bei steigendem Absatz ruinöser Wettbewerb
②	Verkaufspreis = variable Kosten (Bezugspreis) Deckungsbeitrag = 0	Deckungsspanne = 0 Verlust bleibt bei steigendem Absatz unverändert kurzfristige Preisuntergrenze
③	Verkaufspreis > variable Kosten (Bezugspreis) Deckungsbeitrag < Fixkosten	positive Deckungsspanne Verlust wird bei steigendem Absatz verringert aggressiver Wettbewerb
④	Verkaufspreis > variable Kosten (Bezugspreis) Deckungsbeitrag = Fixkosten	positive Deckungsspanne Gewinnschwelle langfristige Preisuntergrenze
⑤	Verkaufspreis > variable Kosten (Bezugspreis) Deckungsbeitrag > Fixkosten	positive Deckungsspanne Der Gewinn wächst bei steigendem Absatz Gewinnzone

⑤ Im normalen Wettbewerb wird ein Gewinn erzielt.

④ In der Vollkostenrechnung ist die Preisuntergrenze der Selbstkostenpreis. Sinkt der Marktpreis unterhalb des Selbstkostenpreises, wird ein Verlust erzielt und der Artikel nicht weiter angeboten.

③ Die Deckungsbeitragsrechnung gibt den sachlichen Hintergrund dafür, im aggressiven Wettbewerb nicht aus dem Markt auszuscheiden: Solange noch ein positiver Deckungsbeitrag erzielt wird, werden die fixen Kosten zumindest teilweise abgedeckt.

② Damit kann kurzfristig der Preis bis auf die Höhe der variablen Kosten (im Handel ist das i. d. R. der Bezugspreis) gesenkt werden, ohne dass dem Betrieb kurzfristig ein größerer Schaden als beim Ausscheiden aus dem Markt entsteht.

① Wenn aber der Marktpreis unter die Höhe der variablen Kosten fällt, vergrößert sich mit steigenden Verkaufszahlen der Verlust. Ein solcher Preiskampf führt langfristig zum Ruin des Unternehmens, sofern die Verluste nicht anderweitig ausgeglichen werden können.

10. Die kurzfristige Erfolgsrechnung (KER)

Das Problem

Der Elektro-Markt möchte den Erfolg der Werbemaßnahme feststellen, einen CD-Player als „Lockvogel" zusätzlich zum Bezugspreis anzubieten.

Die Kosten der begleitenden Anzeigen betragen 40 000 €.

Der Elektro-Markt rechnet mit steigenden Verkaufszahlen der anderen Artikel durch neue Kunden, die, durch das Sonderangebot angelockt, auch weitere Artikel kaufen. Für das hochpreisige Radio mit integriertem CD allerdings wird ein Absatzrückgang erwartet.

Die Lösung

Es wird untersucht, wie sich die erwarteten Absatzänderungen auf den Deckungsbeitrag auswirken:

Die Deckungsspanne jedes einzelnen Artikels wird mit der erwarteten Absatzänderung aufgrund der Werbemaßnahme multipliziert. Das ergibt den werbeaktionsabhängigen Deckungsbeitrag des einzelnen Artikels.

Für das Radio mit integriertem CD-Player, das in direktem Wettbewerb mit dem Sonderangebot CD-Player steht, ergibt sich eine negative Deckungsbeitragsänderung, für die anderen Artikel eine positive.

Alle Deckungsbeitragsänderungen zusammen müssen die Kosten tragen, die durch die Werbemaßnahme entstehen. Der verbleibende Restbetrag ist der kurzfristige Erfolg der Werbemaßnahme.

Die Auswirkungen der Werbemaßnahme auf die einzelnen Artikel bezogen auf den Werbemonat ergeben sich wie folgt:

Artikelname	Bezugspreis (variable Kosten)	Verkaufs-preis	Deckungs-spanne	erwartete zusätzliche Absatz-menge	erwarteter zusätzlicher Deckungs-beitrag
TV-Standgerät	550	600	50	10	500
Tragbarer TV	280	400	120	25	3 000
CD-Player	225	225	0	300	0
Walkman	40	58	18	50	900
Discman	90	120	30	200	6 000
Auto-Radio	130	280	150	30	4 500
CD-Radio	300	420	120	– 50	– 6 000
Lautsprecher-Satz	70	80	10	50	500
Verstärker	120	250	130	100	13 000

Gesamter erwarteter Deckungsbeitrag	22 400
Fixkosten der Werbeaktion	40 000
Verlust durch die Werbeaktion	17 600

Ergebnis

Die Werbeaktion führt kurzfristig für die Dauer des Werbemonats nicht zu einer Verbesserung der Gewinnsituation, da die Mehrerlöse nicht die Kosten der Werbeaktion decken. Es wird ein Verlust erzielt und deshalb ist die Werbeaktion abzulehnen. Ob diese Werbeaktion allerdings erst längerfristig zu einem Erfolg führt, ist dieser kurzfristigen Erfolgsrechnung nicht zu entnehmen.

Aufgabe

Ab welchem Verkaufspreis des CD-Players als Sonderangebot würde die Werbeaktion für den Elektro-Markt kurzfristig einen Gewinn bringen, gleiche Absatzsteigerungen wie oben vorausgesetzt?

11. Die Überprüfung des Sortiments

Das Problem

Der Elektro-Markt möchte den monatlichen Gewinn feststellen und dabei überprüfen, ob es sinnvoll ist, alle Artikel im Sortiment zu belassen.

Die Lösung

Die Deckungsspanne wird für jeden einzelnen Artikel ermittelt und mit der Absatzmenge multipliziert. Das ergibt den Deckungsbeitrag des einzelnen Artikels. Alle Deckungsbeiträge zusammen decken die Fixkosten ab, so dass noch ein Gewinn verbleibt.

Artikelname	Bezugspreis (variable Kosten)	Verkaufspreis	Deckungsspanne	Absatzmenge	Deckungsbeitrag
TV-Standgerät	550	600	50	50	2 500
Tragbares TV	280	400	120	250	30 000
CD-Player	225	225	0	90	0
Walkman	80	68	–12	200	–2 400
Discman	90	440	350	0	0
Auto-Radio	130	280	150	100	15 000
Stereo-Anlage	300	420	120	80	9 600
Auto-Telefon	620	780	160	20	3 200
CD-Wechsler	280	350	70	100	7 000
Mikrowellenherd	180	230	50	300	15 000
Lautsprecher-Satz	70	80	10	200	2 000
Verstärker	120	250	130	70	9 100

Gesamter Deckungsbeitrag	91 000
Fixkosten	75 000
Gewinn	16 000

Die Beurteilung des Sortiments:

Der Walkman hat eine negative Deckungsspanne und sollte aus dem Sortiment genommen werden. Pro Gerät setzt der Elektro-Markt 12 € zu. Bei einem Absatz von 200 Stück führt dies zu einem neuen negativen Deckungsbeitrag von 2 400 €. Dieses ist ein Verlust, der durch die Herausnahme des Artikels vermieden werden kann.

Der CD-Player hat eine Deckungsspanne von 0 € und sollte ebenfalls aus dem Sortiment genommen werden, da er nicht zum Unternehmenserfolg beiträgt.

Der Disc-Man hat die höchste Deckungsspanne, der Verkaufspreis wird allerdings nicht von den Kunden akzeptiert, der Absatz ist 0, der Deckungsbeitrag ebenfalls 0. Der Disc-Man sollte ebenfalls aus dem Sortiment genommen werden, da er zum Unternehmenserfolg nichts beiträgt.

Alle weiteren Artikel erzielen einen positiven Deckungsbeitrag und können im Sortiment verbleiben, da sie über die Abdeckung der Fixkosten dazu beitragen, den Gewinn zu erhöhen.

➡ **Zum Merken**

Ein positiver Deckungsbeitrag gibt an, dass der Artikel im Sortiment verbleiben kann.

12. Die ABC-Analyse

Das Problem

Der Elektro-Markt möchte wissen, welche Artikel für den Unternehmenserfolg besonders wichtig sind und sowohl bei der Beschaffung als auch bei der Präsentation besondere Aufmerksamkeit erfahren sollten. Diese Mehrarbeit soll durch eine geringere Berücksichtigung anderer Artikel ermöglicht werden. Welche Artikel sind dies jeweils?

Die Lösung

Das Sortiment wird entsprechend dem Deckungsbeitrag der Größe nach sortiert. Die Deckungsbeiträge der Artikel werden absteigend aufsummiert (kumuliert) und als Prozentzahl vom Gesamt-Deckungsbeitrag erfasst.

Die Artikel, die 75 % des Gesamt-Deckungsbeitrages erzielen, sind die A-Artikel. Sie verdienen bei Beschaffung und Absatz besondere Aufmerksamkeit, da sie wesentlich zum Unternehmenserfolg beitragen.

Die Artikel, die die letzten 5 % zum Unternehmenserfolg beisteuern, hier ab 95 %, werden C-Artikel benannt und können vernachlässigt werden.

Die Artikel dazwischen werden B-Artikel genannt und sind normal zu behandeln bzw. der Kategorie A oder C zuzuordnen.

Artikel Nr.	Artikelname	Deckungs-beitrag	Kumulierter Deckungs-beitrag	… in % des Gesamt-Deckungs-beitrages	ABC Artikel
1	Tragbares TV	30 000	30 000	32 %	A
2	Auto-Radio	15 000	45 000	48 %	A
3	Mikrowellenherd	15 000	60 000	64 %	A
4	Stereo-Anlage	9 600	69 600	75 %	A
5	Verstärker	9 100	78 700	84 %	B
6	CD-Wechsler	7 000	85 700	92 %	B
7	Auto-Telefon	3 200	88 900	95 %	B
8	TV-Standgerät	2 500	91 400	98 %	C
9	Lautsprecher-Satz	2 000	93 400	100 %	C

Wichtige Artikel

Unwichtige Artikel

Ergebnis der Auswertung:

Die Artikel 1–4 erzielen 75 % des Unternehmenserfolges. Sie bedürfen besonders sorgfältiger und intensiver Beachtung in Hinsicht auf:

- Marktanalyse
- Prüfung von Preisen und Konditionen
- genauer Bestandsüberwachung
- Präsentation der Ware

Die Artikel 8 + 9 erzielen nur 5 % des Unternehmenserfolges. Hierbei ist es nicht so entscheidend, ob diese Artikel optimal betreut werden. Die zu Verfügung stehende Zeit in Verkauf, Lager und Verwaltung sollte so eingesetzt werden, dass die A-Artikel zuerst und am sorgfältigsten betreut werden und sei dieses zu Lasten der C-Artikel.

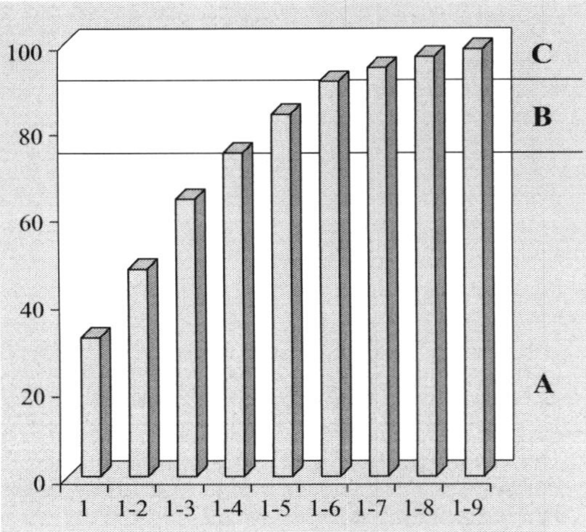

Grafische Darstellung der ABC-Analyse. Für die Festlegung der Grenzen gibt es keine festen Werte, sie werden vom Betrieb selbst bestimmt.

➡ Zum Merken

Die ABC-Analyse zeigt an, welche Artikel am stärksten zum Unternehmenserfolg beitragen und daher besondere Aufmerksamkeit verdienen.

Informationen

Welche Aufgabe hat die ABC-Analyse?

Die ABC-Analyse hat die Aufgabe, die wichtigen von den unwichtigen Artikeln zu trennen, um die betrieblichen Aktivitäten auf die für das Unternehmen wichtigen Artikel zu konzentrieren.

Nach welchen Kriterien können die Artikel in der ABC-Analyse geordnet werden?

Das Kriterium für die ABC-Analyse richtet sich nach Aufgabenstellung. Es kann u. a. genommen werden:

- der Deckungsbeitrag
- der Umsatz
- der Absatz.

Wie werden die Wertgrenzen für die A-, B- und C-Artikel in der ABC-Analyse festgelegt?

Der Betrieb muss die Wertgrenzen selbst bestimmen. Untersuchungen haben für verschiedene Branchen charakteristische Verteilungen der Wertanteile der einzelnen Artikel ermittelt: Je näher das Unternehmen am Verbraucher ist, desto geringer unterscheiden sich die einzelnen Artikel im Wertanteil und um so weiter sind die Grenzen für A- und C-Artikel zu ziehen.

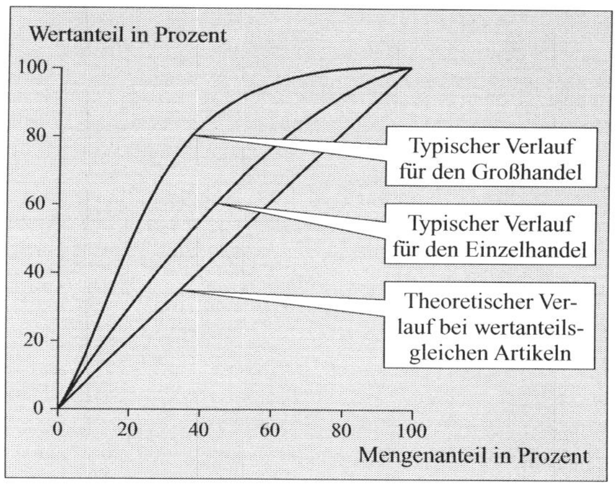

Als Wertgrenzen ergeben sich danach:

- für A-Artikel 60–85 %
- für B-Artikel 10–35 %
- für C-Artikel 5–15 %

Sind betriebliche Entscheidungen allein mit Hilfe der Deckungsbeitragsrechnung durchführbar und damit automatisierbar?

Alle mit Hilfe der Deckungsbeitragsrechnung getroffenen Entscheidungen reduzieren das kaufmännische Problem nur auf die Betrachtung der Kostenseite. Kaufmännisches Handeln bedeutet auch, die Reaktionen der Handelspartner mit einzubeziehen. Dieses kann nur der Kaufmann mit seiner langjährigen Marktkenntnis. Die Deckungsbeitragsrechnung ist somit nur ein wichtiges Hilfsmittel zur Vorbereitung betrieblicher Entscheidungen. Einen Automatismus aus den Kennziffern abzuleiten ist nur bei bestimmten Routinefällen möglich.

13. Die Verbesserung des Sortiments

Das Problem

Der Elektro-Markt hat im letzten Monat probeweise neue Artikel in sein Sortiment aufgenommen. Die Verkaufspreise orientieren sich an den Preisen der Konkurrenz und erzielten im Testmonat den folgenden Absatz:

Artikel	Bezugs-preis	Verkaufs-preis	Absatz
Video-kamera	880	990	10
Reise-Radio	48	69	100
Radio-wecker	25	36	300

Aufgrund der begrenzten Verkaufsfläche kann das Sortiment aber nicht erweitert werden. Bei Aufnahme eines neuen Artikels muss ein bisheriger Artikel aus dem Sortiment gestrichen werden:

Wie sollte das Sortiment verändert werden?

Die Lösung

1. Schritt:
Ermittlung des Deckungsbeitrags der neuen Artikel

Für die neuen Artikel wird zuerst die Deckungsspanne ermittelt (Verkaufspreis – Bezugspreis) und diese sodann mit der Absatzmenge multipliziert. So werden die Deckungsbeiträge der einzelnen neuen Artikel ermittelt.

Artikel	Bezugs-preis	Verkaufs-preis	Deckungs-spanne	Absatz	Deckungs-beitrag
Video-kamera	880	990	110	10	1 100
Reise-Radio	48	69	21	100	2 100
Radio-Wecker	25	36	11	300	3 300

2. Schritt:
Vergleich mit dem Deckungsbeitrag der bisherigen Artikel

Artikel Nr.	Artikelname	Deckungsbeitrag
1	Tragbares TV	30 000
2	Auto-Radio	15 000
3	Mikrowellenherd	15 000
4	Stereo-Anlage	9 600
5	Verstärker	9 100
6	CD-Wechsler	7 000
7	Auto-Telefon	3 200
8	TV-Standgerät	2 500
9	Lautsprecher-Satz	2 000

Die Deckungsbeiträge der neuen Artikel werden den Deckungsbeiträgen der bisherigen Artikel des Sortiments gegenübergestellt. Damit ist eine Entscheidung über einen Ersatz einzelner Artikel unter dem Gesichtspunkt der Erfolgswirksamkeit möglich.

Ergebnis

Der Radiowecker verdrängt das Auto-Telefon von dem bisherigen 7. Platz. Entsprechend fällt der Artikel mit dem niedrigsten Deckungsbeitrag, der Lautsprecher-Satz, auf den 10. Platz und scheidet für den Radio-Wecker aus dem Sortiment aus. Die Videokamera und das Reise-Radio werden nicht ins Sortiment aufgenommen, da ihr Deckungsbeitrag niedriger ist als der des nun schlechtesten Artikels, des TV-Standgeräts.

Zum Merken

Der Deckungsbeitrag ermöglicht eine Entscheidung, welcher Artikel im Sortiment verbleiben soll. Die Artikel mit den niedrigsten Deckungsbeiträgen werden durch neue Artikel ersetzt, wenn diese höhere Deckungsbeiträge aufweisen.

Informationen

Wann muss in der Deckungsbeitragsrechnung ein Artikel aus dem Sortiment genommen werden?

Ein Artikel kann grundsätzlich im Sortiment bleiben, solange sein Deckungsbeitrag positiv ist. Ein positiver Deckungsbeitrag trägt dazu bei, die Fixkosten zu decken.

Wie kann das Sortiment mit Hilfe der Deckungsbetragsrechnung optimiert werden?

Der Handel ist bestrebt, möglichst erfolgswirksame Artikel im Sortiment zu haben. Es findet daher eine Auswahl der Artikel statt. Die Entscheidungsgröße ist hierbei der Deckungsbeitrag. Artikel, die einen bestimmten Deckungsbeitrag nicht erzielen, werden durch andere Artikel ersetzt.

Weshalb ist im Handel das Entscheidungskriterium der Deckungsbeitrag und nicht die Deckungsspanne?

Der Deckungsbeitrag ist die Deckungsspanne multipliziert mit der Absatzmenge. Während die Deckungsspanne nur von betrieblichen Entscheidungsdaten abhängig ist, nämlich vom Einkaufs- und Verkaufspreis, sind in dem Deckungsbeitrag die Entscheidungen des Marktes mit berücksichtigt. Mondpreise sorgen für eine hohe Deckungsspanne, Mondpreisartikel lassen sich aber nicht verkaufen. Ein Deckungsbeitrag würde dann trotz hoher Deckungsspanne nicht erzielt und der Artikel wäre aus dem Sortiment zu entfernen.

Weshalb wird in der Warenproduktion das Produktionsprogramm anhand der Deckungsspanne optimiert?	In der Warenproduktion wird i. d. R. nicht auf Verdacht, sondern auf Bestellung produziert. Die Absatzdaten stehen somit fest. Bei der Programmplanung kommt es darauf an, die vorhandenen Produktionsanlagen optimal zu nutzen, so dass ein höchstmöglicher Gewinn erzielt wird. Deshalb werden die Produkte, die die höchste Deckungsspanne aufweisen, zuerst produziert.
Wozu benötigt man die relative Deckungsspanne?	Können nicht alle Produkte innerhalb der vorgegebenen Zeit mit den bestehenden Kapazitäten fertiggestellt werden, liegt ein Engpass vor. In einer Fertigungsstufe sind dann die benötigten Fertigungskapazitäten größer als die vorhandenen Fertigungskapazitäten. Haben zudem die einzelnen Produkte unterschiedliche Fertigungszeiten im Engpassbereich, müssen die Deckungsspannen auf die unterschiedlichen Fertigungszeiten bezogen werden. Der Deckungsbeitrag wird dann bezogen auf eine Zeiteinheit, z. B. Minute, errechnet. Das Erzeugnis mit der höchsten relativen Deckungsspanne ist am erfolgreichsten, weil es pro Zeiteinheit am meisten zur Deckung der Fixkosten beiträgt. Die Höhe der relativen Deckungsbeiträge bestimmt dann die Rangfolge im Fertigungsprogramm.
Wie können Engpasssituationen im Handel berücksichtigt werden?	Im Handel ist die Verkaufsfläche der Engpass. Großvolumige Artikel verbrauchen kostbare Regalfläche und verdrängen andere Artikel. Um groß- und kleinvolumige Artikel vergleichbar zu machen, ermittelt man den **relativen Deckungsbeitrag** pro Regalplatzeinheit. Der Artikel mit dem geringsten relativen Deckungsbeitrag wird dann zuerst ersetzt.

Aufgabe

Ein Unternehmen fertigt auf Bestellung Plastik-Produkte. Es werden 5 verschiedene Produkte gefertigt, die bei unterschiedlichen variablen Kosten zu unterschiedlichen Preisen verkauft werden.

Produkt	Verkaufspreis	variable Stückkosten	mögliche Absatzmenge
1	4,60	3,20	40 000
2	8,40	6,25	60 000
3	2,20	2,10	80 000
4	3,25	3,40	100 000
5	5,20	4,60	90 000

Die Fixkosten betragen 40 000 €.
Die Produktionskapazität liegt bei maximal 200 000.

a) Bestimmen Sie das Produktions- und Absatzprogramm des Unternehmens, und ermitteln Sie den Gewinn!

b) Ermitteln Sie das Produktionsprogramm und den Gewinn, wenn die Produkte unterschiedliche Fertigungszeiten haben und insgesamt 800 000 Fertigungsminuten zur Verfügung stehen:

Produkt	Fertigungszeit pro Stück
1	4 Minuten
2	2 Minuten
3	3 Minuten
4	5 Minuten
5	1 Minute

14. Die Berücksichtigung von gruppenfixen und bereichsfixen Kosten

Das Problem

Für die Filiale einer Supermarktkette fallen die folgenden Fixkosten monatlich an:

Lohnkosten für	
Filialleitung	9 000 €
Kassenpersonal	8 000 €
Fleischer	6 000 €
Käseverkauf	4 000 €
Energiekosten:	
Kühltruhen	600 €
andere	400 €
Mietkosten:	
Kundenparkplatz	1 000 €
Verkaufsgebäude	10 000 €
Warenregale	400 €
Kühltruhen	500 €
Fleischtresen	600 €
Käsetresen	500 €
Sonstige Kosten:	600 €

Das Sortiment ist in 4 Warengruppen gegliedert, die insgesamt einen bestimmten Deckungsbeitrag erzielen.

1. Tiefkühlkost	8 700 €
2. Käseartikel	4 900 €
3. Frischfleisch	5 200 €
4. sonstige Waren	30 600 €

Es ist zu prüfen,

- welchen Gewinn die Filiale erzielt,
- ob es unter Kostenaspekten sinnvoll ist, alle 4 Abteilungen weiterhin zu führen, oder ob bestimmte Abteilungen geschlossen werden sollten.

Die Lösung

1. Schritt:
Aufteilung der Fixkosten in gruppenfixe und bereichsfixe Kosten.

Die Fixkosten, die speziell den einzelnen Abteilungen zuzurechnen sind, werden für diese gesondert als **gruppenfixe** Kosten erfasst.

Der Lohn des Fleischers ist der Abteilung Frischfleisch zuzurechnen, da er innerhalb des Supermarktes in der Abteilung Frischmarkt beschäftigt ist. Entfällt diese Abteilung, dann würde auch die Tätigkeit des Fleischers für den Supermarkt nicht mehr notwendig sein.

Ist eine Zuordnung auf eine spezielle Abteilung nicht möglich, werden diese als **bereichsfixe** Kosten der Filiale erfasst.

Die Mietkosten des Kundenparkplatzes können keiner der Abteilungen zugeordnet werden, da die Kunden in allen Abteilungen einkaufen können. Sie sind daher der Filiale insgesamt als bereichsfixe Kosten zuzuordnen.

Gruppenfixe Kosten:

Abteilung Tiefkühlkost	
Miete für Kühltruhen	500
Strom für die Truhen	600
Summe	1 100

Abteilung Käseartikel	
Miete für Käsetheke	500
Lohn der Verkäuferin	4 000
Summe	4 500

Abteilung Frischfleisch	
Miete für Fleischtresen	600
Lohn des Fleischers	6 000
Summe	6 600

Abteilung sonst. Waren	
Miete für Verkaufsregale	400
Summe	400

Bereichsfixe Kosten:

	Filiale
Miete für das Gebäude	10 000
Miete für den Parkplatz	1 000
Lohn für den Filialleiter	9 000
Lohn für das Kassenpersonal	8 000
Energiekosten	400
sonstige Kosten	600
Summe	29 000

2. Schritt:
Ermittlung der gruppenbezogenen Deckungsbeiträge und des Filialgewinns

Die Abteilung Frischfleisch kann nicht die gruppenfixen Kosten decken.

Die Deckungsbeiträge der Artikel der Abteilungen werden um die fixen Kosten der Abteilung (gruppenfixe Kosten) vermindert. So wird der Deckungsbeitrag ermittelt, den die jeweilige Abteilung erwirtschaftet. Dieser Deckungsbeitrag ist der gruppenbezogene Deckungsbeitrag der jeweiligen Abteilung.

Die Summe aller gruppenbezogenen Deckungsbeiträge wird den bereichsbezogenen Fixkosten, die nicht einer einzelnen Abteilung zuzuordnen sind, gegenübergestellt und abgezogen. Das ergibt den Gewinn der Filiale.

Die Abteilung Frischfleisch erwirtschaftet einen Verlust.

Abteilungen	Tief-kühl-kost	sonstige Artikel	Käse-tresen	Frisch-fleisch
Deckungsbeitrag aller Artikel	8 700	30 600	4 900	5 200
gruppenfixe Kosten	1 100	400	4 500	6 500
gruppenbezogener Deckungsbeitrag	7 600	29 200	300	–1 400
Summe aller gruppenbezogenen Deckungsbeiträge		35 700		
bereichsfixe Kosten		29 000		
Gewinn der Filiale (bereichsbezogener Deckungsbeitrag)		7 700		

Die Abteilung Frischfleisch wird geschlossen.

Ergebnis

Die Deckungsbeiträge aller Frischfleisch-Artikel reichen nicht aus, die gruppenfixen Kosten für die Abteilung Frischfleisch zu decken. Damit erwirtschaftet die Abteilung Frischfleisch einen negativen Deckungsbeitrag.

Der Gewinn der Filiale wäre um 1 400 € höher, würde die Abteilung Frischfleisch geschlossen.

➡ Zum Merken

Die Aufteilung der Fixkosten in gruppenfixe und bereichsfixe Kosten ermöglicht es, den Deckungsbeitrag gruppenbezogen und bereichsbezogen zu ermitteln.

Damit lässt sich die Erfolgswirksamkeit einzelner Abteilungen feststellen.

15. Grenzen der Deckungsbeitragsrechnung

Das Problem

Die Filiale einer Supermarktkette hat die verlustträchtige Abteilung Frischfleisch geschlossen. Sie hoffte, damit den Gewinn um 1 400 € zu erhöhen.

Statt dessen fällt der Gewinn der Filiale von vormals 7 700 € auf 2 570 €.

Wie lässt sich diese Verschlechterung erklären, und welche Maßnahmen können getroffen werden?

Die Lösung

Für viele Kunden war die Frischfleisch-Abteilung der Grund, diese Filiale zu besuchen. Diese bleiben nun fern.

Die Umsätze und damit die Deckungsbeiträge der verbleibenden Abteilungen sinken um 15 %

Abteilungen	Tiefkühlkost	sonstige Artikel	Käsetresen
Deckungsbeitrag aller Artikel	7 395	30 600	4 165
gruppenfixe Kosten	1 100	400	4 500
gruppenbezogener Deckungsbeitrag	6 295	25 610	– 335

Summe aller gruppenbezogenen Deckungsbeiträge	31 570
bereichsfixe Kosten	29 000
Gewinn der Filiale	2 570

Durch das Schließen der Frischfleischabteilung erwirtschaftet der Käsetresen ebenfalls einen Verlust.

Die Deckungsbeiträge aller Käse-Artikel reichen nicht aus, die gruppenfixen Kosten für die Abteilung Käsetresen zu decken. Die Abteilung Käsetresen sollte aufgegeben werden.

Die Aufgabe der Käseabteilung verschlechtert zusätzlich die Attraktivität der Filiale.

Noch mehr Kunden bleiben der Filiale fern. Der Umsatz der verbleibenden Abteilungen sinkt um weitere 10 %.

Abteilungen	Tiefkühlkost	sonstige Artikel
Deckungsbeitrag aller Artikel	6 322	23 409
gruppenfixe Kosten	1 100	400
gruppenbezogener Deckungsbeitrag	5 222	23 009
Summe aller gruppenbezogenen Deckungsbeiträge	28 231	
bereichsfixe Kosten	29 000	
Gewinn der Filiale	– 769	

Die Filiale kann nicht mehr ihre bereichsfixen Kosten decken und muss schließen.

Die Filiale hat sich selbst aus dem Markt geworfen.

Die Filiale erwirtschaftet einen Verlust und muss nun aufgegeben werden, weil die Reaktion der Kunden nicht berücksichtigt wurde.

➡ Zum Merken

Die Deckungsbeitragsrechnung führt dann zu falschen Entscheidungen, wenn die Reaktion des Marktes auf die getroffene Entscheidung nicht mit berücksichtigt wird.

An der Fähigkeit, die Reaktion des Marktes richtig einzuschätzen, erkennt man die Erfahrung und Marktkenntnis des erfolgreichen Kaufmanns.

Aufgaben

1. Ein Handelsunternehmen hat 6 Artikel im Sortiment:

Artikel	Bezugspreis	Verkaufspreis	bisherige Absatzmenge
1	23,69	29,99	210
2	12,45	16,49	358
3	8,36	9,99	810
4	7,49	8,25	515
5	3,58	3,99	1 850
6	7,25	8,99	455

Es soll geprüft werden, welche dieser Artikel durch neue Artikel ersetzt werden sollen:

neue Artikel	Bezugspreis	Verkaufspreis	voraussichtliche Absatzmenge
7	45,78	99,90	50
8	4,67	7,89	460
9	3,67	6,38	150

Ermitteln Sie das neue Sortiment, und zeigen Sie, wie der Gewinn dadurch steigen wird! Die Fixkosten betragen 25 000 €.

2. Ergänzen Sie die fehlenden Felder:

	Erzeugnisse					
	1	2	3	4	5	6
Deckungsbeitrag (DB)	8 000		7 000	6 000		3 000
Erzeugnisfixe Kosten		2 100	3 000		3 500	1 200
Rest DB I	6 200	3 500		4 500	6 200	
Gruppenfixe Kosten			500			
Rest DB II	4 200				4 200	
Bereichsfixe Kosten	4 000				0	
Rest DB III						
Unternehmensfixe Kosten	3 000					
Gewinn						

3. Ermitteln Sie den Gewinn, und stellen Sie das optimale Produktionsprogramm!

<table>
<tr><th>Produkt</th><th>Deckungs-beitrag</th><th>Erzeugnis-fixe Kosten</th><th>Gruppenfixe Kosten</th><th>Bereichsfixe Kosten</th></tr>
<tr><td>A</td><td>1 000</td><td>3 000</td><td rowspan="2">3 000</td><td rowspan="4">3 000</td></tr>
<tr><td>B</td><td>5 000</td><td>6 000</td></tr>
<tr><td>C</td><td>3 000</td><td>2 000</td><td rowspan="2">9 000</td></tr>
<tr><td>D</td><td>8 000</td><td>1 000</td></tr>
<tr><td>E</td><td>11 000</td><td>11 500</td><td rowspan="2">3 000</td><td rowspan="4">4 000</td></tr>
<tr><td>F</td><td>19 000</td><td>10 500</td></tr>
<tr><td>G</td><td>7 900</td><td>6 100</td><td rowspan="2">1 000</td></tr>
<tr><td>H</td><td>2 100</td><td>200</td></tr>
</table>

Unternehmensfixe Kosten: 2 000 €

X. Statistik

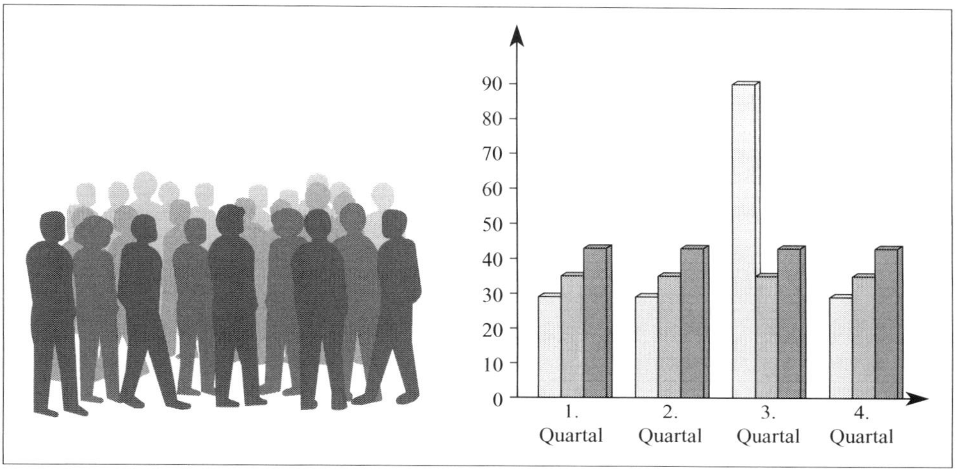

1. Die Aufgabe der Statistik

Die Statistik befasst sich mit der zahlenmäßigen Erfassung, Aufbereitung und Analyse von Massenerscheinungen. Bei der Betriebsstatistik, einem Bestandteil des betrieblichen Rechnungswesens, werden betriebswirtschaftliche Sachverhalte untersucht mit dem Ziel, der Unternehmensleitung Informationen zu liefern, um richtige Entscheidungen zu treffen und das betriebliche Handeln zu kontrollieren.

2. Statistische Quellen

Das Zahlenmaterial kann aus verschiedenen Quellen gewonnen werden.

Informationen

Welche Quellen liefern statistisches Zahlenmaterial?

- Buchhaltung und Kostenrechnung liefern Informationen über z. B. Preisentwicklung auf den Beschaffungs- und Absatzmärkten, Produktionsauslastung, Lagerbestandsentwicklung, Umsatz- und Absatzzahlen.
- Andere Betriebsabteilungen (z. B. Personalabteilung) liefern Zahlen über Personalentwicklung, Fehlzeiten.

Bei welchen Trägern kann man Zahlen der amtlichen Statistik bekommen?	– beim Statistischen Bundesamt und den statistischen Landesämtern – bei den Ministerien des Bundes und der Länder – bei der Bundesagentur für Arbeit – bei der Deutschen Bundesbank
Welches sind Träger der nichtamtlichen Statistik?	– Arbeitgeber- und Arbeitnehmerorganisationen – wirtschaftswissenschaftliche Institute – Markt- und Meinungsforschungsinstitute
Was versteht man unter einer sekundärstatistischen Erhebung?	Es wird auf bereits vorliegende Zahlen zurückgegriffen, z. B. auf Informationen der amtlichen Statistik.
Was versteht man unter einer primärstatistischen Erhebung?	Die Daten werden eigens für eine spezielle Untersuchung erhoben.
Welches sind Methoden der Primärstatistik?	– die mündliche und schriftliche Befragung mittels eines **Fragebogens** – die **Beobachtung**, z. B. bei Verkehrszählungen – die **automatische Erfassung** mittels Messgeräten, z. B. von Verbrauchszahlen
Was versteht man unter einer Vollerhebung?	Hierbei werden alle Daten einer **statistischen Masse** erfasst.
Was versteht man unter einer Teilerhebung?	Hierbei wird nur eine **Stichprobe** von Daten untersucht.

3. Statistische Grundbegriffe

Statistische Einheit	Gegenstand der Untersuchung, z. B. die *Arbeitstage*
Statistisches Merkmal	Eigenschaft einer statistischen Einheit, die untersucht werden soll, wie z. B. die *Anzahl der an einem Tag fehlenden Arbeitnehmer*
Merkmalsausprägung	Informationen über eine statistische Einheit: – **qualitativer Art**, wenn die Eigenschaften nicht gemessen werden können, wie z. B. beim Merkmal „Geschlecht“ männlich/weiblich – **quantitativer Art**, wenn zahlenmäßig Eigenschaften erfasst werden, wie z. B. *die Anzahl der fehlenden Arbeitnehmer*

Statistische Masse — Gesamtheit aller statistischen Einheiten, die erfasst wird, wie z. B. die *Anzahl der fehlenden Arbeitnehmer an 20 Arbeitstagen*

Statistische Erhebung — Methode der Gewinnung statistischer Daten, wie z. B. durch *Auszählen*

Eine statistische Erhebung erfordert eine richtige und eindeutige Abgrenzung der statistischen Masse.

Sachliche Abgrenzung — Sollen auch Auszubildende und Teilzeitkräfte in die Untersuchung einbezogen werden?

Zeitliche Abgrenzung — Soll auch das Wachpersonal an arbeitsfreien Wochenenden mitgezählt werden?

Räumliche Abgrenzung — Sollen auch die Arbeitnehmer einer Tochterfirma erfasst werden?

4. Häufigkeitsverteilung

Das Problem

Ein Unternehmen will die Fehlzeiten der Arbeitnehmerinnen und Arbeitnehmer (AN) untersuchen. An jedem der 20 Arbeitstage eines bestimmten Monats wird die Anzahl der fehlenden AN erfasst.

Die statistische Erfassung der Fehlzeiten ergab die folgende Tabelle:

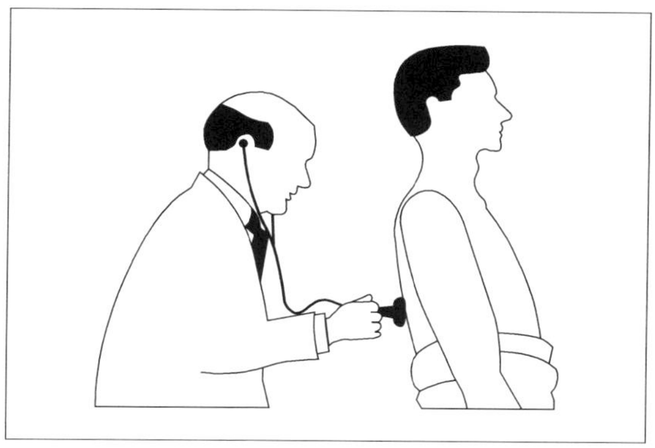

Lfd. Nr. d. Tages	1	2	3	4	5	6	7	8	9	10	11	12	13	14	15	16	17	18	19	20
Anzahl der fehlenden AN	1	5	7	3	10	1	1	5	7	2	2	1	0	1	0	2	2	7	3	7

Welche Informationen kann man daraus gewinnen?

Die Lösung

1. An wie viel Tagen hat 1 AN gefehlt?

Die Rohtabelle (Urliste) wird mittels einer Strichliste zu einer Häufigkeitsverteilung verdichtet. Durch Auszählen erhält man die absoluten Häufigkeiten (f).

Die Merkmalswerte „Anzahl der fehlenden AN“ bezeichnet man als **x**:

$x_1 = 0,\ x_2 = 1 \ldots x_7 = 10$

Anzahl d. fehlend. AN	Anzahl d. Tage		Anteil d. Fehltage	Prozent-anteil	Summen-häufigkeit
0	||	2	0,10	10 %	2
1	~~||||~~	5	0,25	25 %	7
2	||||	4	0,20	20 %	11
3	||	2	0,10	10 %	13
5	||	2	0,10	10 %	15
7	||||	4	0,20	20 %	19
10	|	1	0,05	5 %	20
		20	1,0	100 %	

$\sum$ **f** $= 2 + 5 + \ldots + 1 = 20$

$h_1 = \frac{2}{20} = 0{,}1 \quad h_2 = \frac{5}{20} = 0{,}25$

usw.

Ergebnis 1:

An 5 Tagen hat 1 AN gefehlt.

2. Wie hoch ist der Anteil der Tage, an denen 5 AN gefehlt haben?

Teilt man die Summe der absoluten Häufigkeiten durch die jeweilige Häufigkeit, so erhält man die relativen Häufigkeiten (h), die den Anteil der Fehltage an denen eines Monats ergeben. Multipliziert man die relative Häufigkeit mit 100, so erhält man den Prozentwert.

$h_1\% = 10\ \% \qquad h_2\% = 25\ \%$

Ergebnis 2:

An 10 % der Tage haben 5 AN gefehlt.

3. Wie hoch ist die Anzahl bzw. der Anteil der Tage, an denen bis zu 5 AN gefehlt haben?

Durch fortlaufende Summierung der Häufigkeiten erhält man die Summenhäufigkeiten (H). Sie sagen aus, *an wie viel Tagen bis zu x AN gefehlt haben.*

$H_1 = 2$
$H_2 = 2 + 5 = 7$
$H_7 = 2 + 5 + 4 + 2 + 2 + 4 + 1 = 20$

Ergebnis 3:

An 15 Tagen = 75 % haben bis zu 5 AN gefehlt.

4. An wie viel Tagen haben 2 bis 3 AN gefehlt?

Die Häufigkeitsverteilung lässt sich noch weiter verdichten, indem man mehrere Tage zu einer Klasse zusammenfasst:

* $\sum$ ist das Zeichen für Summe.

Man nimmt an, dass sich die Merkmalswerte (x) in der Klassenmitte (x_M) konzentrieren und ordnet dieser die jeweilige Häufigkeit zu.

Klassenmitte ($\mathbf{x_M}$) = $\frac{\text{untere Grenze + obere Grenze}}{2}$

Anzahl der fehlenden AN	Klassen-mitte	Anzahl der Arbeitstage	Prozent-anteil
0- unter 2	1	7	35 %
2- unter 4	3	6	30 %
4- unter 6	5	2	10 %
6- unter 8	7	4	20 %
8- unter 10	9	1	5 %
		20	100 %

Beachte: nicht „2-4", sondern „2- unter 4", da sonst Zuordnungsprobleme auftreten.

Ergebnis 4:

An 6 Tagen haben 2 bis 3 AN gefehlt.

Diese Verdichtung hat jedoch einen Informationsverlust zur Folge. So lässt sich in diesem Beispiel in der Klasse „2- unter 4" nicht mehr erkennen, dass die größte Häufigkeit von 4 Tagen bei 2 AN liegt.

Die Klasseneinteilung richtet sich nach dem Umfang der statistischen Masse. Je größer die Klassenbreite, um so mehr Informationen gehen verloren.

Rechenweg

1. Durch Auszählen erhält man die absoluten Häufigkeiten.
2. Relative Häufigkeit (Anteilswert) = $\frac{\text{Einzelhäufigkeit}}{\text{Summe der absoluten Häufigkeiten}}$
3. Prozentanteil = relative Häufigkeit × 100
4. Summenhäufigkeit durch fortlaufende Addition der Häufigkeiten

Zum Merken

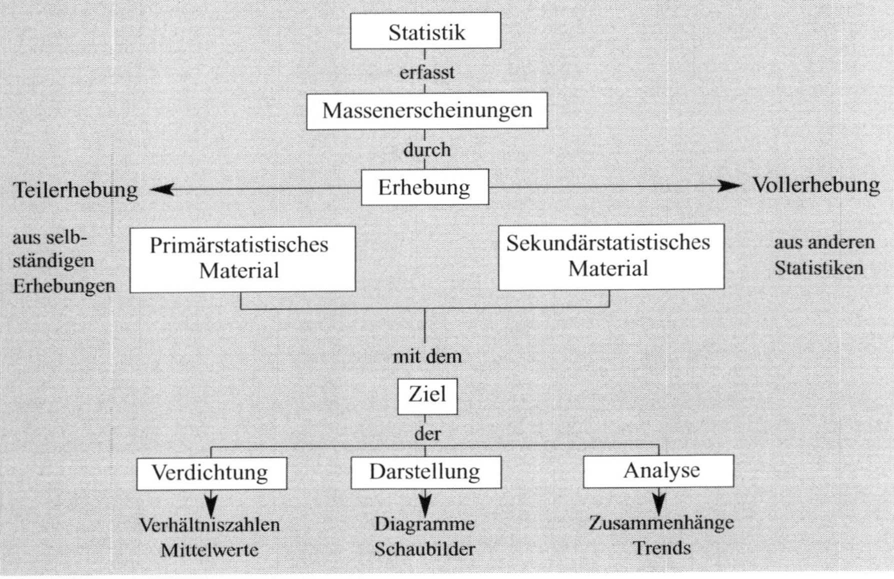

Aufgaben

Die Leistungen von 20 Prüfungsteilnehmern werden mit Punkten von 0–100 bewertet:

Leistung in Punkten	12	25	36	45	50	63	75	85	93	100
Anzahl der Prüflinge	2	4	5	7	12	20	11	6	2	1

1. Wie heißt das statistische Merkmal?
2. Berechnen Sie die Prozentanteile!
3. Wie hoch ist der Anteil der Prüflinge, die eine ausreichende Leistung von 50–67 Punkten erzielt haben?
4. Wie viele Prüflinge haben eine nicht ausreichende Leistung unter 50 Punkten erreicht?
5. Wie viel Prozent der Prüflinge haben zwischen 50 und 80 Punkten erreicht?
6. Fassen Sie die Ergebnisse in einer neuen Tabelle zu fünf gleich breiten Klassen zusammen!
7. Wie viele Prüflinge haben bis zu 75 Punkten erzielt?
8. Erstellen Sie eine klassifizierte Häufigkeitsverteilung, bei der Sie die Punkte zu einer Klasse zusammenfassen, die einer Notenstufe entsprechen:

Punkte:	0 – unter 20	20 – u. 50	50 – u. 67	67 – u. 81	81 – u. 92	92–100
Note:	VI	V	IV	III	II	I

5. Statistische Zahlen

Statistische Ergebnisse werden in absoluten Zahlen gemessen, z. B. der Kurs einer Aktie mit 245 €.

Durch Verhältniszahlen werden statistische Massen gegliedert, zueinander in Beziehung gesetzt, statistische Entwicklungen veranschaulicht. Dabei werden zwei absolute Zahlen in Bruchform ins Verhältnis gesetzt, um z. B. betriebliche Situationen, wie Rentabilität, Produktivität oder Liquidität, zu erkennen, zu prüfen und daraus Entscheidungen abzuleiten. In der Regel wird die Verhältniszahl mit 100 multipliziert, um eine Prozentzahl zu erhalten.

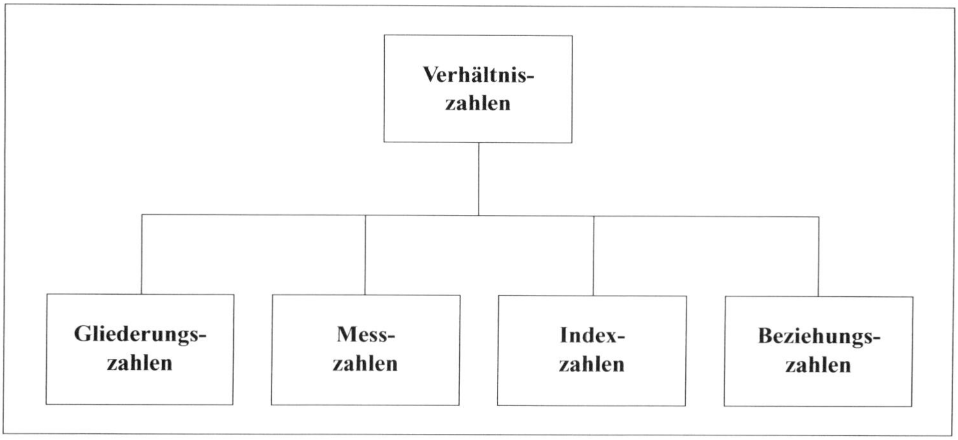

Gliederungszahlen

Sie entstehen, wenn man eine Teilmasse zu ihrer gleichartigen Gesamtmasse ins Verhältnis setzt. Sie geben an, wie sich die Teilmasse prozentual zur Gesamtmasse (100 %) verhält:

52 % aller Jugendlichen einer Klasse sind weiblich;
15 % des Umsatzes entfielen auf Holzartikel.

Das Problem

Ein Unternehmen weist die folgende Kapitalstruktur auf:

Eigenkapital	120 000 €
Fremdkapital	40 000 €
Gesamtkapital	160 000 €

Wie hoch ist die Eigenkapitalquote?

Die Lösung

$$\text{Eigenkapitalquote} = \frac{120\,000 \times 100}{160\,000} = 75\ \%$$

$$\text{Gliederungszahl} = \frac{\text{Teilmasse} \times 100}{\text{Gesamtmasse}}$$

Messzahlen

Sie entstehen, wenn gleichartige Größen mit verschiedenen Merkmalswerten ins Verhältnis gesetzt werden oder der Merkmalswert eines Zeitpunkts im Verhältnis zu einem Basiswert:

Der Anteil des Fremdkapitals (Merkmalswert A) am Eigenkapital (Merkmalswert B) beträgt 45 %, der Absatz im Januar ist gegenüber dem Vormonat um 10 % gestiegen.

Das Problem

In einem Unternehmen arbeiten zur Zeit 420 Arbeitnehmer und Arbeitnehmerinnen; im Vorjahr waren es noch 480 AN.

Wie hoch ist die Personalveränderung gegenüber dem Vorjahr?

Die Lösung

$$\text{Personalveränderung} = \frac{420 \times 100}{480} = 87{,}5\ \%$$

$$\text{Messzahl} = \frac{\text{Wert zum Zeitpunkt} \times 100}{\text{Wert zum Basiszeitpunkt}}$$

Der Personalbestand ist also um 12,5 % gesunken.

Indexzahlen

Sie entstehen, wenn ein Wert aus einer Zeitreihe als Basiswert = 100 gewählt wird und alle übrigen Werte dazu ins Verhältnis gesetzt werden:

Der Preisindex der letzten 3 Jahre hat sich wie folgt entwickelt:

2000 = 100 %
2001 = 112 %
2002 = 110 %

Das Problem

Die Preise für einen Rohstoff zeigten in den letzten 5 Jahren die folgende Entwicklung:

Jahr	2002	2003	2004	2005	2006
Preis	121,–	143,–	160,–	152,–	155,–

Berechnen Sie die Indexzahlen auf der Basis von 2004!

Die Lösung

$$\text{Indexzahl 2002} = \frac{121 \times 100}{160} = 75{,}6\ \%$$

$$\text{Indexzahl 2005} = \frac{152 \times 100}{160} = 95\ \%$$

$$\text{Indexzahl} = \frac{\text{Wert aktuell. Jahr} \times 100}{\text{Wert Basisjahr}}$$

Jahr	2002	2003	2004	2005	2006
Preisindex	75,6 %	89,3 %	100 %	95 %	96,9 %

Ergebnis

Der Rohstoffpreis ist 2006 um 3,1 % gegenüber 2004 gefallen; die Veränderung gegenüber dem Vorjahr 2005 beträgt 1,9 Prozentpunkte.

Beziehungszahlen

Sie entstehen, wenn verschiedenartige statistische Maßzahlen zueinander ins Verhältnis gesetzt werden, die in einem gewissen Zusammenhang stehen:

$$\text{Beziehungszahl} = \frac{\text{Wert einer Masse A}}{\text{Wert einer Masse B}}$$

Die Rentabilität des Eigenkapitals beträgt 6,2 %; die Zahl der Kinder pro Familie beträgt 1,8; die Zahl der Arbeitsunfälle in einem Betrieb beträgt 1,2 je AN.

1. Beispiel

Das Problem

Ein Unternehmen weist in der Bilanz und Erfolgsrechnung die folgenden Zahlen aus:

Eigenkapital	150 000 €
Fremdkapital	80 000 €
Gesamtkapital	230 000 €
Gewinn	12 000 €
Zinsaufwand	6 000 €
Gesamtkosten	350 000 €
Umsatz	362 000 €

Berechnen Sie die **Rentabilität** des Eigen- und Gesamtkapitals, des Umsatzes sowie der Kosten!

Die Lösung

$$\text{Eigenkapitalrentabilität } (r_{EK}) = \frac{12\,000 \times 100}{150\,000} = 8\,\%$$

$$r_{EK} = \frac{\text{Gewinn} \times 100}{\text{Eigenkapital}}$$

100 € Kapital erzielen 8 € Zinsen.

$$\text{Gesamtkapitalrentabilität } (r_{GK}) = \frac{(12\,000 + 6\,000) \times 100}{230\,000} = 7{,}8\,\%$$

$$r_{GK} = \frac{(\text{Gewinn} + \text{Zins}) \times 100}{\text{Gesamtkapital}}$$

100 € Gesamtkapital erbringen 7,8 € Zinsen.

Die **Rentabilität** sagt etwas aus über die effektive (tatsächliche) Verzinsung des eingesetzten Kapitals.

$$\text{Umsatzrentabilität } (r_U) = \frac{12\,000 \times 100}{362\,000} = 3{,}3\,\%$$

$$r_U = \frac{\text{Gewinn} \times 100}{\text{Umsatz}}$$

100 € Umsatz erzielen 3,3 € Gewinn.

$$\text{Kostenrentabilität } (r_K) = \frac{12\,000 \times 100}{350\,000} = 3{,}4\,\%$$

$$r_K = \frac{\text{Gewinn} \times 100}{\text{Gesamtkosten}}$$

Auf 100 € Kosten entfallen 3,4 € Gewinn.

2. Beispiel

Das Problem

In einer Möbelfabrik werden in 8 Stunden 400 Tische hergestellt. Die Herstellkosten betragen 82 € pro Stück, der Preis 112 €.

Berechnen Sie die Produktivität und die Wirtschaftlichkeit!

Die Lösung

$$\text{Produktivität (P)} = \frac{400}{8} = \text{50 Tische pro Stunde}$$

$$P = \frac{\text{Ausbringungsmenge}}{\text{Einsatzmenge}}$$

$$\text{Wirtschaftlichkeit (W)} = \frac{112}{82} = 1{,}4$$

$$W = \frac{\text{Ertrag}}{\text{Aufwand}}$$

Produktivität ist das Verhältnis von Produktionsmenge zur Einsatzmenge (Zahl der AN, Arbeitsstunden)

Wirtschaftlichkeit ist das Verhältnis von Ertrag zu Aufwand oder Leistung zu Kosten.

3. Beispiel

Das Problem

Ein Unternehmen hat Zahlungsmittel in Höhe von 175 000 €, denen Verbindlichkeiten (z. B. Warenlieferungen, Lohnzahlungen) von 150 000 € gegenüberstehen.

Berechnen Sie den Liquiditätsgrad!

Die Lösung

$$\text{Liquiditätsgrad (L)} = \frac{175\,000 \times 100}{150\,000} = 117\,\%$$

$$L = \frac{\text{Zahlungsmittel} \times 100}{\text{Verbindlichkeiten}}$$

Das Unternehmen weist eine geringe Überliquidität auf.

Die **Liquidität** sagt etwas aus über die Möglichkeiten eines Unternehmens, seine fälligen Verpflichtungen fristgerecht zu erfüllen.

Andere **betriebliche Beziehungszahlen** sind:

Beispiele	**Lösungen**
a) Jahresumsatz je Verkäuferin bei einem Jahresumsatz von 850 000 € und 10 Verkäuferinnen	a) $\frac{850\,000}{10} =$ 85 000 € Umsatz pro Verkäuferin

b) Investitionskosten je Arbeitnehmer bei einem Anlagevermögen von 6,6 Mio. € und 52 AN	b) $\frac{6\,600\,000}{52}$ = 126 923 € Investitionen pro AN
c) Der Kapitalumschlag bei einem Eigenkapital von 85 000 € und einem Jahresumsatz von 1,2 Mio. €.	a) $\frac{1\,200\,000}{85\,000}$ = 14,1 € Umsatz auf 1 € Kapital

Aufgaben

1. Der Inlandsabsatz an Mineralöl zeigte in den letzten beiden Jahren die folgenden Werte:

	2000	2005	
Benzin	28,8	23,4	Mio. t
Diesel	28,9	28,5	Mio. t
Gesamt	57,7	51,9	Mio. t
Gesamtabsatz an Mineralölprodukten	120,2	111,0	Mio. t

(Quelle: Mobiloil, Jahresendmeldung 2001)

Berechnen Sie für die beiden Jahre:

a) den Anteil von Benzin am Gesamtverbrauch Benzin + Diesel
b) den Anteil von Diesel am gesamten Inlandsabsatz
c) die Menge Benzin, die auf 1 Liter Diesel entfällt
d) den Absatz an Benzin pro Tankstellen bei 16 400 Tankstellen (2000) und 15 500 (2005)
e) die Änderung des Gesamtabsatzes 2005 gegenüber 2000!

2. Die Kostenrechnung eines Industriebetriebes zeigt das folgende Bild:

Materialkosten .... 600 000 €
Fertigungskosten .... 350 000 €
Verwaltungskosten .... 120 000 €
Vertriebskosten .... 260 000 €

Berechnen Sie:

a) die prozentualen Kostenanteile an den Gesamtkosten
b) die Kostenrentabilität bei einem Gewinn von 70 000 €
c) die Wirtschaftlichkeit bei einem Umsatz von 1,4 Mio. €!

3. Ein Einzelhandelsgeschäft zeigt die folgende Bilanz:

Aktiv		Passiv	
Sachanlagen	64 000	Kapital	27 000
Vorräte	126 000	Verbindlichkeiten	241 000
liquide Mittel	12 000		
Forderungen	66 000		
	268 000		268 000

Berechnen Sie:

a) den prozentualen Anteil der einzelnen Bilanzpositionen an der Bilanzsumme
b) die Liquiditätskennziffer
c) die Eigen- und die Gesamtkapitalrentabilität bei einem Gewinn von 8 500 € und Zinsaufwendungen von 12 000 €!

4. Das verfügbare Einkommen aller privaten Haushalte entwickelte sich in Deutschland wie folgt:

Zeit	Mrd. €
1994	1 448
1995	1 495
1996	1 533
1997	1 566
1998	1 610
1999	1 651
2000	1 696
2001	1 722

(Quelle: Statistisches Bundesamt, eigene Berechnungen)

Berechnen Sie:

a) die Indexzahlen auf der Basis von 1994
b) die prozentuale Veränderung gegenüber dem Vorjahr!

6. Mittelwerte

Mittelwerte sind Kennzahlen, die eine zentrale Ausrichtung einer statistischen Masse wiedergeben. In der Umgangssprache versteht man unter dem Begriff Durchschnitt das arithmetische Mittel. Daneben gibt es noch andere Mittelwerte wie Median und Modus:

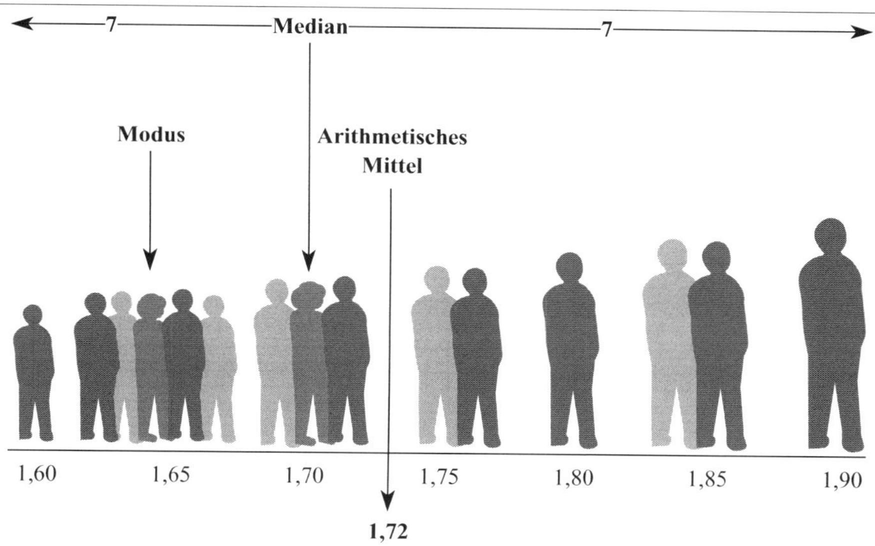

Drei Durchschnitte, drei verschiedene Werte. Der „häufigste Wert" (*Modus*) ist 1,65, denn mehr Personen haben diese Größe als irgendeine andere. Der „mittelste Wert" (*Median*) ist durch jenen Mann repräsentiert, der auf der einen Seite 7 größere, auf der anderen 7 kleinere neben sich hat. Das *„Arithmetische Mittel"*, der praktisch wichtigste Mittelwert, ist nur eine rechnerische Größe, entstanden aus der Addition aller Körpergrößen und der Division durch 15. Es beträgt 1,723 Meter. (Die Größenmaßstäbe sind der Deutlichkeit wegen stark verzerrt.)

aus: Swoboda „Knaurs Buch der modernen Statistik", Seite 40

Arithmetisches Mittel

Das arithmetische Mittel (AM oder $\overline{x}$) ist eine rechnerische Größe, bei der die Summe aller Werte durch die Anzahl der Werte geteilt wird:

Das arithmetische Mittel der Zahlen 2, 3, 7, 8 ist

$$AM = (2 + 3 + 7 + 8) : 4 = 20 : 4 = 5;$$

das Durchschnittsgewicht einer Person aus einer Gruppe von 10 Menschen ist 74,3 kg;

bei einem Preisvergleich für einen Artikel in fünf Geschäften wird ein Durchschnittspreis von 17,72 € ermittelt.

1. Beispiel

Das Problem

Die Absatzzahlen für ein Produkt in den letzten 5 Jahren lauten:

Jahr	Absatz (Stück)
2002	12 430
2003	15 810
2004	16 015
2005	13 225
2006	9 840

Wie hoch ist der durchschnittliche Absatz?

Die Lösung

$$AM = \frac{12\,430 + 15\,810 + 16\,015 + 13\,225 + 9\,840}{5}$$

$$= 13\,464$$

$$AM = \frac{\text{Summe aller Werte (x)}}{\text{Anzahl (n) aller Werte}} = \frac{\sum x}{n}$$

2. Beispiel

Das Problem

Die Verteilung der Fahrzeiten zum Betrieb ergab in einer Abteilung das folgende Bild:

5 Personen brauchen 20 Minuten, 7 Personen 1 Stunde und 8 Personen 2 Stunden.

Wie hoch ist die durchschnittliche Fahrzeit?

Bei einer **Häufigkeitsverteilung** muss die jeweilige Fahrzeit (x) mit der zugehörigen Häufigkeit (f) multipliziert werden. Man spricht dann von einem **gewogenen arithmetischen Mittel.**

Die Lösung

Fahrzeit (x)	Anzahl (f)	x × f
20 Min.	5	100
60 Min.	7	420
120 Min.	8	960
	20	1 480

$$AM = \frac{1480}{20} = 74 \text{ Min. durchschn. Fahrzeit}$$

$$AM = \frac{\sum x \times f}{\sum f}$$

3. Beispiel

Das Problem

Bei einer Befragung über die wöchentlichen Verbrauchsausgaben einer dreiköpfigen Familie erhielt man die folgenden Zahlen:

Die Lösung

Ausgaben (x)	Klassenmitte (x_M)	Familien (f)	$x_M \times f$
100 – unter 200	150	10	1 500
200 – unter 300	250	6	1 500
300 – unter 400	350	9	3 150
		25	6 150

10 Familien geben 100 – unter 200 € aus, 6 Familien 200 – unter 300 € und 9 Familien 300 – unter 400 €.

Wie hoch sind die durchschnittlichen Verbrauchsausgaben pro Familie?

$$AM = \frac{6\,150}{25} = 246 \text{ € durchschn. Ausgaben}$$

$$AM = \frac{\sum x_M \times f}{\sum f}$$

Bei einer **klassierten Häufigkeitsverteilung** geht man von der Annahme aus, dass sich die zur gleichen Klasse gehörenden Werte in der Klassenmitte häufen:

Median

Beim Zentralwert liegen gleich viele Zahlen links und rechts davon.

Der Median oder Zentralwert (Z) liegt in der Mitte einer der Größe nach geordneten Reihe von Zahlen:

Der Zentralwert einer *ungeraden Anzahl* von Zahlen 1, 2, 6, 7, 9 ist Z = 6;

Bei einer *geraden Anzahl* von Zahlen nimmt man den Durchschnitt der mittleren Werte:

der Median der Zahlen 1, 2, 6, 9 ist

$$Z = \frac{2 + 6}{2} = 4$$

1. Beispiel

Das Problem

Der Börsenkurs einer Aktie betrug an den fünf Tagen einer Woche:

130, 132, 140, 135, 142

Welches ist der mittlere Börsenkurs?

Die Lösung

Geordnete Reihen: 130, 132, 135, 140, 142

Bei n = 5 Zahlen erhält man die Reihenfolgenummer des Zentralwertes aus

$\frac{n+1}{2} =$ an 3. Stelle liegt Z = 135 als mittlerer Börsenkurs.

2. Beispiel

Das Problem

An einem Wochentag haben sich in einer Klasse 2 Schüler 5 Minuten verspätet, 2 Schüler 10 Minuten und 1 Schüler 45 Minuten.

Wie hoch war die mittlere Verspätungszeit?

Die Lösung

Verspätung	Häufigkeit
5 Min.	2
10 Min.	2
45 Min.	1
	5

Aus den Häufigkeiten erhält man die Reihenfolgenummer des Zentralwertes

$$\frac{n+1}{2} = \frac{5+1}{2}$$ = an 3. Stelle steht ein Schüler mit Z = 10 Minuten Verspätung.

Modus

Der Modus oder häufigste Wert (M) ist die Zahl, die am häufigsten vorkommt:

Es gibt keinen aussagefähigen Modus, wenn jede Zahl genau einmal vorkommt oder mehrere Zahlen gleich häufig auftreten.

Der häufigste Wert der Zahlenreihe

1, 2, 2, 8 ist M = 2

Das Problem

Bei einer Qualitätskontrolle wurden folgende Gewichte (in g) gemessen:

198, 200, 201, 199, 199, 200, 205, 199

Welches ist das am häufigsten auftretende Gewicht?

Die Lösung

Gewicht (g)	Häufigkeit
198	1
199	3
200	2
201	1
205	1

Der Modus berücksichtigt keine Extremwerte in der Zahlenreihe.

Ergebnis

Häufigster Wert M = 199 g.

Zum Merken

Für die **Mittelwerte** sollen folgende **Ziele** gelten:

- Sie sollen eine statistische Masse möglichst gut repräsentieren, z. B. das Durchschnittsalter zur Charakterisierung der Altersstruktur einer Gruppe.
- Sie sollen es ermöglichen, verschiedene statistische Massen miteinander zu vergleichen, z. B. welcher Betrieb erzielt die höheren Umsätze.
- Sie sollen die Beurteilung von Einzelwerten ermöglichen, z. B. gehört das Produkt A zum oberen oder unteren Preisbereich.

Aufgaben

1. Bei einer Klassenarbeit wurden folgende Noten geschrieben:

   1, 4, 6, 2, 2, 3, 5, 5, 5, 2, 3, 3, 4, 4, 4, 2, 5, 4, 2

   a) Fassen Sie die Noten zu einer Häufigkeitsverteilung zusammen!
   b) Ermitteln Sie das arithmetische Mittel, den Median und den Modus!
   c) Wie ändern sich jeweils die drei Mittelwerte, wenn eine Note von 2 auf 1 geändert wird?
   d) Wie viel % der Schülerinnen und Schüler haben eine 3 geschrieben?
   e) Wie viele Schülerinnen und Schüler haben schlechter als 4 geschrieben?
   f) Wie viel % haben nicht mitgeschrieben bei einer Klassenstärke von 23?

2. Die monatlichen Personalkosten verteilen sich in einem Betrieb wie folgt:

Personalkosten (€)	Anzahl
0 – unter 1 000	4
1 000 – unter 2 000	2
2 000 – unter 3 000	6
3 000 – unter 4 000	8
4 000 – unter 5 000	2
5 000 – 10 000	1

   Berechnen Sie das arithmetische Mittel und den häufigsten Wert!

3. Nach der Berechnung des Durchschnittgewichts von 70 kg wurde versehentlich eine Zahl gelöscht.

   a) Berechnen Sie aus den restlichen Werten 60, 66, 70, ?, 82 und dem arithmetischen Mittel diese fehlende Zahl!
   b) Wäre diese Rückrechnung auch mit dem Zentralwert möglich?

7. Streuung

Die Mittelwerte reichen häufig nicht aus, um die Verteilung der Einzelwerte zu beschreiben. So können die Einzelwerte sich dicht um den Mittelwert scharen oder weit verstreut um den Mittelwert liegen, vielleicht sogar noch Extremwerte aufweisen.

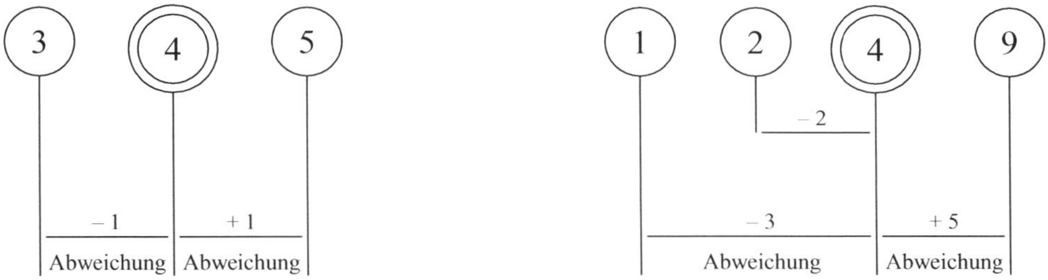

Das arithmetische Mittel, das bei beiden Zahlenreihen 4 beträgt, sagt über die Streuung dieser beiden Reihen nichts aus.

Wir finden diese Streuung auch beim Kegeln oder beim Sportschießen: Bei einem guten Schützen werden die Treffer auf der Schießscheibe dicht um den Mittelpunkt liegen, während bei einem schlechten Schützen die Treffer über die ganze Scheibe verstreut sein werden.

Spannweite

Die Spannweite gibt an, wie weit der kleinste und der größte Wert der Zahlenreihe voneinander entfernt sind:

$Sp = x_{max} - x_{min}$

Die Altersreihe 15, 20, 25, 35, 75 Jahre hat die Spannweite **Sp = 75 – 15 = 60 Jahre.**

Dieser Wert sagt jedoch nichts über die Verteilung der Einzelwerte aus.

Lineare Abweichung

Für die Berechnung der linearen Abweichung bildet man zunächst die Differenz zwischen jeder Zahl und dem Mittelwert, wobei man ein negatives Vorzeichen weglässt; das arithmetische Mittel dieser Abweichungen ergibt die durchschnittliche lineare Abweichung (d).

1. Beispiel

Das Problem

Die Altersreihe 15, 20, 25, 35, 75 Jahre hat den Median (Zentralwert) Z = 25.

Wie hoch ist die lineare Abweichung von diesem Mittelwert?

$$d = \frac{\sum | x - M |^{*}}{n}$$

Die Lösung

Alter (x)	Abweichung d = x – Z		
15	15 – 25	=	(–) 10
20	20 – 25	=	(–) 5
25	25 – 25	=	0
35	35 – 25	=	10
75	75 – 25	=	50
			75 : 5 = 15 Jahre

Das Streuungsmaß zeigt eine recht große Streuung um den Mittelwert; diese wird durch den Extremwert „75 Jahre“ verursacht.

* Die senkrechten Striche nennt man Betragsstriche; sie bewirken das Streichen des Minuszeichens.

2. Beispiel

Das Problem

Bei einer Kontrolle der Gewichte einer 10 g-Packung erhielt man folgende Werte:

9,5 – 9,8 – 10 – 10,1 – 9,8 – 10 – 10,1 – 10 – 9,8 g

Um wie viel Gramm streuen die Gewichte um das arithmetische Mittel?

Bei einer Häufigkeitsverteilung müssen die Abweichungen noch mit den zugehörigen Häufigkeiten multipliziert werden, bevor man den Durchschnitt ermittelt.

Die Lösung

Gewicht (x)	Anzahl (f)	x · f	Abweichung (d)	d · f
9,5	1	9,5	9,5 – 9,9 = (–) 0,4	0,4·1 = 0,4
9,8	3	29,4	9,8 – 9,9 = (–) 0,1	0,1·3 = 0,3
10	3	30	10 – 9,9 = 0,1	0,1·3 = 0,3
10,1	2	20,2	10,1 – 9,9 = 0,2	0,2·2 = 0,4
	9	89,1		1,4

$$AM = \frac{89{,}1}{9} = \mathbf{9{,}9\ g} \qquad d = \frac{1{,}4}{9} = \mathbf{0{,}16\ kg}$$

$$d = \frac{\sum |x - AM| \cdot f}{\sum f}$$

Die Abweichung von 0,16 g lässt erkennen, dass die Gewichte eng um den Mittelwert von 9,9 g streuen.

Variationskoeffizient

Die Aussagekraft der linearen Abweichung lässt sich dadurch verbessern, dass man das Streuungsmaß an Prozenten vom Mittelwert ausdrückt. Man erhält den Variationskoeffizienten (V).

Beispiele:

Zu 1: Im Falle der Altersreihe beträgt der Variationskoeffizient:

$$V = \frac{d \times 100}{Z}$$

$$V = \frac{15 \times 100}{25} = \mathbf{60\ \%}$$

Dieser Wert deutet auf eine starke Streuung hin.

Zu 2: Bei der Gewichtsreihe beträgt der Variationskoeffizient:

$$V = \frac{d \times 100}{AM}$$

$$V = \frac{0{,}16 \times 100}{9{,}9} = \mathbf{1{,}6\ \%}$$

Dieses Ergebnis lässt eine relativ geringe Streuung erkennen.

Standardabweichung

Bei der linearen Abweichung haben wir bei den Differenzen zwischen dem Mittelwert und den

Einzelwerten das negative Vorzeichen weggelassen. Jetzt machen wir die negative Abweichung dadurch *positiv*, indem wir sie quadrieren. Dadurch erreichen wir auch, dass die entfernter liegenden Extremwerte deutlicher zur Geltung kommen.

Betrachten wir noch einmal die beiden Zahlenreichen der Ausgangssituation:

3	(4)	5	1	2	(4)	9

Das arithmetische Mittel, das bei beiden Reihen 4 beträgt, sagt über die Streuung dieser beiden Reihen nichts aus.

Wir berechnen jetzt die Quadrate der Abweichungen:

x	Abweichung d = x – AM	Quadrat der Abweichung
3	3 – 4 = –1	1
4	4 – 4 = 0	0
5	5 – 4 = 1	1
		2

x	Abweichung d = x – AM	Quadrat der Abweichung
1	1 – 4 = –3	9
2	2 – 4 = –2	4
4	4 – 4 = 0	0
9	9 – 4 = 5	25
		38

Die Standardabweichung ist die Wurzel aus dem arithmetischen Mittel der quadratischen Abweichungen.

$$\sigma = \sqrt{\frac{\sum (x - \bar{x})^2}{n}}$$

Wenn wir jetzt die Summe der Quadrate durch die Anzahl der Einzelwerte teilen, erhalten wir die durchschnittliche quadratische Abweichung. Das Quadrieren heben wir wieder auf, indem wir die Quadratwurzel ziehen (auf dem Taschenrechner die Taste √). Diesen Wert bezeichnen wir als Standardabweichung σ (sigma).

$$\sigma_1 = \sqrt{\frac{2}{3}} = 0{,}82 \qquad \sigma_2 = \sqrt{\frac{38}{4}} = 3{,}08$$

Die linke Zahlenreihe zeigt eine geringe Streuung, während die rechte Zahlenreihen eine starke Streuung aufweist.

Bei einer Häufigkeitsverteilung sind die Quadrate der Abweichungen mit der Häufigkeit f zu multiplizieren.

Deutlicher wird die Streuung durch den Variationskoeffizienten:

$$V_1 = \frac{0{,}82 \times 100}{4} = 21\ \%$$

$$V_2 = \frac{3{,}08 \times 100}{4} = 77\ \%$$

$$\sigma = \sqrt{\frac{\sum (x - \bar{x})^2 \cdot f}{\sum f}}$$

Zum Vergleich dazu die lineare Abweichung:

$d_1 = 0{,}67, \quad V_1 = 16{,}8\ \%$
$d_2 = 2{,}5, \quad V_2 = 62{,}5\ \%$

Das Problem

Nach dem Schießen werden 2 Scheiben ausgewertet: wer ist der „bessere Schütze“?

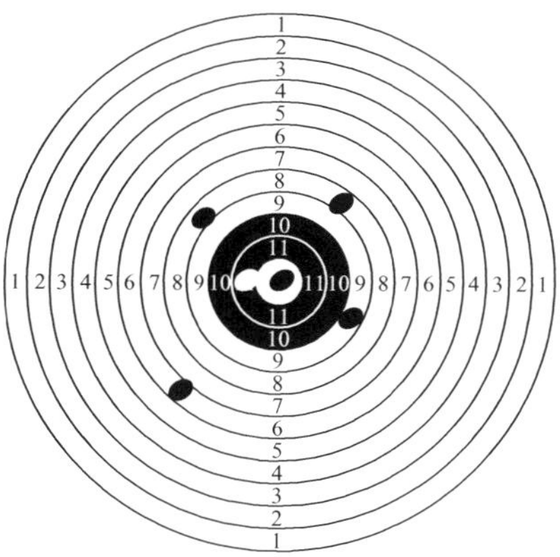

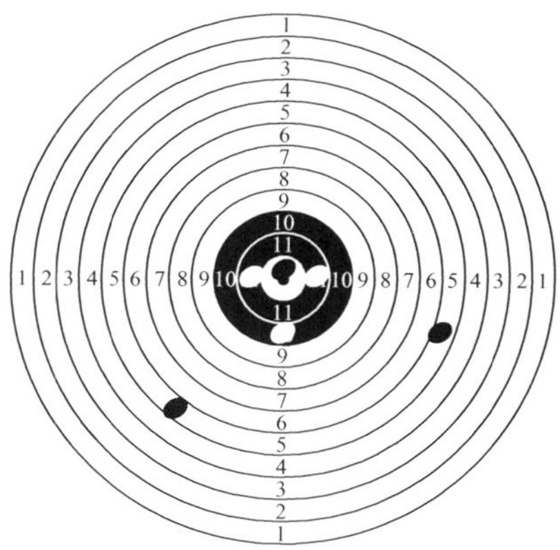

Die Lösung

Beide haben bei 6 Schüssen die gleiche Anzahl von 54 Treffern.

Arithmetisches Mittel

Zuerst berechnen wir das arithmetische Mittel:

$$\bar{x}_1 = \frac{54}{6} = 9\ \text{Treffer}$$

$$\bar{x}_2 = \frac{54}{6} = 9\ \text{Treffer}$$

Streuungsmaß

Als Nächstes berechnen wir das Streuungsmaß:

Treffer	Abweichung	Quadrat	Treffer	Abweichung	Quadrat
12	3	9	12	3	9
11	2	4	11	2	4
9	0	0	11	2	4
8	–1	1	10	1	1
8	–1	1	5	–4	16
6	–3	9	5	–4	16
54		24	54		50

Standardabweichung

Der Standardabweichung zeigt unterschiedliche Werte:

$$\sigma_1 = \sqrt{\frac{24}{6}} = 2{,}0 \quad \text{Treffer}$$

$$\sigma_2 = \sqrt{\frac{50}{6}} = 2{,}89 \, \text{Treffer}$$

Die Variationskoeffizient zeigt den Unterschied in der Streuung deutlich:

$$V_1 = \frac{2 \times 100}{9} = 22\ \%$$

$$V_1 = \frac{2{,}89 \times 100}{9} = 32\ \%$$

Der 1. Schütze hat im Durchschnitt gleichmäßiger geschossen als der 2. Schütze.

Aufgaben

1. Ein Lottospieler bestimmt die Häufigkeit der richtig angekreuzten Zahlen je Spiel:

Anzahl der richtigen Zahlen	0	1	2	3	4	5	6
Häufigkeit in einem Jahr	220	147	37	11	1	0	0

a) Bestimmen Sie die relative Häufigkeit (1 Kommastelle) für:
– „3 oder 4 richtige Zahlen“,
– „mehr als 3 richtige Zahlen“,
– „mindestens 3 Richtige“!

b) Bestimmen Sie das arithmetische Mittel (1 Kommastelle)!

c) Berechnen Sie die Standardabweichung (1 Kommastelle)!
d) Berechnen Sie den Variationskoeffizienten, und beurteilen Sie die Aussagekraft des arithmetischen Mittels!

2. Die Qualität eines Produktes wird mit Punkten von 1 bis 10 bewertet:

Punktwerte	1	2	3	4	5	6	7	8	9	10
Häufigkeit	1	0	3	5	5	9	7	6	9	5

a) Berechnen Sie das arithmetische Mittel der Qualitätspunkte!
b) Berechnen Sie die Standardabweichung und den Variationskoeffizienten!

3. Die Monatsumsätze eines Jahres zeigten in einem Unternehmen den folgenden Verlauf:

Monat	1	2	3	4	5	6	7	8	9	10	11	12
Umsatz	2,5	1,1	4,3	8,7	2,9	5,3	12,5	16,9	12,5	9,3	14,7	20,1

a) Errechnen Sie den durchschnittlichen Monatsumsatz mit Hilfe des arithmetischen Mittels!
b) Stellen Sie mit der Standardabweichung fest, um wie viel € (auf volle € gerundet) die einzelnen Monatsumsätze vom arithmetischen Mittel abweichen!
c) Prüfen Sie anhand des Variationskoeffizienten die Aussagekraft des arithmetischen Mittels!

8. Graphische Darstellungen

Statistische Zahlen können durch verschiedene Diagramme dargestellt werden, um die Anschaulichkeit des Zahlenmaterials zu erhöhen. Reine Zahlenangaben prägen sich nicht so stark ein wie Bilder. Diagramme erlauben eine schnelle Information über statistische Zusammenhänge und Aussagen.

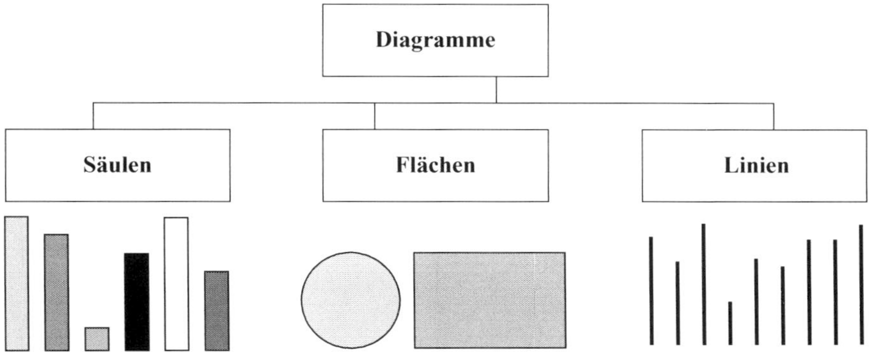

Bei der Darstellung der Zahlen in einem rechtwinkligen Koordinatenkreuz werden die Merkmale auf der waagerechten x-Achse, die Zahlenwerte auf der senkrechten y-Achse eingetragen.

Säulendiagramm

Die statistischen Zahlen werden in einem Koordinatenkreuz durch die Höhe der Rechtecke veranschaulicht.

Das Problem

Die Umsätze der Möbelzeile verteilten sich im Monat Mai auf die verschiedenen Produktbereiche wie folgt:

Produktgruppe	Umsatz
Wohnzimmer	1 280 000
Küchen	540 000
Schlafzimmer	810 000
Kinderzimmer	350 000
Bad	440 000

Veranschaulichen Sie die Umsätze in einem Säulenendiagramm!

Die Lösung

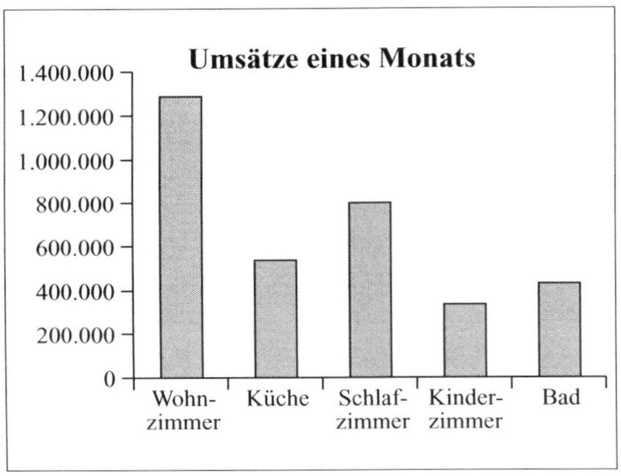

Das Problem

Die Lagerbestände der letzten 5 Jahre belaufen sich auf:

Jahr	Lagerbestand
2002	620 Stück
2003	1 430 Stück
2004	4 010 Stück
2005	2 150 Stück
2006	1 080 Stück

Stellen Sie die Entwicklung mittels eines Flächendiagramms dar!

Die Lösung

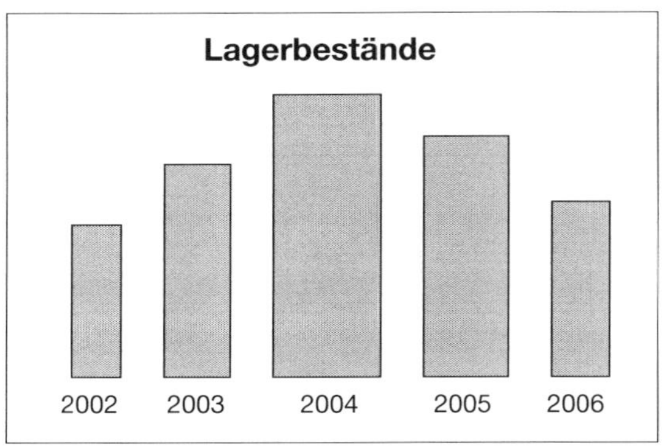

Flächendiagramm

Im Gegensatz zum Säulendiagramm ist hier nicht die Höhe, sondern der Flächeninhalt eines Kreises oder Rechtecks entscheidend.

Kreisdiagramm

Das Kreisdiagramm dient zur Darstellung von Gliederungszahlen, um den Anteil von Teilmassen an der Gesamtmasse zu veranschaulichen.

Den Teilmassen entsprechen einzelne Sektoren des Kreises. Um diese zu zeichnen, berechnet man deren Winkelgrade, wobei die Kreisflächen (= 360°) der Gesamtmasse (= 100 %) entspricht.

Das Problem

Eine Marktanalyse ergab für ein Unternehmen die folgende Nachfragestruktur:

Zielgruppe	Anteil
Jugendliche	10 %
Single-Haushalte	25 %
2-Personen-Haushalte	65 %

Veranschaulichen Sie die Verteilung in einem Kreisdiagramm!

Die Lösung

Teilmassen	Winkelgrade
Jugendliche	10 % von 360 = 36 °
Single-Haushalte	25 % von 360 = 90 °
2-Personen-Haushalte	65 % von 360 = 234°

Winkelgrad = % Teilmasse × 360

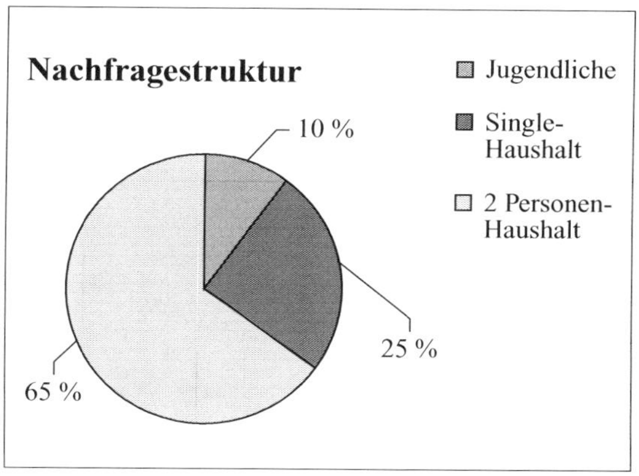

Das Problem

Für eine Werbeaktion wurden folgende Werbeetats veranschlagt:

Rundfunk . . . . 0,7 Mio. €
Fernsehen . . . . 1,5 Mio. €
Plakate . . . . 0,3 Mio. €
Zeitungen . . . . 0,4 Mio. €
Prospekte . . . . 0,1 Mio. €

Berechnen Sie die Winkelgrade für die Darstellung in einem Kreisdiagramm!

Die Lösung

Gesamtmasse = 3 Mio. €

Teilmassen	Winkelgrade
Rundfunk	84 Grad
Fernsehen	180 Grad
Plakate	36 Grad
Zeitungen	48 Grad
Prospekte	12 Grad
	360 Grad

$$\text{Winkelgrad} = \frac{360 \times \text{Teilmasse}}{\text{Gesamtmasse}}$$

Histogramm

Das Histogramm eignet sich besonders für Häufigkeitsverteilungen, deren Merkmale zu Größenklassen zusammengefasst sind. Der Fläche des jeweiligen Rechtecks entspricht die Häufigkeit des Merkmalswertes.

Bei konstanter Klassenbreite ist die Höhe der Rechtecke gleich den Häufigkeiten. Bei ungleicher Klassenbreite sind die Häufigkeiten durch die Klassenbreite zu teilen, um die Fläche zu erhalten.

Das Problem

Die Gehaltsstruktur eines Unternehmens weist das folgende Bild auf:

Gehaltsgruppe	Anzahl AN
500 – unter 2 000	6
2 000 – unter 3 500	20
3 500 – unter 5 000	13
5 000 – unter 6 500	5
6 500 – unter 8 000	3
8 000 – unter 9 500	2
9 500 – unter 11 000	1

Veranschaulichen Sie die Gehaltsstruktur in einem Histogramm!

Die Lösung

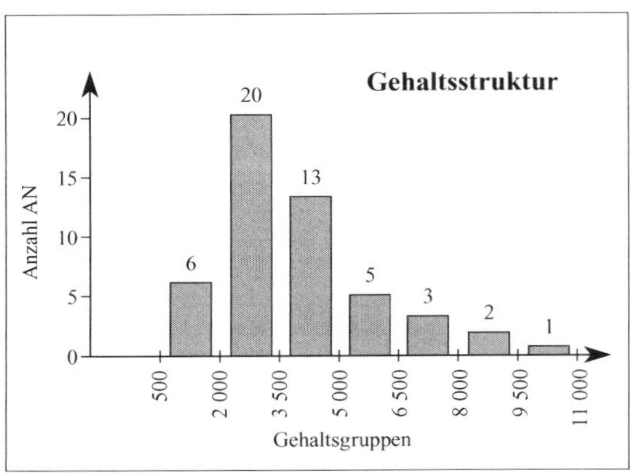

Liniendiagramm

Das Liniendiagramm veranschaulicht die Entwicklung von statistischen Werten im Zeitablauf. Dazu werden die Zahlenwerte der Zeiten als Punkte eingezeichnet und dann durch eine Linie verbunden.

Wichtig für die Aussage eines Liniendiagramms sind die Maßstäbe der x- und y-Achse. Eine Verkleinerung auf der y-Achse würde die Kurve abflachen, eine Vergrößerung steiler verlaufen lassen. Auf der x-Achse würde eine Verkürzung des Maßstabes die Kurve steiler, eine Verlängerung flacher erscheinen lassen.

Das Problem

Die Preise für einen Rohstoff entwickelten sich in den letzten 10 Jahren wie folgt:

Jahr	Preis
1997	8,03
1998	9,35
1999	12,22
2000	10,46
2001	9,25
2002	9,64
2003	9,15
2004	9,64
2005	11,32
2006	8,66

Stellen Sie die Preisentwicklung in einem Liniendiagramm dar!

Die Lösung

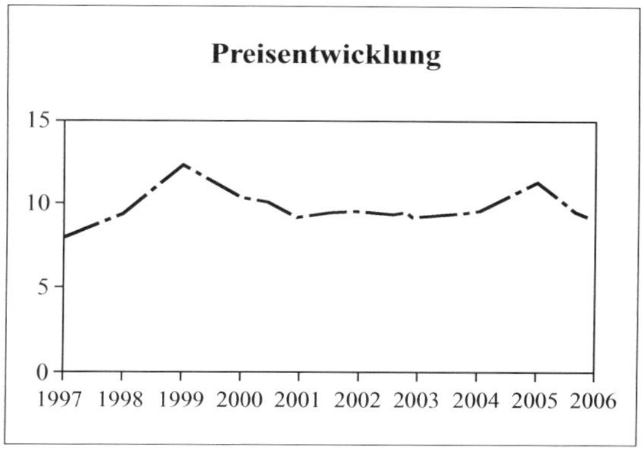

Aufgaben

1. Die Absatzentwicklung an Gartenmöbeln zeigte im letzten Jahr die folgende Verteilung auf Produktgruppen:

   Kunststoff . . . . 360 Einheiten
   Holz . . . . 810 Einheiten
   Naturholz . . . . 90 Einheiten
   Metall . . . . 180 Einheiten

   Zeichnen Sie die Absatzentwicklung
   a) als Säulendiagramm,

b) als Kreisdiagramm,
c) als Liniendiagramm!

Welches Diagramm ist am aussagekräftigsten?

2. Die Kursentwicklung einer Aktie zeigte in den letzten 12 Monaten den folgenden Verlauf:

Monat	Kurs	Monat	Kurs
Jan.	638	Juli	600
Feb.	700	Aug.	610
März	710	Sept.	550
April	690	Okt.	580
Mai	600	Nov.	600
Juni	580	Dez.	620

Stellen Sie die Kursentwicklung in einem Liniendiagramm dar!

3. Die statistische Erfassung der Fehlzeiten eines Monats ergab folgende Tabelle:

Anzahl der fehlenden AN	Anzahl der Arbeitstage
0 – unter 2	7
2 – unter 4	6
4 – unter 6	2
6 – unter 8	4
8 – unter 10	1

Veranschaulichen Sie die Fehlzeiten in einem Histogramm!

9. Zeitreihenanalyse

Eine Zeitreihe ist eine Folge von statistischen Werten, die über einen längeren Zeitraum erfasst werden, z. B. *Umsatz, Kosten, Gewinne, Personalbestand u. a.*

Stellt man diese Zahlen graphisch dar, so lassen sich drei Entwicklungen erkennen:
- die Grundentwicklung über eine langzeitige Beobachtung, die man als Trend bezeichnet
- saisonale Entwicklungen aus dem jahreszeitlichen Schwanken während eines Geschäftsjahres
- konjunkturelle Entwicklungen aus den langfristigen Veränderungen der Wirtschaft (Hochkonjunktur, Depression).

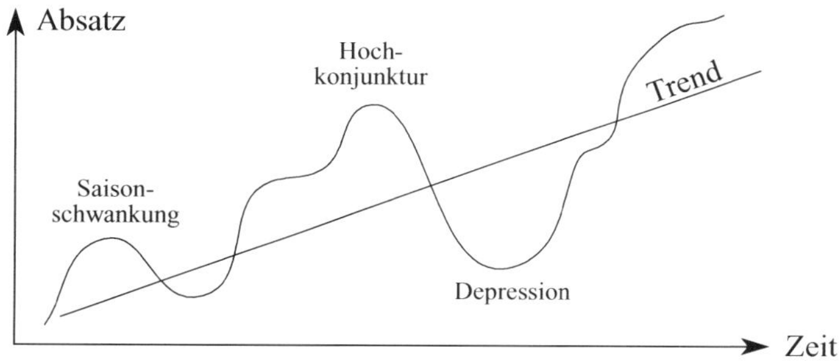

Informationen

Trend

Der Trend lässt auf längere Sicht eine stetige Entwicklung der Zeitwerte erkennen; dieser kann steigend, fallend oder gleich bleibend sein.

Um den Trend zu erkennen, zeichnet man frei Hand durch die Kurve der Zeitwerte eine gerade Linie so, dass die Flächen über der Trendgeraden ungefähr gleich den Flächen unterhalb dieser sind.

Verlängert man die Trendgerade über den letzten Zeitwert hinaus, so lassen sich Prognosen für die zukünftige Entwicklung machen. Dabei kann es jedoch zu starken Abweichungen kommen.

Rechnerisch lässt sich der Trend durch gleitende Durchschnitte ermitteln.

Ziel der Trenderkennung ist es, der Unternehmensführung Daten der Zukunft an die Hand zu geben, mit denen sie gezielt und einigermaßen abgesichert planen kann.

Das Problem

Ein Unternehmen zeigt die folgende Umsatzentwicklung:

Jahr	Umsatz
2000	480 Mio. €
2001	560 Mio. €
2002	500 Mio. €
2003	610 Mio. €
2004	750 Mio. €
2005	700 Mio. €
2006	650 Mio. €

- Stellen Sie die Umsätze als Liniendiagramm dar!
- Zeichnen Sie nach Augenmaß die Trendgerade ein!
- Verlängern Sie die Trendgerade um 1 Jahr!
- Lesen Sie den Umsatz für 2007 ab!
- Überprüfen Sie diese Prognose anhand der Kurvenverläufe!

Die Lösung

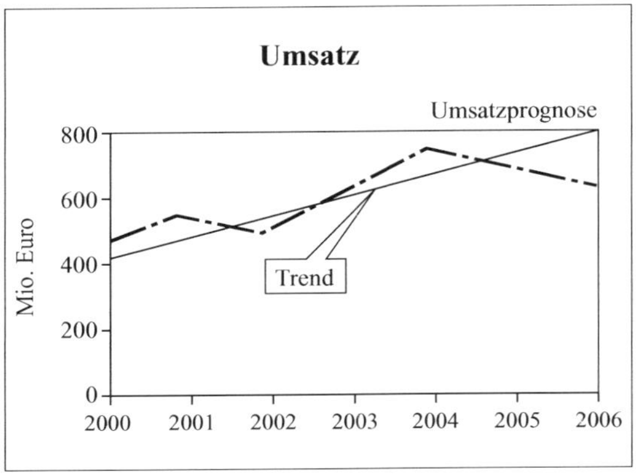

Die Umsatzprognose für 2007 beträgt ca. 800 Mio. €. Diese Voraussage ist wenig wahrscheinlich, da die Umsätze in den letzten beiden Jahren gefallen sind, der Trend aber noch aufwärts zeigt.

Das Problem

Die Preise für einen Rohstoff zeigen folgende Entwicklung:

Jahr	Preis
1998	10,7
1999	11,3
2000	8,7
2001	8,1
2002	8,2
2003	7,2
2004	7,1
2005	7,0
2006	6,8

- Zeichnen Sie die Preisentwicklung als Liniendiagramm!
- Berechnen Sie nacheinander den Durchschnitt von jeweils drei aufeinander folgenden Preisen, und tragen Sie

Die Lösung

Jahr	Preis	gleitender Durchschnitt
1998	10,7	
1999	11,3	10,2
2000	8,7	9,4
2001	8,1	8,3
2002	8,2	7,8
2003	7,2	7,5
2004	7,1	7,1
2005	7,0	7,0
2006	6,8	

$$f_1 = \frac{10{,}7 + 11{,}3 + 8{,}7}{3} = 10{,}2$$

Gleitender Dreierdurchschnitt

den Durchschnitt bei dem mittleren der drei Preise als Näherungswert für den Trend ein!
- Zeichnen Sie die Linie der Trendwerte in das Liniendiagramm ein!

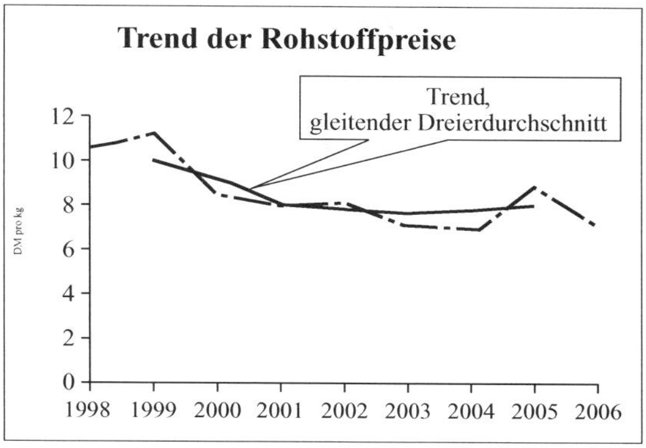

Das Beispiel zeigt einen fallenden Trend.

Saisonentwicklung

Die saisonalen Bewegungen ergeben sich aus dem branchen- und artikeltypischen Auf und Ab des Absatzes in einem Geschäftsjahr, wie z. B. bei Bademoden, bei Getränken, im Baugewerbe u. a.

Diese Entwicklung lässt sich aus dem Verlauf eines Liniendiagrammes erkennen.

Das Problem

Die Absatzzahlen für Limonade zeigen für ein Geschäftsjahr das folgende Bild (in Tausend Flaschen):

Monat	Absatz
Januar	5
Februar	5
März	8
April	10
Mai	12
Juni	14
Juli	16
August	24
September	14
Oktober	7
November	6
Dezember	2

- Veranschaulichen Sie den Absatzverlauf in einem Liniendiagramm!

Die Lösung

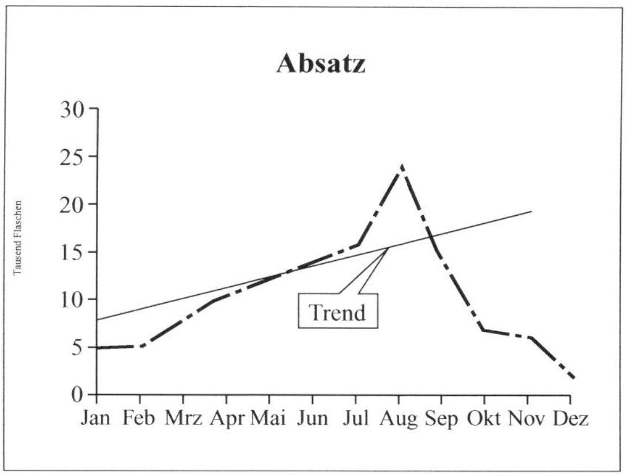

Der Absatz ist am höchsten in den Sommermonaten und sinkt besonders im Dezember stark ab.

– Beschreiben Sie den Absatzverlauf!
– Zeichnen Sie den Trend nach Augenmaß als gerade Linie ein!

Aufgaben

1. Die Umsätze (in Mio. €) einer Textilfabrik zeigen in den letzten 8 Jahren das folgende Bild:

Jahr	2000	2001	2002	2003	2004	2005	2006
Umsatz	8,8	7,2	6,6	5,9	4,6	4,4	4,3

a) Stellen Sie die Umsatzentwicklung in einem Liniendiagramm dar!
b) Zeichnen Sie nach Augenmaß die Trendgerade ein!
c) Geben Sie eine Umsatzprognose für 2007!
d) Beurteilen Sie die Zuverlässigkeit dieser Prognose!

2. Die Kurse einer Aktie entwickelten sich in den letzten 12 Monaten wie folgt:

Monat	J	F	M	A	M	J	J	A	S	O	N	D
Kurs (€)	130	140	143	151	135	126	131	141	163	170	165	161

a) Zeichnen Sie die Kursentwicklung als Liniendiagramm!
b) Berechnen Sie die gleitenden Dreierdurchschnitte!
c) Zeichnen Sie die Linie der Näherungswerte für den Trend in das Diagramm ein!
d) Prüfen Sie, ob sich saisonale Schwankungen erkennen lassen!

10. Grenzen der Statistik

Immer wieder werden statistische Werte und Folgerungen angezweifelt. Dieses ist verständlich, denn bei der Erstellung und der Deutung von Statistiken gibt es eine Reihe von Fehlerquellen und Täuschungsmöglichkeiten:

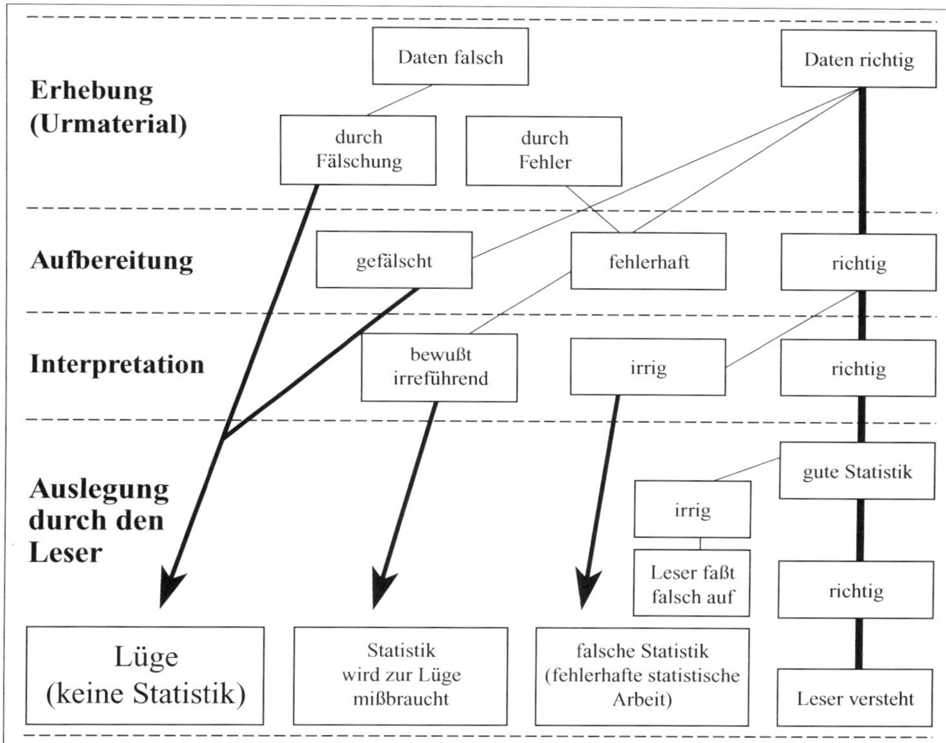

Schema der Fehlerquellen und Täuschungsmöglichkeiten beim Erarbeiten und Verarbeiten von Statistiken

aus: Swoboda „Knaurs Buch der modernen Statistik“, Seite 214

Erhebungsfehler

Schon bei der Festlegung der Untersuchungsmerkmale, der Fragestellung und der Größe der Stichprobe können Abweichungen auftreten.

Als Beispiele seien genannt:

- Es soll eine Liste der Großbetriebe aufgestellt werden. Wenn keine Definition gegeben wird, kann die Aufzählung ein missverständliches Bild geben. Soll man die Zahl der Beschäftigten, den Umsatz, das Grundkapital oder den Marktanteil zugrunde legen?
- „Die Produktivität ist um 18 % gestiegen“. Bezogen auf die Arbeitszeit, die Zahl der Arbeitnehmer oder die Maschinenstunden?

- Bei einer Marktuntersuchung für Schokolade fragt die Interviewerin (suggestiv): „Würden Sie das Produkt als qualitativ hochwertig bezeichnen?"
- Einen Absatzprognose aus einem repräsentativen Querschnitt von 100 Konsumenten oder von 1000 wird ein anderes Ergebnis erbringen.

Fehler bei der Aufbereitung

Bei der Zusammenfassung des statistischen Zahlenmaterials zu Tabellen kann durch eine ungünstige Klasseneinteilung die Aussage verfälscht werden.

Ein Beispiel dafür ist eine Verbrauchsstatistik:
„unter 2 000 €, 2 000 bis unter 3 000, 3 000 bis unter 4 000, 4 000 bis unter 5 000" usw.; hier ist die erste Klasse offensichtlich zu groß.

Durch die Wahl des „geeigneten" Mittelwertes kann die Aussage über den Durchschnitt eines statistischen Zahlenmaterials verändert werden.

Um zum Beispiel den Durchschnittswert aus der Reihe fehlerhafte Stücke aus einzelnen Stichproben: 1 1 3 14 21 zu bestimmen, kann man den Zentralwert Z = 3 oder das arithmetische Mittel AM = 8 wählen. Bei einem Wert von 3 Stück wird die Maschine nicht angehalten, da dieser Wert innerhalb des Toleranzbereiches liegt; bei 8 Stück muss die Maschine gestoppt werden.

Verfälschungen bei der Darstellung

Durch Veränderung des Maßstabes einer graphischen Darstellung kann eine Linie steil oder flacher verlaufen.

Umsatzstatistik (€):	2001	2002	2003	2004	2005	2006
	121	125	130	136	140	142

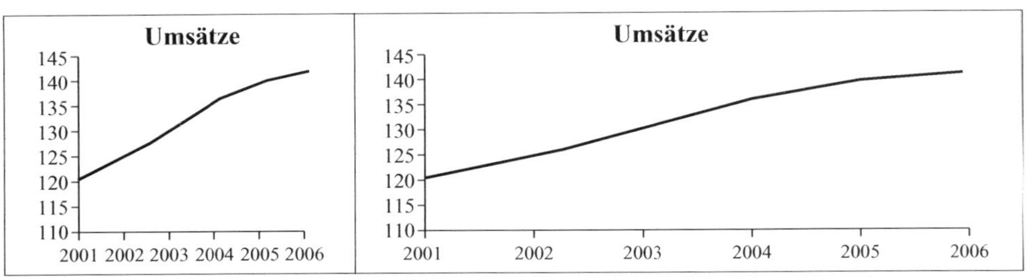

Fehler bei der Interpretation

Durch ungenaue Begriffe oder durch Weglassen von Zahlen kann dem Leser oder der Leserin ein verfälschtes Bild gegeben werden.

Bei der Lehrstellenstatistik wird behauptet „42 % der Schulabgänger haben keinen Ausbildungsplatz". Es fehlt die Angabe Haupt-, Realschule, Gymnasium. Wie viele Abiturienten dürfen nicht mitgezählt werden, da sie studieren wollen? Wie viele Jugendliche besuchen weiterführende Schulen?

Fehler bei der Auslegung durch den Leser

Der Leser oder die Leserin einer Statistik liest nur das heraus, was ihn oder sie gerade interessiert, der Rest wird überlesen.

Bei einer Statistik der Freizeitmöglichkeiten (Sport, Reisen, Lesen, Garten, Kultur) liest vielleicht der Sportinteressierte „62 % betreiben Sport" und überliest dabei den Hinweis, dass es sich nur um eine bestimmte Altersgruppe handelt.

Die aufgeführten Beispiele zeigen Gefahren und Grenzen der Statistik. Durch statistische Aussagen können einseitige Meinungen von Interessengruppen unterstützt werden, können Konsumwünsche in der Werbung geweckt werden, können betriebliche Fehlentwicklungen verschleiert werden. Bei sachgerechter Anwendung ist die Statistik jedoch ein wertvolles Hilfsmittel bei der Analyse von großen Zahlenmengen und der Prognose für Zwecke der Planung betrieblicher Entscheidungen.

LÖSUNGEN

I. Der Dreisatz

Seite 7

1) a. Rechte Spalte der Reisedevisen. (Brief = Verkauf)
Kreditinstitute verlangen beim Verkauf von Devisen mehr Geld als sie beim Einkauf (Rückkauf) bezahlen. Die Differenz ist ihr Gewinn.

1) b. Dreisatz aufstellen.
Gerades Verhältnis.

$$14{,}158\ € = 100\ \text{dkr}$$
$$75{,}00\ € = x\ \text{dkr}$$

$$x = \frac{75 \times 100}{14{,}158}$$

x = 529,74 dkr

Seite 8

2) Für die Berechnungen ist der Ausgabewert anzusetzen, denn das ist der Betrag, den ein Käufer der Investitionspapiere bezahlen muss.

Seite 11/12

Die gesamten fixen Kosten bei der Herstellung von 120 Stück betragen 720,00 €.
Ungerader Dreisatz.

$$6{,}00\ € = 120\ \text{Stück}$$
$$5{,}00\ € = x\ \text{Stück}$$

$$x = \frac{6 \times 120}{5}$$

x = 144 Stück

<u>Definition Kosten</u>
Als Kosten wird ein Verbrauch angesehen, der für die Herstellung (Leistungserstellung) und für den Verkauf (Leistungsverwertung) normalerweise anfällt (Normalkosten). So werden z. B. Wasser, Energie, Arbeitskraft verbraucht. Dieser Verbrauch wird mit Geldeinheiten bewertet und Kosten genannt. Wissenschaftlich gesehen wird bei Kosten von einem betriebsnotwendigen Aufwand gesprochen.

Seite 17/18

1) Ungerades Verhältnis.

0,75 m	=	25 Rollen
0,50 m	=	x Stück

$$x = \frac{0{,}75 \times 25}{0{,}50}$$

x = 37,5 Rollen

2) a. Die Verarbeitung der schmaleren Rollen nimmt 90 Minuten Mehrarbeit in Anspruch. Dafür werden 45 € berechnet.
Gerades Verhältnis.

1,5 Stunden	=	45 €
6 Stunden	=	x €

$$x = \frac{6 \times 45}{1{,}5}$$

x = 180,00 €

2) b. Die breiten Rollen kosten 5 € das Stück.
Demnach werden 125 € für 25 breite Rollen benötigt,
ungerades Verhältnis.

37,5 schmale Rollen	=	125 €
1 schmale Rolle	=	x €

$$x = \frac{1 \times 125}{37{,}5}$$

x = 3,33 €

Seite 18

3) Ungerades Verhältnis.

0,75 l = 96 Flaschen
0,8 l = x Flaschen

$$x = \frac{0{,}75 \times 96}{0{,}8}$$

x = 90 Flaschen

4) Gerades Verhältnis.

28 280 € Direktentgelte = 20 Mio € Bruttolöhne
21 660 € Lohnnebenkosten = X € Personalzusatzkosten

$$x = \frac{21\ 660 \times 20\ 000\ 000}{28\ 280}$$

x = 15,4 Mio. €

> Die Zementfabrik ist der Industrie zuzuordnen, deshalb sind 77 % Personalzusatzkosten anzusetzen.

Seite 19

5) Die Aufgabe ist in zwei Schritten zu lösen.
In beiden Fällen ist ein Dreisatz mit geradem Verhältnis zu bilden.

1 000 Gramm = 9 €
1 125 Gramm = x €

$$x = \frac{1\ 125 \times 9}{1\ 125}$$

x = 10,13 €

1 500 Gramm = 10,13 €
1 000 Gramm = x €

$$x = \frac{1\ 000 \times 10{,}13}{1\ 500}$$

Der Preis für die Mischung beläuft sich auf 6,753 €.

6) a. Gerader Dreisatz.

1 435 Stunden	=	1 Arbeitskraft
7 892 Stunden	=	x Arbeitskräfte

$$x = \frac{7\,892 \times 1}{1435}$$

x = 5,5 deutsche Arbeitskräfte[2]

6) b. Gerader Dreisatz

2 002 Stunden	=	1 Arbeitskraft
7 892 Stunden	=	x Arbeitskräfte

$$x = \frac{7\,892 \times 1}{2\,002}$$

x = 4 tschechische Arbeitskräfte

Ob allerdings der Bau des Gebaüdekomplexes so organisiert werden kann, dass so viele Arbeitskräften eingesetzt werden können, ohne dass es zu gegenseitigen Behinderungen oder Leerlaufzeiten kommt, ist mit der Dreisatzrechnung nicht zu beantworten.

6) c, Gerader Dreisatz

1 Arbeitsstunde	=	5,04 x 4	=	20,16 €
7 892 Arbeitsstunden	=			x €

$$x = \frac{20{,}16 \times 7892}{1}$$

x = 159 102,72 Euro Arbeitskosten für 4 tschechische Arbeitskräfte

Die Kosten pro Stunde für 5,5 deutsche Arbeitskräfte belaufen sich auf 5,5 x 27,87 € = 158,28 €. Multipliziert mit der Jahresstundenzahl von 7 892 Stunden ergibt das Arbeitskosten in Höhe von 1 209 725,22 €.

2 Zahlen von Westdeutschland

7) 1 Euro entspricht dem Lohn von 5 Minuten Arbeit. Genauso viel kosten 250 Gramm Butter. Für ein Pfund Butter muss ein Kunde demnach 2 € hinblättern. Das entspräche einem Arbeitslohn von zehn Minuten Arbeit. In Sri Lanka muss 8mal so lange gearbeitet werden.

Dreisatz mit geradem Verhältnis.

5 Min.	=	1 €
80 Min.	=	x €

$$x = \frac{80 \times 1}{5}$$

x = 16 €

Das besagt, dass ein deutscher Arbeitnehmer, bekäme er einen 5-Minuten-Lohn von 1 €, für ein Pfund Butter 16 € ausgeben müsste. Dann wäre er demjenigen in Sri Lanka gleichgestellt.

Seite 20

8) Zusammengesetzter Dreisatz.

2 500 cbm	=	40 PS	=	8 Stdn.	=	12 Tage
8 000 cbm	=	72 PS	=	6 Stdn.	=	x Tage

Der einfachste Weg ist die Aufteilung in drei Dreisätze.

Zunächst werden die äußeren Glieder in Beziehung gesetzt, dann die inneren und äußeren mit den gefragten Tagen. Der erste Dreisatz ist gerade, die übrigen haben ein ungerades Verhältnis.

$$x = \frac{8\,000 \times 12 \times 40 \times 8}{2\,500 \times 72 \times 6}$$

x = 28,4 Tage

Werden die 0,4 Tage in Stunden (bezogen auf 6 Stunden je Tag) umgerechnet, dann wird der Müllberg in 28 Tagen (zu 6 Stunden) und 2 Stunden und 24 Minuten weggeräumt sein.

Es ist allerdings fraglich, ob ein proportionalen Zusammenhang zwischen der PS-Zahl und der Arbeitsleistung eines Baggers besteht. Ist dies nicht der Fall, führt die Rechnung zu einem falschen Ergebnis.

II. Rechnen mit englischen Gewichten und Maßen

Seite 25

1) Dreisatz, gerades Verhältnis.

16 Unzen = 453,6 g
12 Unzen = x g

$$x = \frac{12 \times 453,6}{12}$$

x = 340,20 Gramm

2) Lösung mit Kettensatz.

	? lbs	sind	8,5 Zentner	
wenn	1 Zentner	=	50 kg	sind
wenn	1 kg	=	1000 g	sind
wenn	435,6 g	=	1 lb	ist

$$x = \frac{8,5 \times 50 \times 1\,000 \times 1}{1 \times 1 \times 453,6}$$

x = 937 lbs (aufgerundet)

Umrechnung in quarters

937 : 27 = **34 Rest 19** = 34 qts, 19 lbs

Umrechnung der quarters in ctws

34 : 4 = **8 Rest 2** = 8 ctws, 2 qts

8,5 Zentner entsprechen 8.2.19 ctws.

Seite 26

a. 16 x 1 760 = 28 160 yards

b. Kettensatz

? km	=	28 160 yards
12 yards	=	11 m
1 000 m	=	1 km

$$\text{km} = \frac{28\,160 \times 11}{12 \times 1\,000}$$

km = 25,813

c. 30 Minuten = 25,813 km

60 Minuten = 2 x 25,813 km

km/h = 52 km (aufgerundet)

III. Der Kettensatz

Seite 35

1) a.

	? Anteile sind	=	56 € Zinsen	
wenn	2,00 € Zinsen	=	25 €	
wenn	25 €	=	1 Anteil	ist

$$x = \frac{56 \times 25 \text{ x } 1}{2 \text{ x } 25}$$

x = 28 Anteile

1) b.

	? Anteile sind	=	56 € Zinsen	
wenn	2,00 DM Zinsen	=	1 Anteil	ist

$$x = \frac{56 \times 1}{2}$$

x = 28 Anteile

2) a. **?** Meter müssen in 20 Minuten geschafft werden, wenn in 60 Minuten 9 000 m zurückgelegt werden

	? m sind	=	20 Mi	
wenn	60 Mi	=	9 000 m	ist

$$x = \frac{20 \times 9\,000}{60}$$

3 000 m sind zurückzulegen.

2) b. **Hier ist der Kettensatz nicht anwendbar!**

Es liegt ein ungerades Verhältnis vor:
Je geringer die benötigte Zeit, desto höher die Geschwindigkeit.
Lösung daher nur im Dreisatz:

Dreisatz:
20 Min. = 9 km/h
15 Min. = x km/h

$$x = \frac{20 \times 9}{15}$$

x = 12 km/h

Seite 38

1) a.

			Benziner	Diesel	
	? DM	sind	820 km	820 km	
wenn	100 km		12 l	8 l	benötigen
wenn	1 l		1,08 €	0,89 €	kostet

$$x = \frac{820 \times 12 \times 1{,}08}{100 \times 1} \qquad \frac{820 \times 8 \times 0{,}89}{100 \times 1}$$

x = 106,27 € Benziner **x = 58,38 € Diesel**

1) b.

	Preis	Lebensdauer
Benziner	36 000	120 000
Diesel	47 000	150 000

Gefahrene km 820. Die Kosten des Verschleißes sind wie folgt zu ermitteln:

<u>Kettensatz/Benziner</u>

	? DM	kosten	820 km	
wenn	120 000 km	=	19 000 €	kosten

$$x = \frac{820 \times 19\,000}{120\,000}$$

x = 129,83 DM (Verschleiß)

Kettensatz/Diesel

	? DM	kosten	820 km	
wenn	150 000 km	=	25 000 DM	kosten

$$x = \frac{820 \times 25\,000}{150\,000}$$

x = 136,33 DM (Verschleiß)

Benzin	**106,27 €**	**Diesel**	**58,38 €**
Nutzung	**129,83 €**	**Nutzung**	**136,33 €**
Benziner insg.	**236,10 €**	**Diesel insg.**	**184,71 €**

Die Differenz beträgt nunmehr nur noch € 51,39.

4) c. Ja, bei Kostenvergleichen für Kraftfahrzeuge werden auch die Reparaturkosten, Steuern und Versicherungen in Anrechnung gebracht, wodurch sich ein objektiverer Vergleich ergibt.

3)

	? €	kosten	1 000 kg	
wenn	50,8 kg	=	1 cwt	ist
wenn	1 cwt	=	112 libs	sind
wenn	60 libs	=	1 bushel	ist
wenn	1 bushel	=	98 cents	kosten
wenn	100 cents	=	1 $	sind
wenn	1 $	=	0,8105 €	ist

$$x = \frac{1\,000 \times 1 \times 112 \times 1 \times 98 \times 0{,}8105}{50{,}8 \times 1 \times 60 \times 1 \times 100}$$

x = 29,17 €

IV. Verteilungsrechnung

Seite 42

Objekte	Raumgrößen	Mietanteile	Verwaltung	Gesamtanteile
	qm	€	€	€
Großraum	300,00	4 500,00	750,00	5 250,00
Leitungsetage	150,00	2 250,00	750,00	3 000,00
Kantine	150,00	2 250,00	750,00	3 000,00
Verwaltung	150,00	2 250,00		
Ausstellung	250,00	3 750,00		3 750,00
insgesamt	**1 000,00**	**15 000,00**	**2 250,00**	**15 000,00**

Die Miete für die Verwaltung mit 150 qm ist auf die ersten drei Räume aufzuteilen.

Die Gesamtanteile nach Aufteilung der Verwaltung sind der letzten Spalte zu entnehmen.

Seite 44/45

Die Verteilung sieht wie folgt aus:

Namen	Anteile des Komplementärs		Anteile in Prozent	Anteile
Birga Diering	70 %	1/2 v. 70 %	35	7
Axel Voss		1/2 v. 70 %	35	7
Sonja Möllgard		3/6 v. 30 %	15	3
Ines Framm	30 %	2/6 v. 30 %	10	2
Wolfgang Wallenda		1/6 v. 30 %	5	1
Summe	**100 %**		**100**	**20**

Der Gesamtgewinn ergibt sich aus X und 8 800,00 €, die vorab zu verteilen sind.

X ist der Gewinn, der nach diesem Plan zu verteilen ist. Dann sieht die weitere Rechnung so aus:

$$\text{Ein Anteil (T)} = \frac{X}{20}, \quad \text{z. B. 7 Anteile} = \frac{X}{20} \times 7$$

Seite 46

1) 1. Rechenschritt:

Jahreskosten für das Warenlager	12 360,00 €
abzüglich Reparatur Panzerschrank	1 200,00 €
Lagerkosten auf Räume	**11 160,00 €**

1) 2. Rechenschritt:

Räume	qm (a)	Kosten
Schüttgutlager	600	?
Ersatzteillager	250	?
Tresorraum	50	?
insgesamt	**900**	**11 160,00 €**

Addition der Quadratmeter und Division der Gesamtkosten durch Quadratmeter

$$\text{DM pro qm:} \quad x = \frac{11\,160}{900}$$

x = 12,40 €

1) 3. Rechenschritt:

Multiplikation der Kosten pro Quadratmeter mit den Raumquadratmetern und Übertragung in die oben stehende Tabelle.

Räume	qm	Anteilkosten
Schüttgutlager	600 × 12,40	7 440,00 €
Ersatzteillager	250 × 12,40	3 100,00 €
Tresorraum	50 × 12,40	620,00 €
insgesamt	**900**	**11 160,00 €**

2) a.

Kostenarten	Schlüssel	Schlüssel mit gleichem Nenner	verteilte Kosten
Personalkosten	1/3	10/30	18 110,00
Miete	1/5	6/30	10 866,00
Abschreibungen	1/6	5/30	9 055,00
Rest[4]	Rest	9/30	16 299,00
Summen		**30/30**	**54 330,00**

$$\text{Schlüssel (x)} = \frac{54\,330}{30}$$

x = 1 811,00 € je 1/30

2) b. Bei gleich bleibendem Schlüssel erhöhen sich die Personalkosten analog zu den Gesamtkosten:

42 160 € = 100 %
54 330 € = x %

$$x = \frac{42\,160 \times 100}{54\,330}$$

x = 129 %

Steigerung der Kosten um 29 %

4 Rest zu ermitteln, indem Anteile auf 30/30stel ergänzt werden.

3)

Name	Vorabzug	Zinsen	Teile	Anteile	Gesamt-betrag
R.B.	8 000,00	4 000,00	3/8	67 125,00	79 125,00
J.M.	8 000,00	4 000,00	3/8	67 125,00	79 125,00
C.H.	4 000,00	2 000,00	2/8	45 750,00[5]*	51 750,00
insges.	**20 000,00**	**10 000,00**	**8/8**	**180 000,00**	**210 000,00**

179 000 : 8 = 22 375 für 1 Teil.

Seite 47/48

4)

Freunde	Anteile	Betrag
A	1	5,55[6]
B	2	11,12
C	6	33,36
alle	9	50,00

9 Anteile = 50 €
1 Anteil = x €

$$x = \frac{1 \times 50}{9}$$

$$\mathbf{x = 5{,}555}$$

5) Errechnung der Konkursquote

$$1\ \text{Teil} = \frac{40\,800}{240\,400}$$

1 Teil = 0,1697171 (Konkursquote)

[5] 1 000 € sind eingeschlossen.

[6] Auf- bzw. abgerundet.

Dieses Ergebnis darf nicht aufgerundet werden, es ergibt sich sonst eine nicht realisierbare Verteilung.

Gläubiger	Forderungen in €	Betrag in €[7]
Konserven AG	160 000,00	27 154,74
Dosen – Büsch	32 320,00	5 485,26
R. Boysen	48 080,00	8 160,00
insgesamt	**240 400,00**	**40 800,00**

6) Verteilung des Liquidationserlöses

Name	Beteiligungen/€	Anteile	Rückzahlungsbetrag/€
JP.	250 000,00	50	375 000,00
K.W.	80 000,00	16	120 000,00
E.B.	40 000,00	8	60 000,00
W.K.	30 000,00	6	45 000,00
insgesamt	**400 000,00**	**80**	**600 000,00**

Rückzahlungsbetrag ist zu ermitteln, indem die Liquidationssumme von 600 000 € durch 80 geteilt und mit den Anteilen multipliziert wird.

Ein Anteil = 7 500 €.

7)

Kanäle	Zuschauer/Mio.	Anteile[8]	Mittelverteilung Mio. DM
Kanal 1	8	8	4,0
Kanal 2	7	7	3,5
Kanal 3	5	5	2,5
Kanal 4	4	4	2,0
Kanal 5	3	3	1,5
Kanal 6	2	2	1,0
zusammen	**29**	**29**	**14,5**

7 Ergibt sich, indem die Forderungsbeträge mit der Konkursquote multipliziert werden.

8 Anteile entsprechen den Zuschauerzahlen.

$$1\ \text{Anteil} = \frac{14{,}5\ \text{Mio.}}{29}$$

1 Anteil = 500 000

8) **Kosten je Schlüsseleinheit** $= \frac{8\,911}{39} = 228{,}49$ € (gerundet)

Kostenstellen	Schlüssel	Kosten/€ (gerundet)
Einkauf	8	1 828,00
Herstellung	4	914,00
Vertrieb	3	685,00
Verwaltung	24	5 484,00
insgesamt	**39**	**8 911,00**

9) Ausgaben 2000 e 100 Anteile (Prozent)

Euro je Anteil (Prozent) $= \frac{2\,000}{100} = 20$ €

9 a)

Produktgruppen	Anteile (Prozent)	Ausgaben
Bekleidung	5,5	110 €
Nahrungsmittel	10,3	206 €

(Ausgangsgehalt = 2000 €)

9 b)

Nettolohn-steigerung	3,3%	72,90 €

Die Nettolohnsteigerung war höher als die Preissteigerung von 1,7 %.

V. Verschiedene Rechenarten

1. Proportionsrechnung

Seite 52

Ja, der Warenkorb muss sich ändern, weil im Laufe von Jahren alte Gewohnheiten abgelegt werden und neue hinzukommen. Galt früher Butter als ein guter Frühstücksaufstrich, wird heute gerne Halbfettmargarine gegessen.

Seite 55/56

1) a. **Materialkosten** (eine Proportion als Beispiel dargestellt)

	Umsatz in Mio. €	Materialkosten in Mio. €
2000	10,2	1
2001	14,6	x

$$x = \frac{14{,}6 \times 1}{10{,}2} = 1{,}4314 \text{ Mio. €}$$

Nach den Proportionen von 2000 dürfte im Jahr 2001 nur ein Betrag für **Zubehör** von **1,4314 Mio.** € ausgegeben sein. In Wirklichkeit (2001) betrug dieser aber 2,2 Mio. €.

Rahmen dürften einen Betrag von **3,578 Mio.** € in Anspruch nehmen, tatsächlich (2001) aber betrug der Wert nur 3,5 Mio. €.

Sonstiges beliefe sich auf **0,71 Mio.** €, im Jahre 2001 fielen hierfür nur 0,65 Mio. € an.

Gründe für die Erhöhungen:

1. Preiserhöhungen der eingekauften Stoffe
2. Qualitätsverbesserungen
3. Produktveränderungen bei anderen Zubehörteilen
4. Erhöhter Abfall/Ausschuss durch neue Produktionsverfahren u. a.

Gründe für die Senkungen:

1. Preissenkungen der eingekauften Stoffe
2. Verringerung des Abfalls
3. Bessere Materialausnutzung bei „Sonstiges“

1) b. **Personalkosten/Gehälter** dürften nach der Proportion von 2000 für 2001 **2,750 Mio. €** betragen, was dem Plan entspricht. In Wirklichkeit fallen 2001 nur 2,5 Mio. € an.

Gesetzlich soziale Aufwendungen: Die Vorgabe (Soll) entspricht den Zahlen aus der Proportionsermittlung nach 2000, nämlich **0,55 Mio. €**. In der Realität haben sie sich gegenüber 2000 nicht geändert.

Die freiwilligen sozialen Aufwendungen sind höher geplant als die Proportion aus dem Jahre 2000 ergibt. Nach der Proportionsrechnung dürften **0,22 Mio. €** als freiwillige soziale Aufwendungen anfallen. Die Planung ist bereits von 0,55 Mio. € ausgegangen, die tatsächlich angefallenen Kosten betragen 2001 0,8 Mio. €.

1) c. Die **Personalkosten** insgesamt belaufen sich im Jahre 2001 auf 3,8 Mio.€. Genau das war auch geplant. Geht man aber vom Jahr 2000 aus und wendet die Proportionsrechnung an, dann hätten die Personalkosten einen weit höheren Betrag erreichen können, nämlich (x).

	Umsatz in Mio. €	Personalkosten in Mio. €
2000	10,2	3,2
2001	14,6	x

$$x = \frac{14{,}6 \times 3{,}2}{10{,}2} = 4{,}580 \text{ Mio. € (abgerundet)}$$

Die **Istpersonalkosten** sind sogar unter die Planungsgröße gefallen, was vielleicht darauf zurückzuführen ist, dass Arbeitnehmer auch freiwillig die Firma verlassen haben.

Die Personalkosten sind insgesamt so günstig, weil

1. Arbeitnehmer entlassen wurden,
2. Arbeitnehmer gehaltlich zurückgestuft wurden.

Sie werden wahrscheinlich im folgenden Jahr bei gleichem Umsatz weiter fallen, weil die freiwilligen sozialen Aufwendungen (und es könnte sich zum Teil um Abfindungen handeln) wieder auf das normale Maß zurückfallen werden, wenn die Rationalisierungsmaßnahmen, von denen hier auszugehen ist, abgeschlossen sein werden und keine Abfindungen mehr gezahlt zu werden brauchen.

Der Anstieg der freiwilligen sozialen Aufwendungen kann daran gelegen haben, dass Arbeitnehmer in den Vorruhestand gegangen sind und dafür Abfindungen erhielten.

2) **Preisindex**

2) a. 1,50 = x
106,2 = 100

$$x = \frac{1{,}50 \times 100}{106{,}2} = 1{,}41$$

Das Brot würde nach dem damaligen Preisniveau 1,41 € kosten.

2) b. 41,5 = 175 €
108,3 = x

$$x = \frac{108{,}3 \times 175}{41{,}5} = 456{,}69$$

Die Miete 2005 für eine 2 2/2 Zimmerwohnung mit 70 qm kostete nachh dem Index 1970=41,5 (auf Basis von 2000) **456,69 €**.

2) c. Die Verbrauchsartikel dieser Haushalte + -gewohnheiten unterscheiden sich.

2. Durchschnittsrechnung

Seite 61

a. 2 592,4 kWh

b. Die Spanne zwischen Höchstverbraucher (Norwegen) und Niedrigstverbraucher (Portugal) ist zu groß. Beide verzerren den Durchschnittsverbrauch. Meist werden deshalb Extremwerte bei der Durchschnittsermittlung außen vorgelassen.

Es sind nur wenige europäische Länder berücksichtigt. Es fehlen z. B. Italien, Schweiz, Österreich, Schweden, Dänemark, Benelux, Polen usf.

Unterschiedliche klimatische Bedingungen bedingen unterschiedliche Verbrauchsnotwendigkeiten. Deshalb ist ein Durchschnittswert nur von eingeschränkter Aussagekraft.

c. Vergleich mit England und Frankreich, denn beides sind auch Industrie-Staaten.

Seite 66/67

1) **(Wochenumsatzermittlung)**

Der Gesamtumsatz beläuft sich auf 22 468,93 €

1) a. **Tagesumsatz: 3 744,82 €** (Gesamtumsatz: 6)

1) b. **Tagesumsatz ist verfälscht, weil er einen Sonnabendumsatz enthält, der nur auf 5 Stunden Verkauf beruht.**

1) c. Insgesamt wurden in der Woche 50 Stunden gearbeitet.
Stundenumsatz: 449,38 €

1) d. **Tagesumsatz** auf Grundlage des Stundenumsatzes montags bis freitags: **4 043,70 €** (Stundenumsatz × 9).

Seite 67/68/69

2) **(Mischpreis)**

kg	Produkt	Gesamtpreis
40	Haferflocken	72,00 €
8	Weizenkleie	8,40 €
5	Rosinen	51,25 €
4	Nüsse	38,40 €
5	Mischobst	35,00 €
62		**205,55 €**

1 kg der Mischung kostet demnach 3,32 € (205,55 : 62),
500 Gramm kosten 1,66 €

3) **(Personenauswahl)**

Merkmale	Rangfolgepunkte	Istpunkte		Gesamtpunkte	
		Dame	Herr	Dame	Herr
Dame	1,2	10		12	
Herr	1,0		10		10
Umgangsformen	1,5	10	8	15	12
Kontaktfreudigkeit	1,4	5	10	7	14
Freundlichkeit	1,3	6	10	7,8	13

Sprachen	1,3	10	7	13	9,1
Mode	1,3	6	8	7,8	10,4
Durchsetzungsfähigkeit	1,5	8	10	12	15
Kooperationsfähigkeit	1,4	10	6	14	8,4
Fachkenntnisse	1,3	10	10	13	13
Kreativität	1,5	10	6	15	9
Gesamt	**14,7**	**85**	**85**	**116,6**	**113,9**

3) a. Die Beurteilung der Istpunkte wird von Person zu Person, die beurteilt, verschieden sein. Diese Punktzahl dient als Vorschlag. Hier einige ausgewählte Erläuterungen:

Umgangsformen: Wenn diese nicht zu beanstanden sind, dann sind sie auch nicht herausragend. Daher sind für den Bewerber nur 8 Punkte angezeigt.

Mode: In der Branche muss man ein modisches „outfit" haben. Das fehlt beiden. Der Bewerber ist durch die Solidität etwas höher einzuschätzen, wohingegen die Bewerberin etwas zu bieder erscheint.

Kreativität: Beide Ideen der Bewerberin sind hervorragend. Sie entlasten Eltern und bringen zusätzlich Geld ein (Caféteria). Eine Galerie im Hotel ist sicher für den Künstler interessant. Ob auch für viele Gäste? Wer weiß. Daher sind für den Bewerber nur 6 Punkte angezeigt.

3) b. Die **gewogenen Punktzahlen** laufen aufgerundet auf: **Bewerberin 117, Bewerber 114**.

3) c. Die gewogene Punktzahl für ein Merkmal lautet bei der Bewerberin auf 11,7 und bei dem Bewerber auf 11,4.

3) d. Teilt man die gewogene Punktzahl durch die Rangfolgen, dann ergeben sich durchschnittlich für die **Bewerberin 7,9 und für den Bewerber 7,75 Punkte**. In beiden Fällen würden, wenn hiernach ausgewählt wird, die Personen nicht den Anforderungen genügen. Ansonsten sprechen alle Anzeichen dafür, dass die Frau eingestellt wird.

Seite 69

4) **(Warengruppenumsatz)**

4) a. **Die Tagesumsätze belaufen sich durchschnittlich auf 3 999,57 €.**

4) b.

Waren-gruppen	Umsatz (mo–fr)	Faktoren	Gewogene Wagengruppen
1	13 112,00	1	**13 112,00**
2	4 235,72	2	**8 471,44**
3	5 121,21	3	**15 363,63**

Die Bedeutungsfaktoren geben die Wertschätzung wieder, die die Warengruppen im Gesamtsortiment erfahren. Die Unternehmensleitung wird dabei feststellen, dass die 3. Warengruppe trotz des weit geringeren Umsatzes als die 1. Warengruppe einen höheren gewogenen Wert hat. Er übersteigt den der Warengruppe 1. Das besagt, dass sich die Leitung sehr um diese Warengruppe kümmern sollte. Sie bringt zwar nicht mehr als circa 5 100,00 € Einnahmen ein, aber offensichtlich bedeutet die hohe Wertschätzung, dass Kunden hierfür zugleich auch gute Kunden für den Umsatz der 1. Warengruppe sind. Pflegt man diese Kunden besonders, könnte der Umsatz für die 1. Warengruppe vielleicht steigen. Auch kann die hohe Wertschätzung heißen, dass diese Warengruppe die höchsten Gewinne ausweist, womit dann ausgedrückt werden soll, dass der 3fache Wert der Warengruppe (15 363,63) circa soviel Gewinn bringt, wie in dem Umsatz der ersten Warengruppe (13 112,00) ungefähr enthalten ist. Die zweite Warengruppe steht zwischen beiden. Zwar sollte der Umsatz nicht vernachlässigt werden, und die Kunden sollten auch besonders gut betreut werden, weil die Warengruppe 2 immer noch mehr Gewinn bringt als die 1. Warengruppe, aber ihre Stellung im Unternehmen läuft hinter der der Warengruppe 3 hinterher.

VI. Prozentrechnung

Seite 73

Aufstellung eines Kettensatzes

	? € Lohnerhöhung	bekommt man bei	1 500 € Lohn,
wenn man	bei 100 € Lohn		3,10 € erhielte.

$$x = \frac{1\,500 \times 3{,}10}{100}$$

x = 46,50 €

Seite 76

1) **(Entwicklungshilfe) – Prozentwert gesucht**

Länder	% Entwicklungshilfe	€ Entwicklungshilfe
Ägypten	27	1,08 Mrd. €
Israel	17,5	0,70 Mrd. €
Indonesien	5,6	0,224 Mrd. €

Rechnung für das Beispiel Ägypten:

$$\text{Prozentwert} = x\ \frac{27 \times 4}{100} = 1{,}08 \text{ Mrd. €}$$

2) **(Rentenversicherung)**

Rentenversicherung/Beitragsbemessungsgrenze 2005 = 5 200,00 €
Erhöhung 50 € (von 2004 auf 2005)

$$\text{Prozentwert} = x = \frac{50 \times 100}{5\,150} = 0{,}97\ \%$$

Seite 79

Der Dreisatz lautet:

108 % = 92,88 Mrd. €
100 % = x Mrd. €

$$100\ \%\ \text{Grundwert (GW)} = \frac{92{,}88 \times 100}{108}$$

GW = 86 Mrd. €

Seite 80

1) a. Grundwert = Krankenversicherte 1995, = unbekannt
Prozentsatz = Erhöhung in % = 0,4902%,
Prozentwert ist die Erhöhung. = unbekannt
erhöhter Prozentwert = K.Vers. 1999 = ca. 80 Mio Personen

1) b.

Krankenversicherte 1995	100 % =	unbekannt
+ Erhöhung	0,4902 % =	unbekannt
= Krankenversicherte 1999	**100,**4902 **% =**	**82 000 000 Personen**

$$\text{Prozentwert} = \text{Erhöhung} = x = \frac{0{,}4902 \times 82\,000\,000}{100{,}4902}$$

x = 400 003 Personen, da der Grundwert ein ungefährer Wert ist, ca 82 Mio.) wird der Przentwert zu einer runden Zahl verändert
x = ca. 400 000 Personen

2)

Grundwert	2000	=	unbekannt Autos	=	100%
Erhöhung		=	169 300 Autos	=	unbekannt
erhöhter Grundwert 2001		=	5 300 000 Autos	=	unbekannt

2) a. Im Jahre 2000 wurden 5 130 700 Autos hergestellt

2) b. $\text{Prozentsatz} = x = \frac{169\,300 \times 100}{5\,130\,700} = 3{,}3\ \%$

2) c.

Grundwert	deutsche Autos =	100%
Erhöhung	Differenz =	unbekannt
erhöhter Grundwert	japanische Autos =	unbekannt

Japan produzierte 2,828 Mio. Fahrzeuge mehr (8,118 Mio. - 5,3 Mio.)

$$\text{Prozentsatz} = x = \frac{2\,828\,000 \times 100}{5\,300\,000} = 53{,}35\ \%$$

Seite 88

1) **(Handwerkliche Berufe)**

1. Sattler, 2. Schuster, 3. Tischler, 4. Bäcker, 5. Dachdecker u. a.	6. Frisöre 7. Kfz. - Mechaniker 8. Elektro - Installateur ...	**Andere handwerkliche Berufe:**

2) **(Ausbildungsstellen)**

Ausbildungsstellen (ASt) 2002	220 000
genannte Handwerksberufe/ASt	46 100
Andere Ausbildungsstellen	**173 900**

3) **(Kaufmännische Berufe)**

Prozentwert gesucht
40 % der ausländischen Auszubildenden hatten eine Ausbildungsstelle in einem kaufmännischen Betrieb oder im kaufmännischen Sektor.

$$\text{Prozentwert} = \frac{\text{Grundwert} \times \text{Prozentsatz}}{100}$$

$$\text{Prozentwert} = \frac{220\,000 \times 40}{100}$$

x = 88 000 Personen

Seite 89

1) **(Grundwert)**

Grundwert 2001 = 18 900 Insolvenzen

2) **(Prozentuale Steigerung)**

Prozentsatz gesucht

$$\text{Prozentsatz (\%)} = \frac{1\,100 \times 100}{18\,900}$$

x = 5,8 %

3) **(Vermehrter Grundwert gesucht)**

Grundwert 2002	=	18 900 Insolvenzen	=	100,0 %
prozentuale Steigerung bis 2002			=	5,8 %
vermehrter Grundwert 1995			**=**	**105,8 %**

Seite 91

1) **(Selbständige)**

1) a. **Prozentwert gesucht:** Zahnärzte/Ärzte usf. = **221 132 Personen**

1) b. **Prozentwert gesucht**

Selbständige	3 000 000
Freiberufler	552 830
korrigierte Selbständige	**2 447 170**

Einpersonenunternehmen (EPU) und Personengesellschaften, davon 25 %
2 447 170 : 4 (Teiler von 25 %) **= 611 792**
(EPU + Personengesellschaften)

2) **(Lebensmittelumsatz)**

2) a. Grundwert gesucht: Europäischer Lebensmittelumsatz
= 1 212 Mrd. €

2) b. Prozentwert gesucht: Metroumsatz = 70,9828 Mrd. €
2) c. Prozentwert gesucht: Aldiumsatz = 24,844 Mrd. €

3) **(China)**

3) a. Vermehrter Grundwert gesucht: Im Jahre 2025 wird die Bevölkerungszahl in China 1,44 Mrd. Menschen betragen.

$$\frac{1{,}3 \text{ Mrd.} \times 110{,}8}{100}$$

3) b. Durchschnittliche Zuwachsrate pro Jahr = 10,8 % : 25 Jahre = 0,432 %.

4) **(Fluggäste) Grundwert und Prozentwert gesucht:**

4)	a.	Fluggäste 2002	=	104,50 %	=	9 500 000 Mio.
		Zuwachs 2001 nach 2002	=	4,50 %	=	409 091 Mio.
4)	b.	Fluggäste 2001	=	100,00 %	=	9 090 909 Mio.

5) **(Firmenzusammenbrüche)**

Firmenzusammenbrüche Deutschland 2002	=	123,2 %	=	30 000
Firmenzusammenbrüche Westdeutschland 2002	=		=	18 800
Firmenzusammenbrüche Ostdeutschland 2002	=		=	6 200

5) b. **Grundwert gesucht:**

$$\text{Grundwert} = \frac{35\,000 \times 10}{123{,}2} = 24\,351 \text{ Zusammenbrüche}$$

Seite 92

6) **(Bundeshaushalt)**

6) a.

Einnahmen 2002	218,879 Mrd €
Einnahmen 2005	241,352 Mrd. €
Steigerung	22 473 Mrd. €

$$\text{Prozentsatz} = \frac{22{,}473 \times 100}{218{,}879}$$

Die **Steigerung** von 2002 nach 2005 wird prognostiziert auf **10,27 %**.

6) b.

Ausgaben 2002	247,800 Mrd €
Ausgaben 2005	254,400 Mrd. €
Steigerung	6,600 Mrd. €

$$\text{Prozentsatz} = \frac{6{,}600 \times 100}{247{,}8}$$

Der prozentuale Anstieg der Ausgaben bis 2005 beträgt 2,7 %

6) c. Annahme: Der Fehlbetrag ist proportional zu den Ausgaben

$$\frac{242{,}800}{7{,}821} = \frac{254{,}400}{x}$$

$$\textbf{Import 2002 (Prognose)} = \frac{254{,}400 \times 7{,}821}{247{,}800}$$

$$= 8{,}029 \text{ Mrd } €$$

Die Differenz zum eingeplanten Fehlbetrag ist unerheblich. Somit wird hiermit die These bestätigt, dass die Haushaltsausgaben stets über den Einnahmen liegen und eine steigende Verschuldung fest eingeplant sei.

7) **(Außenhandel)**

7) a. **Grundwert gesucht:** 1995 = 100%, 1996 = 105%

$$\text{Grundwert} = \frac{403{,}4 \times 100}{105}$$

Exportsumme 1995 = 348,2 Mrd. €

7) b. **Prozentsatz gesucht, Grundwert = 2004**

$$\text{Prozentsatz} = \frac{54{,}6 \times 100}{731{,}5}$$ (Exporterhöhung = 54,6 Mrd.€)

Exporterhöhung 2005 gegenüber 2004 = 7,5 %

7) c. **Wenn sich Exporte und Importe propotional erhöhen, erhöht sich auch der Außenhandesüberschuss proportional.**

$$\text{Erhöhung (2005 = 100\%)} = \frac{160{,}5 \text{ x } 105}{100} = 168{,}5$$

Prognose für 2006:
Der Außenhandelsüberschuss beträgt dann 168,5 Mrd. Euro

7) d. Vergrößerung der Schere:

2004			2005
Exporte	731,5 Mrd €	Exporte	786,1 Mrd €
Importe	575,4 Mrd €	Importe	625,8 Mrd €
Schere	156,1 Mrd. €	Schere	160,5Mrd. €

Diffferenz der Scheren:

2005	161,5 Mrd. €	
2004	156,1 Mrd. €	
Differenz	**5,4 Mrd €**	**(Vergrößerung der Schere)**

Seite 93

8) a. Grundwert = 39 122 000 Haushalte
Prozentwert: = 14 553 000 Einzelhaushalte

Prozentsatz $= \frac{14\,553\,000 \times 100}{39\,122\,000}$

$= 37\ \%$

8) b. Es gibt 4 225 000 4-Personenhaushalte, das entspricht 16 900 000 Personen. Davon sind 8 450 000 Kinder.

Die Grobschätzung gibt nur eine ungefähre Anzahl an. Es könnte nämlich sein, dass in den Haushalten andere Verwandte leben, z. B. Großeltern.

8) c. Grundwert = 13 048 000 2-Personenhaushalte
erhöhter Grundwert = 13 353 000 2-Personenhaushalte
Differenz (Prozentwert) = 305 000 2-Personenhaushalte

Prozentsatz $= \frac{305\,000 \times 100}{13\,048\,000}$

$= 2{,}3\ \%$

8) d. Einbürgerungen

Grundwert: 2002 = 106 800 Personen
Verminderter Grundwert 2004 = 104 700 Personen
Abnahme (Prozentwert) = 21 000 Personen

Prozentsatz $= \frac{104\,700 \times 100}{106\,800}$

$= 98\ \%$

Abnahme = 2 %

Seite 94

9) (Die Kaufkraft der Nettoverdienste)

9) a. 2 Aussagen sind möglich (aber nicht unbedingt richtig)

- Die Preise und die Arbeitszeiten haben sich im Zeitraum nicht geändert
- Die Preise und die Arbeitszeiten sind im gleichen Verhältnis gestiegen.

9) b. Für einen Personalcomputer arbeitet man

1991	135:37 Stunden	(Grundwert)	=	8 137 Minuten
2000	71:27 Stunden		=	4 287 Minuten

Lösung mit dem Dreisatz

8 137 = 100%
4 287 = x %

Prozentsatz x $= \frac{4\,287 \times 100}{8\,137}$

Prozentsatz x = 52,69 %

Für einen Personalcomputer musste 2000 52,65 % weniger lange gearbeitet werden als 1991. Als Gründe können genannt werden:

- PC sind billiger geworden
- Der Stundenverdienst ist gestiegen.

VII. Zinsrechnung

Seite 101

1) **Errechnung der Zinsen**

1) a. $4\,560 \times \frac{3{,}5}{100} = 159{,}60$ €

1) b. $2\,125 \times \frac{5{,}5}{100} \times 4 = 467{,}50$ €

1) c. $5\,365 \times \frac{6}{100} \times \frac{6}{12} = 160{,}95$ €

1) d. $1\,125 \times \frac{8}{100} \times \frac{7}{12} = 52{,}50$ €

1) e. $235{,}60 \times \frac{12}{100} \times \frac{2}{12} = 4{,}71$ €

1) f. $125{,}46 \times \frac{5}{100} \times \frac{72}{360} = 1{,}25$ €

1) g. $34{,}50 \times \frac{5{,}2}{100} \times \frac{252}{360} = 1{,}26$ €

1) h. $347{,}45 \times \frac{7}{100} \times \frac{35}{360} = 2{,}36$ €

Seite 102

2) **Errechnung der Zinstage**

2) a.

	31.10.	30.10.	
–	08.10.	08.10.	
=		**22.00**	**= 22 Tage**

2) b.		28.08.		
	–	12.02.		
	=	16.06.		
	+	180	6 × 30	
		196	= 196 Tage	

2) c.		12.09.	42.08.	
	–	24.05.	24.05.	
	=		18.03.	
		+	90	3 × 30
			108	= 108 Tage

2) d.		05.07.	35.06.	
	–	28.02.	28.02.	
	=		07.04.	
		+	120	4 × 30
			127	= 127 Tage

2) e.		31.01.04	31.12.03		30.12.03	
	–	21.12.03	21.12.03		21.12.03	
	=				09.01.00	
				+	30	1 × 30
					39	= 39 Tage

2) f.		01.05.04	01.17.03		31.16.03	
	–	15.11.03	15.11.03		15.11.03	
=					16.05.00	
				+	150	5 × 30
					166	= 166 Tage

2) g.

	29.02.04		
–	28.02.03		
=	01.00.01		
+	360	1 × 360	
	361		= 361 Tage

2) h.

	28.02.06	28.14.05	58.13.05	
–	31.05.03	30.05.03	30.05.03	
=			28.08.02	
		+	240	8 × 30
		+	720	2 × 360
			988	= 988 Tage

3) **(Rückzahlungsbetrag einschließlich Zinsen)**

3) a. **Zeit:**

	26.05.	
–	03.03.	
=	23.02.	
+	60	2 × 30
	83	= 83 Tage

Zinsen: $1\,120 \times \frac{4}{100} \times \frac{83}{360} = 10{,}33$ €

Rückzahlungsbetrag: 1 120,00 € + 10,33 € = 1 130,33 €

3) b. **Zeit:**

	08.08.	38.07.	
–	31.07.	30.07.	
=		08.00	= 8 Tage

Zinsen: $2\,365 \times \frac{5}{100} \times \frac{8}{360} = 2{,}63$ €

Rückzahlungsbetrag: 2 365,00 € + 2,63 € = 2 367,63 €

3) c. **Zeit:**

	31.12.	30.12.	
–	23.08.	23.08.	
=		07.04.	
	+	120	4 × 30
	=	127	= 127 Tage

Zinsen: $3\,540 \times \frac{7}{100} \times \frac{127}{360} = 87{,}42$ €

Rückzahlungsbetrag: 3 540,00 € + 87,42 € = 3 627,42 €

3) d. **Zeit:**

	02.03.	
–	01.02.	
=	01.01.	
+	30	1 × 30
=	31	= 31 Tage

Zinsen: $9\,856 \times \frac{12}{100} \times \frac{31}{360} = 101{,}55$ €

Rückzahlungsbetrag: 9 856 € + 101,55 € = 9 957,85 €

3) e. **Zeit:**

	28.02.96	28.14.95	
–	12.05.95	12.09.95	
=		16.05.00	
	+	150	5 × 30
	=	166	= 166 Tage

Zinsen: $265{,}40 \times \frac{8{,}8}{100} \times \frac{166}{360} = 10{,}77$ €

Rückzahlungsbetrag: 265,40 € + 10,77€ = 276,17 €

3) f. **Zeit:**

	02.06.04	02.18.03	32.17.03	
–	25.08.03	25.08.03	25.08.03	
=			07.09.00	
		+	270	9 × 30
		=	277	= 277 Tage

Zinsen: $295{,}70 \times \frac{2{,}5}{100} \times \frac{277}{360} = 5{,}69$ €

Rückzahlungsbetrag: 295,70 € + 5,69 € = 301,39 €

3) g. **Zeit:**

	31.01.04	30.01.96	30.13.03	
–	12.12.03	12.12.03	12.12.03	
=			28.01.00	
		+	30	1 × 30
		=	48	= 48 Tage

Zinsen: $45{,}80 \times \frac{4{,}3}{100} \times \frac{48}{360} = 0{,}26$ €

Rückzahlungsbetrag: 45,80 € + 0,26 € = 46,06 €

3) h. **Zeit:**

	28.02.04	28.14.04	58.13.04	
–	31.08.03	30.08.03	38.08.03	
=			28.05.00	
		+	150	5 × 30
		=	178	= 178 Tage

Zinsen: $345{,}70 \times \frac{6{,}2}{100} \times \frac{178}{360} = 10{,}59$ €

Rückzahlungsbetrag: 345,70 € + 10,59 € = 356,29 €

4) a. Verzugszinsen für 56 Tage = 169,24 €
Rückzahlungsbetrag am 21.08. = 12 969,24 €

4) b.

Rechnungsbetrag:	12 800,00 €
Zinsen bis 16.09. (81 Tage)	+ 158,40 €
Zusammen:	12 958,40 €
Abschlag	– 6 000,00 €
Restbetrag	69 528,40 €
Zinsen 16.09. – 15.11. (59 Tage)	+ 626,72 €
Überweisungsbetrag am 15.11.	70 155,12 €

5) Zinsen für 4 Monate = 252 € – 240 € = 12 €
bei einem Kreditbetrag von 240 €

5) a. **Lösungsmöglichkeit mit dem Dreisatz:**

4 Monate = 12 DM Zinsen
12 Monate = ? DM Zinsen

? = 12 × 12 : 4 = 144 : 4 = **36 € Zinsen im Jahr**

240 € = 100 %
36 € = ? %

? = 36 × 100 : 240 = **15 % Jahreszinsen**

5) b. **Lösung durch Umstellung der Zinsformel:**

Prozentsatz = Zinsen × 100 × 360 : (Kapital × Tage)
12 × 100 × 360 : (240 × 120) = 15

6)

30.06.2003	Einzahlung	10 000 €
31.12.2003	Zinsen	300 €
	neuer Saldo	10 300 €
30.06.2004	Zinsen	309 €
	neuer Saldo	10 609 €
31.12.2004	Zinsen	318,27 €
	neuer Saldo	10 927,27 €
30.06.2005	Zinsen	327,82 €
	neuer Saldo	11 255,09 €
31.12.2005	Zinsen	337,65 €
	neuer Saldo	11 592,74 €

Übertrag	neuer Saldo	11 592,74 €
30.06.2006	Zinsen	347,78 €
	neuer Saldo	11 940,52 €
31.12.2006	Zinsen	358,22 €
	Saldo	12 298,74 €

7) Vergleichszeitraum 1 Jahr, da dann der Eingang der letztmöglichen Rate zu erwarten ist.

7) a. **Alternative a)**

Anlagebetrag 300 000 €, Verzinsung 8 % auf 1 Jahr
= 24 000 €, **Endwert 324 000 €**

7) b. **Alternative b)**

Anlagebetrag	200 000 €	Verzinsung 8 %	auf 1 Jahr	=	16 000 €
	105 000 €	Verzinsung 8 %	auf 8 Monate	=	5 600 €
	Zinsen		insgesamt	=	21 600 €
	eingezahltes		Kapital	=	305 000 €
			Endwert	**=**	**326 600 €**

7) c. **Alternative c)**

Anlagebetrag	100 000 €	Verzinsung 8 %	auf 1 Jahr	=	8 000 €
	110 000 €	Verzinsung 8 %	auf 6 Monate	=	4 400 €
		Zinsen	insgesamt	=	12 400 €
		eingezahltes	Kapital	=	310 000 €
			Endwert	**=**	**322 400 €**

Ergebnis: Alternative b) ist am günstigsten.

8) a_1. Lösung mit dem Dreisatz

30 000 € = 6 %
? € = 100 %

? = 100 × 30 000 : 6 = 500 000 €

8) a_2. Lösung durch Umformung der Zinsformel:
Kapital = Zinsen × 100 : Zinssatz = 500 000 €

8) b.

Zinsen pro Jahr	= 500 000 € × 5 : 100 =	25 000 €
steuerfrei		3 000 €
kapitalertragsteuerpflichtig		22 000 €
30 % Zinsabschlagsteuer		6 600 €
Zinsertrag		25 000 €
errechnete Zinsabschlagsteuer (siehe oben)		6 600 €
Netto-Zinsertrag		18 400 €

Seite 107

1)

	Zinszahl	Zinsteiler	Zinsen
a)	1 860	90	20,67 €
b)	2 350	48	48,96 €
c)	10 000	100	100,00 €
d)	5 285	12	440,42 €
e)	4 815	75	64,20 €
f)	380	20	19,00 €
g)	216	108	2,00 €
h)	219	54	4,06 €
i)	121	54	2,24 €
k)	2	15	0,13 €
l)	132	75	1,76 €
m)	270	270	1,00 €

Seite 108

2)

Kapital	Tage	Zinszahl
445,50	103	459
3 653,56	65	2 375
4 358,42	53	2 310
458,42	35	160
8 452,00	35	2 958
345,50	2	7
17 713,40		8 269

	Zinsteiler	Zinsen	Überweisungsbetrag
a)	75	110,25 €	17 823,65 €
b)	72	114,85 €	17 828,25 €
c)	60	137,82 €	17 851,22 €
d)	48	172,27 €	17 885,67 €
e)	36	229,69 €	17 943,09 €
f)	80	103,36 €	17 816,76 €

Seite 113

1)

Saldo	Tage	Zinszahl
1 250,30 €	84	1 050
1 570,30 €	54	848
1 370,30 €	47	644
1 820,30 €	69	1 256
1 940,30 €	87	1 688
2 340,30 €	8	187
2 990,30 €	8	239
2 890,30 €	2	58

Summe der Zinszahlen: 5 970
Zinsteiler = 360 : 3,5 = 102,86
Zinsgutschrift = 58,04 €

2) a. Diskontteiler = 360 : 9 = 40
Mindestdiskontzahl = Mindestdiskont × Diskontteiler =
15 × 40 = 600

Wechselbetrag	Tage	Diskontzahl
3 460 €	98	3 391
12 456 €	73	9 093
640 €	56	600 (358)
25 000 €	53	13 250
18 150 €	42	7 623
1 130 €	23	600 (260)
60 836,00 €		34 557 : 40 = 863,93 €
–863,93 € Zinsen		
59 972,07 € Barwert (Auszahlungsbetrag)		

2) b. Diskontteiler 1 für Wechsel unter 10 000 € = 360 : 9 = 40
Diskontteiler 2 für Wechsel über 10 000 € = 360 : 8,5 = 42,35

Mindestdiskontzahl 1 = Mindestdiskont × Diskontteiler = 15 × 40 = 600
Mindestdiskontzahl 2 = Mindestdiskont × Diskontteiler = 15 × 42,35 = 635

Wechselbetrag	Tage	Diskontzahl 1	Diskontzahl 2
3 460,00 €	98	3 391	
12 456,00 €	73		9 093
640,00 €	56	600 (358)	
25 000,00 €	53		13 250
18 150,00 €	42		7 623
1 130,00 €	23	600 (260)	
60 836,00 €		4 591 : 40 = 114,78 €	29 966 : 42,35 = 707,58 €

+	114,78 €	Zinsen
–	707,58 €	Zinsen
	60 243,20 €	Barwert (Auszahlungsbetrag)

3) Sollzinsteiler = 360 : 3 = 123 Habenzinsteiler = 360 : 12 = 30

Datum	Text	S/H	Saldo	Tage	Soll-zinszahl	Haben-zinszahl
01.04.	Anfangsbestand	H	4 130,50 €	5		207
06.04.	Lastschrift	S	35 000,00 €			
	Saldo	S	30 869,50 €	34	10 496	
10.05.	Gutschrift	H	230,00 €			
	Saldo	S	30 639,50 €	20	6 128	
31.05.	Barauszahlung	S	15 000,00 €			
	Saldo	S	45 639,50 €	22	10 041	
22.06.	Gutschrift	H	23 428,52 €			
	Saldo	S	22 210,98 €	4	888	
26.06.	Gutschrift	H	26 358,54 €			
	Saldo	S	4 147,56 €	4		166
01.07.	Saldo	S	4 147,56 €		27 256 : 123	373 : 30
					= 223,79 €	= 12,43 €

Sollzinsen	S	223,79 €
Habenzinsen	H	12,43 €
Saldo am 01.07.	S	3 936,20 €

Seite 116

a. Laut Tabelle entspricht das einer Verzinsung von ungefähr 9 %.
Ergebnis nach Faustregel 70 : 8 = 8,75 %

b. Gleich hoch, die Höhe des Betrages hat keinen Einfluss auf die Verzinsung.

c. Laut Tabelle müsste Herr Behrend ca. 14 Jahre auf eine Verdopplung warten.
Ergebnis nach Faustregel 70 : 5 = 14 Jahre.

Seite 120

Lösungen mit Zinseszinstabelle

1) a. 5 000 × 1,7024 = 8 512 DM

1) b. Jahre 1 – 6: 5 000 € × 1,1941 = 5 970,50 €
Jahre 7 – 8: 5 970,50 € × 1,6010 = **9 558,77 €**

2) Jahre 1 – 6: 4 500 € × 1,2401 = 5 580,45 €
7 Monate: 5 580,45 € × 5 × 7 : (100 × 12) = 162,76 €
= 5 743,21 €

3) Formel: Anfangskapital × Zinseszinsfaktor = Endkapital
Zinseszinsfaktor = Endkapital : Anfangskapital
Zinseszinsfaktor = 4 615,80 € : 3 000 € = 1,5386
1,5386 ist in der Tabelle bei 5 Jahren und **9 %** zu finden.

4) Formel: Endkapital : Zinseszinsfaktor = Anfangskapital
150 000 DM : 1,5036 = 99 760,57 €

Herr Arnold muss 99 760,57 € anlegen.

5) Unternehmen A:

1. Dreisatz (Jahreszins):

2,5 % für 15 Tage
? % für 360 Tage ? = 360 × 2,5 / 15 = 60 %

2. Dreisatz, effektiver Jahreszins (ungerades Verhältnis)

Nettobetrag = 620 – 15,50 = 604,50 €

620,00 € entspricht 60 %
604,50 € entspricht ? %

? = 620 × 60 / 604,50 = 61,54 %

Unternehmen B:

1. Dreisatz (Jahreszins):

2 %	für	20 Tage
? %	für	360 Tage

? = 360 × 2 / 20 = 36 %

2. Dreisatz, effektiver Jahreszins (ungerades Verhältnis)

Nettobetrag = 620 – 12,40 = 607,60 €

620,00 € entspricht 36 %
607,60 € entspricht ? %

? = 620 × 36 / 607,60 = 36,73 %

Der Skonto sollte ausgenutzt werden, der effektive Jahreszins liegt in beiden Fällen über dem Bankzins.

Das Unternehmen A bietet die höhere Effektivverzinsung, daher ist sein Angebot günstiger.

6)

	Kreditlaufzeit	Effektiver Jahreszins	< oder >	Kreditzins	Skonto ausnutzen?
1.	30 Tage	37,11 %	>	12 %	ja
2.	10 Tage	73,47 %	>	15 %	ja
3.	7 Tage	159 %	>	14 %	ja
4.	60 Tage	18,56 %	>	16 %	ja

VIII. Die Kalkulation im Warenhandelsbetrieb

Seite 127

1) Bestellmenge: 154 Stück
– Freiexemplare: 7 Stück
berechnete Exemplare 147 Stück

Bezugspreis	147 × 12,50 €	1 837,50 €
– Rabatt 20 %		367,50 €
Zieleinkaufspreis		1 470,00 €
– Skonto 2 %		29,40 €
Bareinkaufspreis		1 440,60 €
+ Bezugskosten		24,00 €
Bezugspreis		1 464,60 €

Bezugspreis pro Stück: 1 464,60 : 154 = 9,51 €

2)

	Lieferant A		Lieferant B		Lieferant C		Lieferant D	
Listeneinkaufspreis		45,60 €		55,00 €		48,00 €		40,00 €
– Rabatt	20 %	9,12 €	30 %	16,50 €	25 %	12,00 €	10 %	4,00 €
Zieleinkaufspreis		36,48 €		38,50 €		36,00 €		36,00 €
– Skonto	3 %	1,09 €	2 %	0,77 €	3 %	1,08 €	1,50 %	0,54 €
Bareinkaufspreis		35,39 €		37,73 €		34,92 €		35,46 €
+ Bezugskosten		3,73 €		1,17 €		7,08 €		9,54 €
Bezugspreis		39,12 €		38,90 €		42,00 €		45,00 €
Rangfolge:	2		1		3		4	

3)

Bezugspreis	1 000 × 1,50 €	1 500,00 €
– Rabatt 25 %		375,00 €
Zieleinkaufspreis		1 125,00 €
– Skonto 2,5 %		28,13 €
Bareinkaufspreis		1 096,87 €
+ Verpackung	20 × 4 €	80,00 €
Transportkosten	10 × 12 €	120,00 €
Bezugspreis für 1 000 kg		1 296,87 €
Bezugspreis für 1 kg		1,30 €

4)

Bestellmenge:	20 Stück
– Freiexemplare:	5 Stück
berechnete Exemplare:	15 Stück

Bezugspreis	15 × 180 €	2 700,00 €
– Rabatt 0 %		0,00 €
Zieleinkaufspreis		2 700,00 €
– Skonto 0 %		0,00 €
Bareinkaufspreis		2 700,00 €
+ Bezugskosten		44,00 €
Bezugspreis		2 744,00 €

Bezugspreis pro Stück 2 744,00 : 20 = 137,20 €

Seite 140

1) Ermittlung der Handlungskosten:

Personalkosten	32 000 €
Raumkosten	10 000 €
Steuern und Abgaben	5 500 €
Werbekosten	12 500 €
Allg. Verw. Kosten	12 000 €
Abschreibungen	8 000 €
Handlungskosten	80 000 €

Ermittlung des Handlungskostenzuschlagssatzes (Dreisatz)

Wareneinsatz	400 000 €	=	100 %
Handlungskosten	80 000 €	=	? %

$$\text{neuer Handlungskostenzuschlag} = \frac{80\,000 \times 100}{400\,000} = 20\ \%$$

2) Errechnung des Handlungskostenzuschlags in Prozent der Einstandpreise der verkauften Ware

2) a. 650 000 = 100 %
52 000 = x %

$$x = \frac{52\,000 \times 100}{650\,000} = 8\ \%$$

2) b. 1 075 000 = 100 %
172 000 = x %

$$x = \frac{172\,000 \times 100}{1\,075\,000} = 16\ \%$$

2) c. 776 000 = 100 %
48 500 = x %

$$x = \frac{48\,500 \times 100}{776\,000} = 6{,}25\ \%$$

2) d. 498 600 = 100 %
124 650 = x %

$$x = \frac{124\,650 \times 100}{498\,600} = 25\ \%$$

2) e. 2 727 500 = 100 %
543 500 = x %

$$x = \frac{543\,500 \times 100}{2\,727\,500} = 19{,}93\ \%$$

2) f. 689 000 = 100 %
34 450 = x %

$$x = \frac{34\,450 \times 100}{689\,000} = 5\ \%$$

3) Errechnung des Gewinnzuschlags

3) a.

Gewinn der Vorperiode	120 000 €	(größer)
Unternehmerlohn	76 000 €	
Verzinsung	22 500 €	
Risiko	13 500 €	
kalk. Gewinn	112 000 €	

Gewinnzuschlag
120 000 € in % der Selbstkosten (600 000 €) = 20 %

3) b.

Gewinn der Vorperiode	70 000 €	
Unternehmerlohn	50 000 €	
Verzinsung	16 000 €	
Risiko	9 600 €	
kalk. Gewinn	75 600 €	(größer)

Gewinnzuschlag
75 600 € in % der Selbstkosten (756 000 €) = 10 %

3) c.

Gewinn der Vorperiode	130 000 €	
Unternehmerlohn	82 000 €	
Verzinsung	37 500 €	
Risiko	22 500 €	
kalk. Gewinn	142 000 €	(größer)

Gewinnzuschlag
142 000 € in % der Selbstkosten (1 136 000 €) = 12,5 %

3) d.

Gewinn der Vorperiode	250 000 € (größer)
Unternehmerlohn	110 000 €
Verzinsung	62 500 €
Risiko	37 500 €
kalk. Gewinn	210 000 €

Gewinnzuschlag
210 000 € in % der Selbstkosten (3 750 000 €) = 5,6 %

Seite 141

4) Errechnung des Barverkaufspreises

	Aufgabe a		Aufgabe b		Aufgabe c		Aufgabe d	
Bezugspreis		301,50 €		269,60 €		9 875,00 €		12,50 €
Handlungskosten	15 %	45,23 €	12 %	32,35 €	8 %	790,00 €	30 %	3,75 €
Selbstkostenpreis		346,73 €		301,95 €		10 665,00 €		16,25 €
Gewinnzuschlag	20 %	69,35 €	25 %	75,49 €	12 %	1 279,80 €	16 %	2,60 €
Barverkaufspreis		416,08 €		377,44 €		11 944,80 €		18,85 €

5) Errechnung des Listenverkaufspreises

	Aufgabe a		Aufgabe b		Aufgabe c		Aufgabe d	
Barverkaufspreis		92,15 €		918,75 €		46 465,65 €		95,94 €
Händlerskonto	3 %	2,85 €	2 %	18,75 €	1 %	469,35 €	2,5 %	2,46 €
Zielverkaufspreis		95,00 €		937,50 €		46 935,00 €		98,40 €
Händlerrabatt	5 %	5,00 €	25 %	312,50 €	30 %	20 115,00 €	18 %	21,60 €
Listenverkaufspreis		100,00 €		1 250,00 €		67 050,00 €		120,00 €

Seite 142

So rechnet der Altwarenhändler verkehrt: 10 % – 9 % = 1 %.

So rechnet er tatsächlich bei der Preisfindung
(in Prozent vom Einkaufspreis):

Aufschlag 10 %	10 %
Angebotspreis	110 %
Abschlag 9 %	9,9 %
Verkaufspreis	100,1 %

Er erhält also nur 1 Promille statt des angestrebten einen Prozentes.

Der Denkfehler liegt darin, dass man nicht Prozentsätze addieren und subtrahieren kann, wenn sie sich auf unterschiedliche Grundwerte beziehen.

Seite 153/154

1)

Listenverkaufspreis		220,00 €
– Kundenrabatt	18 %	39,60 €
Zielverkaufspreis		180,40 €
– Kundenskonto	2,50 %	4,51 €
Barverkaufspreis		175,89 €
– Gewinn	23 %	32,89 €
Selbstkosten		143,00 €
– Handlungskosten	10 %	13,00 €
Bezugspreis		130,00 €
– Bezugskosten		19,75 €
Bareinkaufspreis		110,25 €
+ Skonto	2 %	2,25 €
Zieleinkaufspreis		112,50 €
+ Rabatt	25 %	37,50 €
Listeneinkaufspreis		150,00 €

Der Großhändler kann höchstens einen Einkaufspreis von 150 € beim Hersteller akzeptieren.

2) a.

Rückwärtskalkulation

Listenverkaufspreis		1 120,50 €
Kundenrabatt	25 %	280,13 €
Zielverkaufspreis		840,37 €
Kundenskonto	2 %	16,81 €
Barverkaufspreis		823,56 €

Vorwärtskalkulation

Listeneinkaufspreis		1 120,50 €
Liefererrabatt	45 %	504,23 €
Zieleinkaufspreis		616,27 €
Liefererskonto	2 %	12,33 €
Bareinkaufspreis		603,94 €
Bezugskosten		16,05 €
Bezugspreis		619,99 €
Handlungskosten	12 %	74,40 €
Selbstkosten		694,39 €

Gewinn in €:

Barverkaufspreis:	823,56 €
– Selbstkosten:	694,39 €
Gewinn	129,17 €

Gewinn in Prozent der Selbstkosten (Dreisatz)

Selbstkosten	=	694,39 €	=	100 %
Gewinn	=	129,17 €	=	? %

$$? = \frac{129{,}17 \times 100}{694{,}39} = 18{,}6\ \%$$

2) b. Errechnung des notwendigen Liefererrabattes bei einem Gewinnzuschlag von 20 %

Listenverkaufspreis		1 120,50 €
Kundenrabatt	25 %	280,13 €
Zielverkaufspreis		840,37 €
Kundenskonto	2 %	16,81 €
Barverkaufspreis		823,56 €
Gewinn	20 %	137,26 €

Selbstkosten		686,30 €
Handlungskosten	12 %	73,53 €
Bezugspreis		612,77 €
Bezugskosten		16,05 €
Bareinkaufspreis		596,72 €
Skonto	2 %	12,18 €
Zieleinkaufspreis		608,90 €

Listeneinkaufspreis: 1 120,50 €
Differenz = Liefererrabatt 511,60 €

Liefererrabatt in Prozent vom Listeneinkaufspreis (Dreisatz)

Listeneinkaufspreis = 1 120,50 € = 100 %
Liefererrabatt = 511,60 € = ? %

$$? = \frac{511{,}60 \times 100}{1\,120{,}50} = 45{,}66\ \%$$

Seite 154

3)

Listenverkaufspreis		879,00 €
Kundenrabatt	30 %	263,70 €
Zielverkaufspreis		615,30 €
Kundenskonto	2 %	12,31 €
Barverkaufspreis		602,99 €
Gewinn	20 %	100,50 €
Selbstkosten		502,49 €
Handlungskosten	25 %	100,50 €
Bezugspreis		401,99 €
Bezugskosten		54,08 €
Bareinkaufspreis		347,91 €
Skonto	0 %	0,00 €
Zieleinkaufspreis		347,91 €
Rabatt		531,09 €
Listeneinkaufspreis		879,00 €

Liefererrabatt in Prozent vom Listeneinkaufspreis (Dreisatz)

Listeneinkaufspreis	=	879,00 €	=	100 %
Liefererrabatt	=	531,09 €	=	? %

$$? = \frac{531{,}09 \times 100}{879{,}00} = 60{,}42\ \%$$

4) a.

Listeneinkaufspreis		12 650,00 €
Liefererrabatt	30 %	3 795,00 €
Zieleinkaufspreis		8 855,00 €
Liefererskonto	2 %	177,10 €
Bareinkaufspreis		8 677,90 €
Bezugskosten		22,10 €
Bezugspreis		8 700,00 €
Handlungskosten	25 %	2 175,00 €
Selbstkostenpreis		10 875,00 €
Gewinn	8 %	870,00 €
Barverkaufspreis	97 %	11 745,00 €
Kundenskonto	3 %	363,25 €
Zielverkaufspreis	70 %	12 108,25 €
Kundenrabatt	30 %	5 189,25 €
Listenverkaufspreis		**17 297,50 €**

4) b.

Listenverkaufspreis		1 870,00 €
Kundenrabatt	15 %	280,50 €
Zielverkaufspreis		1 589,50 €
Kundenskonto	2 %	31,79 €
Barverkaufspreis	119 %	1 557,71 €
Gewinn	19 %	248,71 €
Selbstkosten	133 $^1/_3$ %	1 309,00 €
Handlungskosten	33 $^1/_3$ %	327,25 €
Bezugspreis		981,75 €
Bezugskosten		88,28 €

Bareinkaufspreis	97 %	893,47 €
Skonto	3 %	27,63 €
Zieleinkaufspreis	74 %	921,10 €
Rabatt	26 %	323,63 €
Listeneinkaufspreis		**1 244,73 €**

4) c. Rückwärtskalkulation

Listenverkaufspreis		4 500,00 €
Kundenrabatt	20 %	900,00 €
Zielverkaufspreis		3 600,00 €
Kundenskonto	2 %	72,00 €
Barverkaufspreis		3 528,00 €

Vorwärtskalkulation

Listeneinkaufspreis		4 500,00 €
Liefererrabatt	45 %	2 025,00 €
Zieleinkaufspreis		2 475,00 €
Liefererskonto	2 %	49,50 €
Bareinkaufspreis		2 425,50 €
Bezugskosten		57,50 €
Bezugspreis		2 483,00 €
Handlungskosten	25 %	620,75 €
Selbstkosten		3 103,75 €

Gewinn in €:

Barverkaufspreis:	3 528,00 €
– Selbstkosten:	3 103,75 €
Gewinn	424,25 €

Ermittlung des Gewinnzuschlags

Selbstkosten	=	3 103,75 €	=	100 %
Gewinn	=	424,25 €	=	x %

$$\text{Gewinnzuschlag} = \frac{424{,}25 \times 100}{3\,103{,}75} = 13{,}67\ \%$$

4) d.

Listenverkaufspreis		2 550,00 €
Kundenrabatt	12,5 %	381,75 €
Zielverkaufspreis		2 231,25 €
Kundenskonto	2 %	44,63 €
Barverkaufspreis	125 %	2 186,62 €
Gewinn	25 %	437,32 €

Selbstkosten	116 2/3 %	1 749,30 €
Handlungskosten	16 2/3 %	249,90 €
Bezugspreis		1 499,40 €
Bezugskosten		124,95 €
Bareinkaufspreis	98 %	1 374,45 €
Skonto	2 %	28,05 €
Zieleinkaufspreis		**1 402,50 €**

Listeneinkaufspreis		**2 550,00 €**

Rabatt in €:

Listeneinkaufspreis	2 550,00 €
– Zieleinkaufspreis	1 402,50 €
Rabatt	1 147,50 €

Ermittlung des Rabattsatzes

Listeneinkaufspreis	2 550,00 €	=	100 %
Rabatt	1 147,50 €	=	x %

$$\text{Rabattsatz} = \frac{1\,147{,}50 \times 100}{2\,550} = 45\ \%$$

5)

	Bezugs-preis	Verkaufs-preis	Kalkulations-zuschlag	Kalkulations-faktor	Handels-spanne
a.	225 €	375 €	$\frac{(375-225)\times 100}{225}$ = 66,64 %	$\frac{375}{225}$ = 1,67	$\frac{(375-225)\times 100}{375}$ = 40 %
b.	125 €	375 €	$\frac{(375-125)\times 100}{125}$ = 200 %	$\frac{375}{125}$ = 3	$\frac{(375-125)\times 100}{375}$ = 66,67 %
c.	1 250 €	1 875 €	$\frac{(1\,875-1\,250)\times 100}{1\,250}$ = 50 %	$\frac{1\,875}{1\,250}$ = 1,5	$\frac{(1\,875-1\,250)\times 100}{1\,250}$ = 33,33 %

6) a.

Bezugspreis		**100,00 €**
Handlungskosten	20 %	20,00 €
Selbstkosten		120,00 €
Gewinn	33,33 %	40,00 €
Barverkaufspreis		160,00 €
Kundenskonto	2 %	3,27 €
Zielverkaufspreis		163,27 €
Kundenrabatt	25 %	54,42 €
Listenverkaufspreis		**217,69 €**

Kalkulationszuschlag $\frac{(217,69-100)\times 100}{100} = 117,69\ \%$

Kalkulationsfaktor $\frac{217,69}{100} = 2,177$

Handelsspanne $\frac{(217,69-100)\times 100}{217,69} = 54,06\ \%$

6) b.

Bezugspreis		**100,00 €**
Handlungskosten	18 %	18,00 €
Selbstkosten		118,00 €
Gewinn	25 %	29,50 €
Barverkaufspreis		147,50 €
Kundenskonto	3 %	4,56 €
Zielverkaufspreis		152,06 €
Kundenrabatt	30 %	65,17 €
Listenverkaufspreis		**217,23 €**

Kalkulationszuschlag $\frac{(217{,}23 - 100) \times 100}{100} = 117{,}23\ \%$

Kalkulationsfaktor $\frac{217{,}23}{100} = 2{,}172$

Handelsspanne $\frac{(217{,}23 - 100) \times 100}{217{,}23} = 53{,}97\ \%$

6) c.

Bezugspreis		**100,00 €**
Handlungskosten	32 %	32,00 €
Selbstkosten		132,00 €
Gewinn	26,00 %	34,32 €
Barverkaufspreis	97 %	166,32 €
Kundenskonto	3 %	5,14 €
Zielverkaufspreis	54 %	171,46 €
Kundenrabatt	46 %	146,06 €
Listenverkaufspreis		**317,52 €**

Kalkulationszuschlag $\frac{(317{,}52 - 100) \times 100}{100} = 217{,}52\ \%$

Kalkulationsfaktor $\frac{317{,}52}{100} = 3{,}18$

Handelsspanne $\frac{(317{,}52 - 100) \times 100}{317{,}52} = 68{,}51\ \%$

6) d.

Bezugspreis		**100,00 €**
Handlungskosten	16 %	16,00 €
Selbstkosten		116,00 €
Gewinn	24 %	27,84 €
Barverkaufspreis	99 %	143,84 €
Kundenskonto	1 %	1,45 €
Zielverkaufspreis	66,67 %	145,29 €
Kundenrabatt	33,33 %	72,64 €
Listenverkaufspreis		**217,93 €**

Kalkulationszuschlag	$\frac{(117{,}93 - 100) \times 100}{100}$	= 117,93 %
Kalkulationsfaktor	$\frac{117{,}93}{100}$	= 2,179
Handelsspanne	$\frac{(117{,}93 - 100) \times 100}{117{,}93}$	= 54,11 %

7) a.

Listeneinkaufspreis		145,00 €
Liefererrabatt	12 %	17,40 €
Zieleinkaufspreis		127,50 €
Liefererskonto	2,5 %	3,19 €
Bareinkaufspreis		124,41 €
Bezugskosten		33,54 €
Bezugspreis		157,95 €
Handlungskosten	12 %	18,95 €
Selbstkostenpreis		176,90 €
Gewinn		35,38 €
Barverkaufspreis	96 %	212,28 €
Händlerskonto	3 %	6,63 €
Vertreterprovision	1 %	2,21 €
Zielverkaufspreis	80 %	221,12 €
Händlerrabatt	20 %	55,28 €
Listenverkaufspreis		**276,40 €**

7) b.

Listeneinkaufspreis		13 540,00 €
Liefererrabatt	20 %	2 708,00 €
Zieleinkaufspreis		10 832,00 €
Liefererskonto	3 %	324,96 €
Bareinkaufspreis		10 507,04 €
Bezugskosten		64,56 €
Bezugspreis		10 571,60 €
Handlungskosten	18 %	1 902,89 €
Selbstkostenpreis		12 474,49 €
Gewinn	25 %	3 118,62 €
Barverkaufspreis	96 %	15 593,11 €
Händlerskonto	2,5 %	406,07 €
Vertreterprovision	1,5 %	243,64 €
Zielverkaufspreis	70 %	16 242,82 €
Händlerrabatt	30 %	6 961,21 €
Listenverkaufspreis		**23 204,03 €**

7) c.

Listeneinkaufspreis		345 680,00 €
Liefererrabatt	35 %	120 988,00 €
Zieleinkaufspreis		224 692,00 €
Liefererskonto	2 %	4 493,84 €
Bareinkaufspreis		220 198,16 €
Bezugskosten		498,64 €
Bezugspreis		220 696,80 €
Handlungskosten	25 %	55 174,20 €
Selbstkostenpreis		275 871,00 €
Gewinn	28 %	77 243,88 €
Barverkaufspreis	97,4 %	353 114,88 €
Händlerskonto	2 %	7 250,81 €
Vertreterprovision	0,6 %	2 175,25 €
Zielverkaufspreis	66 $^{2}/_{3}$ %	362 540,94 €
Kundenrabatt	33 $^{1}/_{3}$ %	181 270,46 €
Listenverkaufspreis		**543 811,40 €**

IX. Die Deckungsbeitragsrechnung

Seite 165

Menge	Fixkosten	Variable Kosten	Erlöse	Deckungs-beitrag	Gewinn
0	20 000	0	0	0	–20 000
10 000	20 000	20 000	30 000	10 000	–10 000
20 000	20 000	40 000	60 000	20 000	0
30 000	20 000	60 000	90 000	30 000	+10 000

Seite 167

1)

Fall 1: Deckungsspanne: 2 €, Gewinnschwelle: 50 000.

Entscheidung b., da Deckungsspanne positiv und Absatzmenge < Gewinnschwelle.

Fall 2: Deckungsspanne: –1 € (negativ), Gewinnschwelle wird nie erreicht.

Entscheidung a., da Deckungsspanne negativ. Bei steigendem Absatz wächst der Verlust.

Fall 3: Deckungsspanne: 1 €, Gewinnschwelle: 30 000.

Entscheidung c., da Deckungsspanne positiv und Absatzmenge > Gewinnschwelle.

Seite 168

2) a. Audi: Fixkosten: 1 200 €.
Variable Kosten je Fahrgastkilometer: 0,80 €

BMW: Fixkosten: 600 €.
Variable Kosten je Fahrgastkilometer: 1,00 €

2)	b.	Audi: Deckungsspanne:	1,30 € – 0,80 € = 0,50 €
		BMW: Deckungsspanne:	1,30 € – 1,00 € = 0,30 €

2)	c.	Audi: Gewinnschwelle =	1 200 € : 0,50 € = 2 400 km
		BMW: Gewinnschwelle =	600 € : 0,30 € = 2 000 km

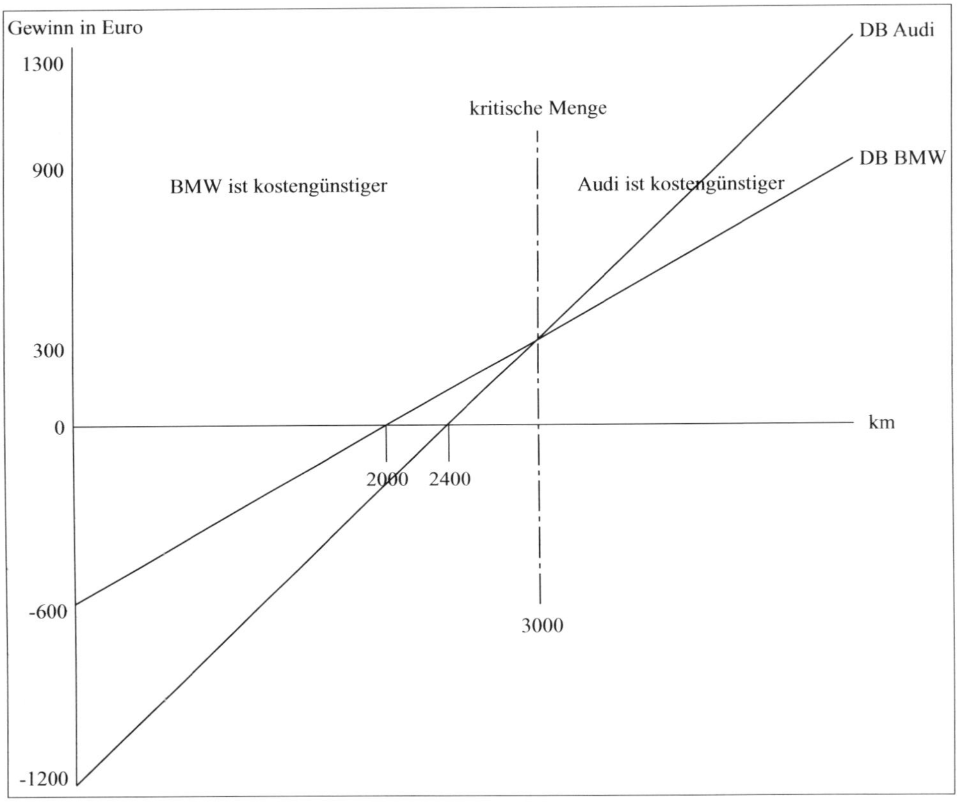

2)	d.	Audi:	Gewinn bei 2 500 km = 50 €
		BMW:	Gewinn bei 2 500 km = 150 €
		Entscheidung:	BMW

2)	e.	Audi:	Gewinn bei 5 000 km = 1 300 €
		BMW:	Gewinn bei 5 000 km = 900 €
		Entscheidung:	Audi

2) f. „kritische Menge“: Gewinn Audi = Gewinn BMW

1 200 – 0,5 x	=	600 – 0,3 x
600	=	0,2 x
3 000	=	x

Bei 3 000 Fahrgastkilometern haben beide Fahrzeuge den gleichen Gewinn.

2) g. Der BMW ist kostengünstiger, wenn die kritische Menge von 3 000 Fahrgastkilometern pro Monat nicht erreicht wird, sonst ist der Audi kostengünstiger.

Seite 172

1) a. Deckungsspanne: 420 € – 280 € = 140 €,
Gewinnschwelle = 120 000 : 140 = 857,14.

Es müssen mindestens 858 Kühlschränke pro Monat abgesetzt werden, um einen Gewinn zu erzielen.

1) b. Durch Umstellung der Formel für die Gewinnschwelle ergibt sich:

Menge	×	Deckungsspanne	=	Fixkosten
800	×	140	=	112 000

Die Fixkosten dürfen bei einer Absatzmenge von 800 Stück höchstens 112 000 € betragen.

2) Durch Umstellung der Formel für die Gewinnschwelle ergibt sich:

Menge × (Preis – variable Kosten) = Fixkosten
Preis – variable Kosten = Fixkosten / Menge
Preis = (Fixkosten / Menge) + variable Kosten
Preis = (250 000 € / 50 000) + 8,50 €
Preis = 5 + 8,50

Der Verkaufspreis muss mindestens 13,50 € betragen, um keinen Verlust zu erzielen.

3) a. Der Verkaufspreis beträgt:
Deckungsspanne + variable Stückkosten = 8,00 €.

3) b. Gewinn = Fixkosten – Deckungsbeitrag
Gewinn = 20 000 € – (2,50 € × 3 000) = – 12 500 €

Bei einem Absatz von 3 000 Stück wird ein Verlust von 12 500 € erzielt.

4) Errechnung des Deckungsbeitrages:

Gewinn = Erlöse – Fixkosten – variable Kosten
Gewinn + Fixkosten + variable Kosten = Erlöse
100 000 € + 150 000 € + 160 000 € = 410 000 €

Erlöse – variable Kosten = Deckungsbeitrag
410 000 € – 160 000 € = 250 000 €

Deckungsbeitrag = Deckungsspanne × Menge

Deckungsbeitrag : Deckungsspanne = Menge
250 000 : 2,50 = 100 000

5) a. kritische Menge: Kosten Tarif 1 = Kosten Tarif 2
$150 + 0{,}60\,x = 350 + 0{,}40\,x$
$0{,}20\,x = 200$
$x = 1\,000$

Die „kritische Menge" beträgt 1 000 m^3

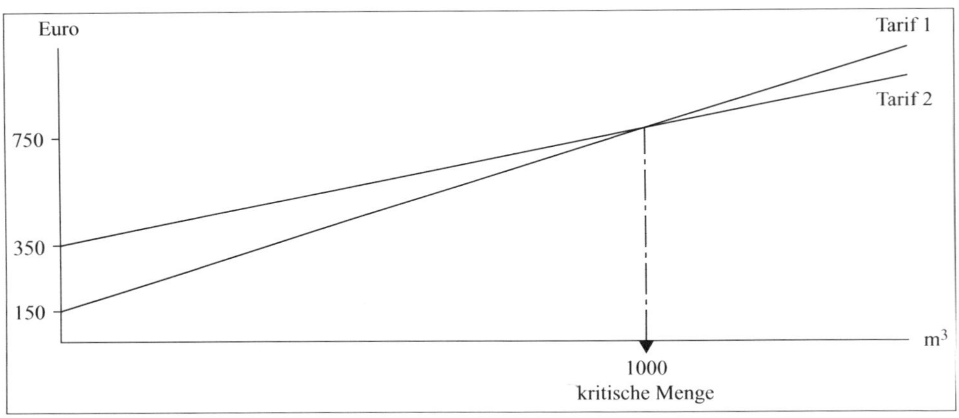

5) b. In beiden Fällen ist Tarif 1 günstiger, da beide Verbrauchswerte unterhalb der „kritischen Menge" liegen.

6) $$\text{Deckungsspanne} = \frac{\text{Deckungsbeitrag}}{\text{Menge}} = \frac{165\,000}{200\,000} = 0{,}825$$

$$\text{Preis} = \frac{\text{Erlöse}}{\text{Menge}} = \frac{415\,000}{200\,000} = 2{,}075\ €$$

Variable Kosten pro Stück = Preis – Deckungsspanne = 1,25 €

Seite 175

Artikel	variable Stückkosten	Verkaufspreis	Deckungsspanne	Backzeit	relative Deckungsspanne pro Minute	Absatzmenge in Stück	Gesamtbackzeit in Min.	Deckungsbeitrag in DM
Sauerteigbrot	1,30 €	2,00 €	0,70 €	25 Min.	0,0280	14 000	350 000	9 800,00
Roggenbrot	0,95 €	1,50 €	0,55 €	20 Min.	0,0275	18 000	360 000	9 900,00
Weizenbrot	0,85 €	1,20 €	0,35 €	15 Min.	0,023	13 000	195 000	4 550,00
Schwarzbrot	1,15 €	1,80 €	0,65 €	30 Min.	0,0216	9 833	294 990	6 391,45
					Zusammen		1 199 990	30 641,45
					Fixkosten			20 000,00
					Gewinn			10 641,45

Nebenrechnung zur Ermittlung der Absatzmenge Schwarzbrot:

Gesamtbackzeit der anderen Brotarten mit einer höheren relativen Deckungsspanne:

Sauerteig	350 000 Min.
Roggenbrot	360 000 Min.
Weizenbrot	195 000 Min.
Zusammen	905 000 Min.

Restbackzeit für Schwarzbrot: Gesamtbackzeit – Gesamtbackzeit der 3 obigen Brotarten

1 200 000 Min. – 905 000 Min. = 295 000 Min.

Restkapazität für Schwarzbrot = Restbackzeit : Backzeit für ein Schwarzbrot:

295 000 Min. : 30 Min. = 9 833 Stück

Bei der Errechnung des Deckungsbeitrages sollte man Absatzmenge mal Deckungsspanne rechnen statt relative Deckungsspanne pro Minute mal Gesamtbackzeit in Minuten, um Rundungsfehler auszuschalten.

Seite 180

Verlust der Werbeaktion: 17 600 €
Absatz des Lockvogels CD-Player: 300 Stück

Notwendiger Preisaufschlag auf den Lockvogel als Träger der Werbeaktion:
17 600 € : 300 = 58,67 €

Neuer Preis: 225,00 € + 58,67 € = 283,67 €

Ab einem Preis von 283,67 € für den CD-Player würde die Werbeaktion einen Gewinn bringen, gleiche Absatzentwicklungen vorausgesetzt.

Seite 187

a. Das Produkt 4 hat eine negative Deckungsspanne und scheidet von vornherein aus dem Produktions- und Absatzprogramm aus. Produktions- und Absatzprogramm sind identisch, da es sich um eine Fertigung auf Bestellung handelt, also keine Produktion auf Vorrat durchgeführt wird.

	Produkt	Verkaufspreis	Variable Stückkosten	Deckungsspanne	Absatz in Stück	Deckungsbeitrag
	2	8,40 €	6,25 €	2,15 €	60 000	129 000 €
	1	4,60 €	3,20 €	1,40 €	40 000	56 000 €
	5	5,20 €	4,60 €	0,60 €	90 000	54 000 €
	3	2,20 €	2,10 €	0,10 €	10 000	1 000 €
				Summe	200 000	240 000 €
				Fixkosten		40 000 €
				Gewinn		200 000 €

Hinweis zur Ermittlung der Absatzmenge Produkt 3:

Die Absatzmengen der Produkte 2, 1 und 5, mit einer höheren Deckungsspanne als das Produkt 3, ergeben zusammen 190 000 Stück. Die Produktionskapazität liegt bei maximal 200 000 Stück. Somit können nur noch 10 000 Stück des Produktes 3 gefertigt werden.

b. Die Fertigungskapazitäten des Betriebes sind nicht vollständig ausgenutzt. Es liegt kein Engpass vor, die Rechnung mit der relativen Deckungsspanne ist nicht notwendig, da alle Produkte mit einer positiven (absoluten) Deckungsspanne gefertigt werden können.

Produkt	Verkaufspreis	Variable Stückkosten	Dekkungsspanne	Fertigungszeit pro Stück	relative Deckungsspanne (pro Min)	Absatz in Stück	Fertigungs-Zeit Gesamt in Min.	Deckungsbeitrag[9]
2	8,40 €	6,25 €	2,15 €	2 Min.	1,075 €	60 000	120 000	129 000 €
5	5,20 €	4,60 €	0,60 €	1 Min.	0,600 €	90 000	90 000	54 000 €
1	4,60 €	3,20 €	1,40 €	4 Min.	0,350 €	40 000	160 000	56 000 €
3	2,20 €	2,10 €	0,10 €	3 Min.	0,033 €	80 000	240 000	8 000 €
					Summe	270 000	610 000	247 000 €
					Fixkosten			40 000 €
					Gewinn			207 000 €

Seite 192

1) Die Artikelliste, sortiert in der Reihenfolge der höchsten Deckungsbeiträge:

Artikel	Bezugspreis	Verkaufspreis	Deckungsspanne	Absatz	Deckungsbeitrag
7	45,78 €	99,90 €	54,12 €	50	2 706,00 €
8	4,67 €	7,89 €	3,22 €	460	1 481,20 €
2	12,45 €	16,49 €	4,04 €	358	1 446,32 €
1	23,69 €	29,99 €	6,30 €	210	1 323,00 €
3	8,36 €	9,99 €	1,63 €	810	1 320,30 €
6	7,25 €	8,99 €	1,74 €	455	791,70 €
5	3,58 €	3,99 €	0,41 €	1 850	758,50 €
9	3,67 €	6,38 €	2,71 €	150	406,50 €
4	7,49 €	8,25 €	0,76 €	515	391,40 €

9 Bei der Errechnung des Deckungsbeitrags sollte man Absatzmenge × Deckungsspanne rechnen statt relative Deckungsspanne pro Minute × Gesamt-Fertigungszeit in Minuten, um Rundungsfehler auszuschalten.

Das alte Sortiment ergab folgenden Gewinn (Verlust):

Artikel	Bezugs-preis	Verkaufs-preis	Deckungs-spanne	Absatz	Deckungs-beitrag
1	23,69 €	29,99 €	6,30 €	210	1 323,00 €
2	12,45 €	16,49 €	4,04 €	358	1 446,32 €
3	8,36 €	9,99 €	1,63 €	810	1 320,30 €
4	7,49 €	8,25 €	0,76 €	515	391,40 €
5	3,58 €	3,99 €	0,41 €	1 850	758,50 €
6	7,25	8,99 €	1,74 €	455	791,70 €
			Summe		6 031,22 €
			Fixkosten		25 000,00 €
			Gewinn		–18 968,78 €

Das neue Sortiment ergibt folgenden verbesserten Gewinn (Verlust):

Artikel	Bezugs-preis	Verkaufs-preis	Deckungs-spanne	Absatz	Deckungs-beitrag
7	45,78 €	99,90 €	54,12 €	50	2 706,00 €
8	4,67 €	7,89 €	3,22 €	460	1 481,20 €
2	12,45 €	16,49 €	4,04 €	358	1 446,32 €
1	23,69 €	29,99 €	6,30 €	210	1 323,00 €
3	8,36 €	9,99 €	1,63 €	810	1 320,30 €
6	7,25 €	8,99 €	1,74 €	455	791,70 €
			Summe		9 068,52 €
			Fixkosten		25 000,00 €
			Gewinn		–15 931,48 €

2)

<table>
<tr><th rowspan="2"></th><th colspan="6">Erzeugnis</th></tr>
<tr><th>1</th><th>2</th><th>3</th><th>4</th><th>5</th><th>6</th></tr>
<tr><td>Deckungsbeitrag (DB)</td><td>8 000</td><td>5 600</td><td>7 000</td><td>6 000</td><td>9 700</td><td>3 000</td></tr>
<tr><td>Erzeugnisfixe Kosten</td><td>1 800</td><td>2 100</td><td>3 000</td><td>1 500</td><td>3 500</td><td>1 200</td></tr>
<tr><td>Rest DB I</td><td>6 200</td><td>3 500</td><td>4 000</td><td>4 500</td><td>6 200</td><td>1 800</td></tr>
<tr><td>Gruppenfixe Kosten</td><td colspan="2">5 500</td><td colspan="2">500</td><td colspan="2">3 800</td></tr>
<tr><td>Rest DB II</td><td colspan="2">4 200</td><td colspan="2">8 000</td><td colspan="2">4 200</td></tr>
<tr><td>Bereichsfixe Kosten</td><td colspan="4">4 000</td><td colspan="2">0</td></tr>
<tr><td>Rest DB III</td><td colspan="4">8 200</td><td colspan="2">4 200</td></tr>
<tr><td>Unternehmensfixe Kosten</td><td colspan="6">3 000</td></tr>
<tr><td>Gewinn</td><td colspan="6">9 400</td></tr>
</table>

Seite 193

3)

<table>
<tr><th></th><th>A</th><th>B</th><th>C</th><th>D</th><th>E</th><th>F</th><th>G</th><th>H</th></tr>
<tr><td>Deckungsbeitrag (DB)</td><td>1 000</td><td>5 000</td><td>3 000</td><td>8 000</td><td>11 000</td><td>19 000</td><td>7 900</td><td>2 100</td></tr>
<tr><td>Erzeugnisfixe Kosten</td><td>3 000</td><td>6 000</td><td>2 000</td><td>1 000</td><td>11 500</td><td>10 500</td><td>6 100</td><td>200</td></tr>
<tr><td>Rest DB I</td><td>–2 000</td><td>–1 000</td><td>1 000</td><td>7 000</td><td>–500</td><td>8 500</td><td>1 800</td><td>1 900</td></tr>
<tr><td>Gruppenfixe Kosten</td><td colspan="2" rowspan="4">Erzeugnisse scheiden aus</td><td colspan="2">9 000</td><td colspan="2">3 000</td><td colspan="2">1 000</td></tr>
<tr><td>Rest DB II</td><td colspan="2">–1 000</td><td colspan="2">5 000</td><td colspan="2">2 700</td></tr>
<tr><td>Bereichsfixe Kosten</td><td colspan="2" rowspan="2">Erzeugnisse scheiden aus</td><td colspan="4">4 000</td></tr>
<tr><td>Gewinn</td><td colspan="4">3 700</td></tr>
</table>

X. Statistik

Seite 200

1) Das statistische Merkmal ist die Prüfungsleistung in Punkten.

2) **Prozentanteil** $= \frac{\text{Anzahl der Prüflinge} \times 100}{\sum \text{Anzahl der Prüflinge}}$

Punkte	12	25	36	45	50	63	75	85	93	100
%	2,86	5,71	7,14	10	17,14	28,57	15,71	8,57	2,86	1,43

3) 32 Prüflinge haben 50–67 Punkte erzielt, was einem Anteil von 0,457 bzw. 45,7 % entspricht.

4) 18 Prüflinge haben weniger als 50 Punkte erzielt.

5) 43 Prüflinge liegen zwischen 50–80 Punkten, das sind 61,43 %.

6)

Leistung in Punkten	Anzahl der Prüflinge
0 – unter 20	2
20 – unter 40	9
40 – unter 60	19
60 – unter 80	31
80 – 100	9
Gesamt	70

7) 61 Prüflinge haben bis zu 75 Punkte erzielt.

8)

Punkte	Anzahl
0 – unter 20	2
20 – unter 50	16
50 – unter 67	32
67 – unter 81	11
81 – unter 92	6
92 – 100	3
Gesamt	70

Seite 205

1) a. $\text{Anteil} = \dfrac{\text{Menge Benzin} \times 100}{\text{Gesamtabsatz Benzin} + \text{Diesel}}$

Der Anteil von unverbleitem Benzin am Gesamtverbrauch beträgt
2000 49,41 %
2005 45,09 %.

1) b. $\text{Anteil} = \dfrac{\text{Menge Diesel} \times 100}{\text{Gesamtabsatz an Mineralölprodukten}}$

Der Anteil von Dieselkraftstoff am Gesamtabsatz beträgt
2000 24,04 %
2005 25,67 %.

1) c. $\text{Menge Benzin/1 Liter Diesel} = \dfrac{\text{Menge Benzin}}{\text{Menge Diesel}}$

Auf 1 Liter Diesel entfallen
2000 0,997 Liter Benzin
2005 0,821 Liter Benzin

1) d. $\text{Absatz} = \dfrac{\text{Menge Benzin}}{\text{Anzahl Tankstellen}}$

Der Absatz pro Tankstelle beträgt 2000: 1 756,1 t Benzin.
Der Absatz pro Tankstelle beträgt 2005: 1 509 t Benzin.

1) e. $\text{Änderung} = \dfrac{(\text{Gesamtabsatz } 2005 - \text{Gesamtabsatz } 2000) \times 100}{\text{Gesamtabsatz } 2000}$

Der Gesamtabsatz hat sich 2005 gegenüber 2000 um 5,5 % verringert.

2) a.

Kosten	€	%
Material	600 000	45,1
Fertigung	350 000	26,3
Verwaltung	120 000	9,0
Vertrieb	260 000	19,6
Summe	1 330 000	100,0

2) b. Kostenrentabilität $r_K = \dfrac{70\,000 \times 100}{1\,330\,000} = 5{,}26\ \%$

2) c. Wirtschaftlichkeit $W = \dfrac{1\,400\,000}{1\,330\,000} = 1{,}05$

Seite 206

3) a.

Aktiv	€	%	Passiv	€	%
Sachanlagen	64 000	23,9	Kapital	27 000	10,1
Vorräte	126 000	47,0	Verbindlichkeiten	241 000	89,9
liquide Mittel	12 000	4,5			
Forderungen	66 000	24,6			
	268 000	100		268 000	100

3) b. Liquidität $L = \dfrac{12\,000 \times 100}{241\,000} = 5\ \%$

3) c. Eigenkapitalrentabilität $r_{EK} = \frac{8\,500 \times 100}{27\,000} = 31{,}5\ \%$

Gesamtkapitalrentabilität $r_{GK} = \frac{(8\,500 + 12\,000) \times 100}{(27\,000 + 241\,000)} = 7{,}6\ \%$

4)

Zeit	Mrd. €	Index (1994 = 100)	Veränderung gegenüber Vorjahr (%)
1994	1 448	100	–
1995	1 495	103,2	3,2
1996	1 533	105,9	2,5
1997	1 566	108,1	2,2
1998	1 610	111,2	2,8
1999	1 651	114,0	2,5
2000	1 696	117,1	2,7
2001	1 722	118,9	1,5

Seite 211

1) a. 1) b.

Noten (x)	Anzahl (f)	Noten × Anzahl
1	1	1
2	5	10
3	3	9
4	5	20
5	4	20
6	1	6
Summe	19	66

1) b. Arithmetisches Mittel AM $= \frac{66}{19} = 3{,}47$

Reihenfolge-Nr. des Zentralwertes $= \frac{19 + 1}{2} = 10$

An 10. Stelle steht der Median $Z = 4$.

Häufigster Wert (Modus) M = keine Lösung,
da die Noten 2 und 4 jeweils 5mal auftreten.

1) c.

Noten (x)	Anzahl (f)	Noten × Anzahl
1	2	2
2	4	8
3	3	9
4	5	20
5	4	20
6	1	6
Summe	19	65

$AM = \frac{65}{+19} = 3{,}42 \qquad Z = 4 \qquad M = 4$

1) d. 15,6 % haben die Note 3 geschrieben.

1) e. 26,3 % haben schlechter als 4 geschrieben.

1) f. 17,4 % der Klasse haben nicht mitgeschrieben.

2)

Personalkosten	Anzahl (f)	Klassenmitte (x_M)	Anzahl × Klassenmitte
0 – unter 1 000	4	500	2 000
1 000 – unter 2 000	2	1 500	3 000
2 000 – unter 3 000	6	2 500	15 000
3 000 – unter 4 000	8	3 500	28 000
4 000 – unter 5 000	2	4 500	9 000
5 000 – 10 000	1	7 500	7 500
	23		64 500

Arithmetisches Mittel $AM = \frac{64\,500}{23} = 2\,804$ €

Häufigster Wert M = 3 500 €

3) a. $\frac{60 + 66 + 70 + x + 82}{5} = 70 \Leftrightarrow 278 + x = 350 \Leftrightarrow x = 72$ kg

3) b. Bei einem Zentralwert von Z = 70 kg kann das fehlende Gewicht nicht ermittelt werden, da dieser Wert ein *Mittelwert der Lage* ist.

Seite 216/217

1)				a.	b.	c.	
	Anzahl der richtigen Zahlen (x)	Häufigkeit (f)	relative Häufigkeit (h)	(x) **x** (f)	d = x – 0,6	d^2	(d^2) **x** (f)
	0	220	52,9 %	0	–0,6	0,36	79,2
	1	147	35,3 %	147	0,4	0,16	23,52
	2	37	8,9 %	74	1,4	1,96	72,52
	3	11	2,6 %	33	2,4	5,76	63,36
	4	1	0,3 %	4	3,4	11,56	11,56
	5	0	0	0	4,4	19,36	0
	6	0	0	0	5,4	29,16	0
		416	100 %	258			250,16

1) a. „3 oder 4 richtige Zahlen" $h_1 = 2{,}9\ \%$
„mehr als 3 richtige Zahlen" $h_2 = 0{,}3\ \%$
„mindestens 3 Richtige" $h_3 = 2{,}9\ \%$

1) b. Arithmetisches Mittel $AM = \frac{258}{416} = 0{,}6$ richtige Zahlen

1) c. Standardabweichung $\sigma = \sqrt{\frac{250{,}16}{416}} = 0{,}775$

1) d. Variationskoeffizient $V = \frac{0{,}775 \times 100}{0{,}6} = 129{,}2\ \%$

Dieses Ergebnis zeigt eine starke Streuung. Das arithmetische Mittel hat wenig Aussagekraft.

Seite 217

2)

Punkte (x)	Häufigkeit (f)	(x) x (f)	d = x – 6,74	d^2	(d^2) x (f)
1	1	1	–5,74	32,9	32,9
2	0	0	–4,74	22,5	0
3	3	9	–3,74	14,0	42,0
4	5	20	–2,74	7,5	37,5
5	5	25	–1,74	3,0	15,0
6	9	54	–0,74	0,5	4,5
7	7	49	0,26	0,1	0,7
8	6	48	1,26	1,6	9,6
9	9	81	2,26	5,1	45,9
10	5	50	3,26	10,6	53,0
	50	337			241,1

2) a. Arithmetisches Mittel $AM = \frac{337}{50} = 6{,}74$ Qualitätspunkte

2) b. Standardabweichung $\sigma = \sqrt{\frac{241{,}1}{50}} = 2{,}20$ Qualitätspunkte

Variationskoeffizient $V = \frac{2{,}2 \times 100}{6{,}74} = 32{,}6\ \%$

3)

Monat	Umsatz (x)	d = x – 9,23	d^2
1	2,5	–6,73	45,3
2	1,1	–8,13	66,1
3	4,3	–4,93	24,3
4	8,7	–0,53	0,3
5	2,9	–6,33	40,1
6	5,3	–3,93	15,4
7	12,5	3,27	10,7
8	16,9	7,67	58,8
9	12,5	3,27	10,7

Monat	Umsatz (x)	d = x – 9,23	d^2
10	9,3	0,07	0
11	14,7	5,47	29,9
12	20,1	10,87	118,2
n = 12	110,8		419,8

3) a. Arithmetisches Mittel $AM = \frac{110,8}{12} = 9,23$ Mio. €

3) b. Standardabweichung $\sigma = \sqrt{\frac{419,8}{110,8}} = 5,91$ Mio. €

3) c. Variationskoeffizient $V = \frac{5,91 \times 100}{9,23} = 64\ \%$

Das arithmetische Mittel hat wenig Aussagekraft, da die Umsätze stark streuen.

Seite 221/222

1) a.

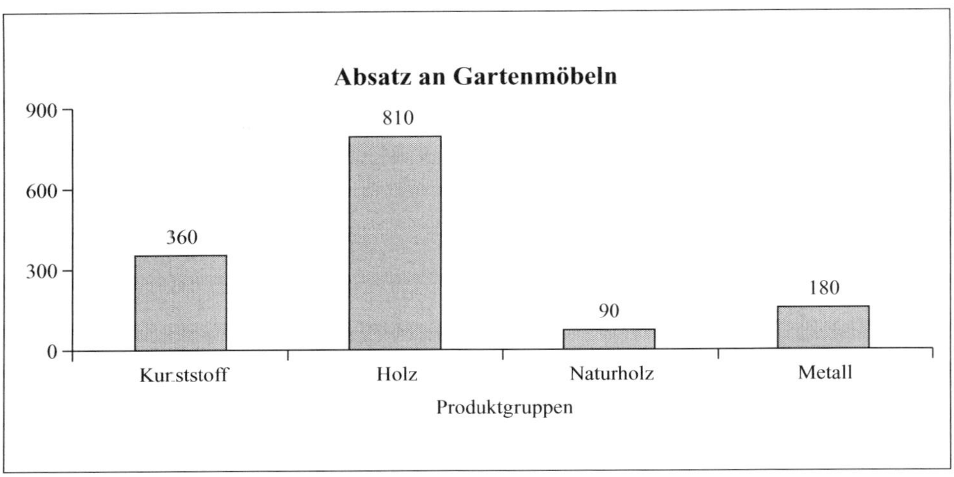

Säulendiagramm

1) b.

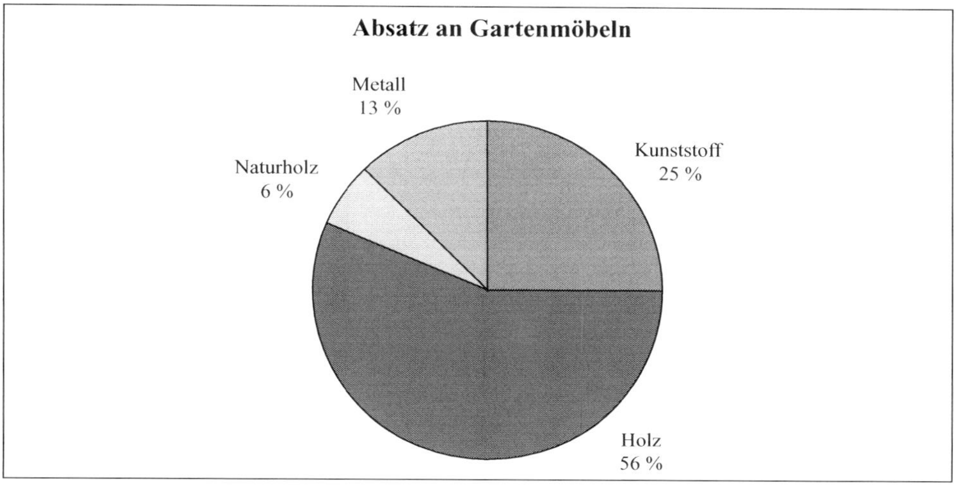

Kreisdiagramm

1) c.

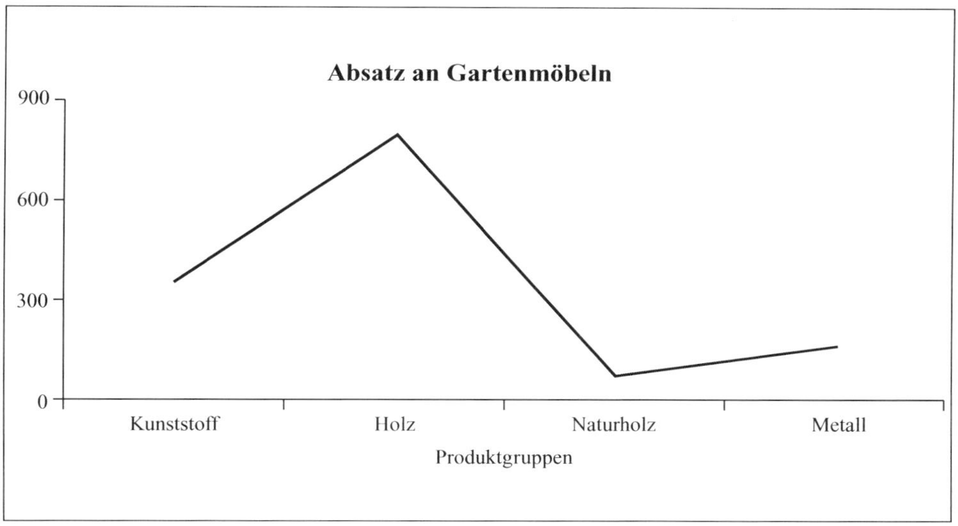

Liniendiagramm

Das **Säulendiagramm** eignet sich für diese Problemstellung, da der Absatz der verschiedenen Produktgruppen größenmäßig verglichen und durch unterschiedlich hohe Säulen dargestellt wird.

Das **Kreisdiagramm** eignet sich bei dieser Problemstellung am besten, da die 4 Produktgruppen zusammen ein Ganzes ergeben, hier den Gesamtabsatz der insgesamt 4 Produktgruppen. Im Kreisdiagramm werden die 4 Produktgruppen nicht nur flächenmäßig unterschiedlich dargestellt, wie bereits im Säulendiagramm, sondern auch als entsprechender Bruchteil des Ganzen, hier des Gesamtabsatzes an Gartenmöbeln. Es wird deutlich, dass es keine weiteren Produktgruppen als die 4 aufgeführten gibt.

Das **Liniendiagramm** eignet sich gar nicht für diese Problemstellung. Linien suggerieren einen meist zeitlichen Zusammenhang verschiedener Messpunkte. So wird dem oberflächlich lesenden Betrachter hier suggeriert, der Gesamtabsatz an Gartenmöbeln sei erst gestiegen, dann stark zurückgegangen und erhole sich gerade etwas. Linien stellen eine Entwicklung dar. Es gibt keine Entwicklung beispielsweise von Kunststoff nach Holz.

Seite 222

2.

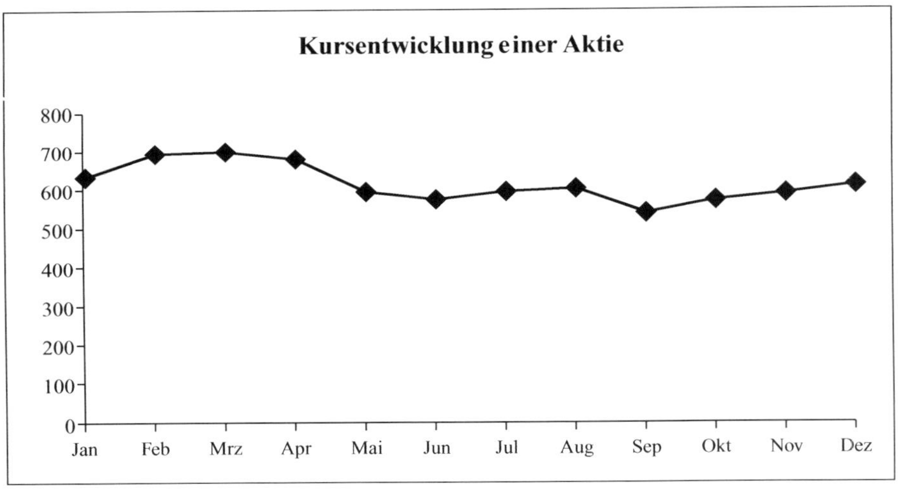

3.

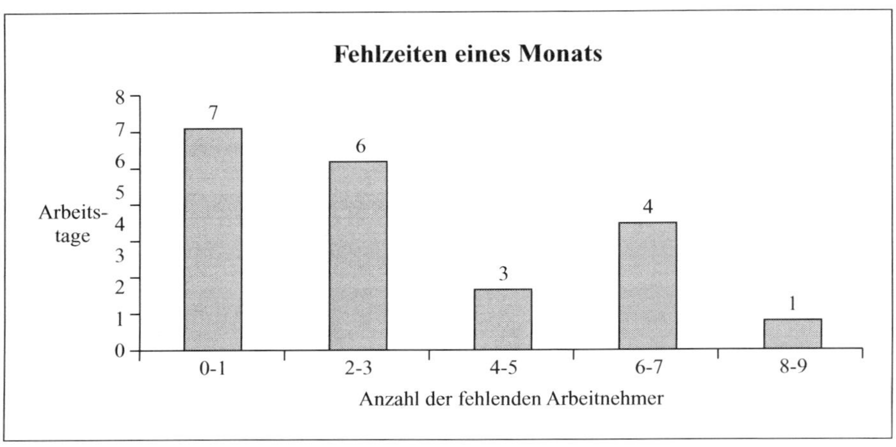

Seite 226

1. a + b.

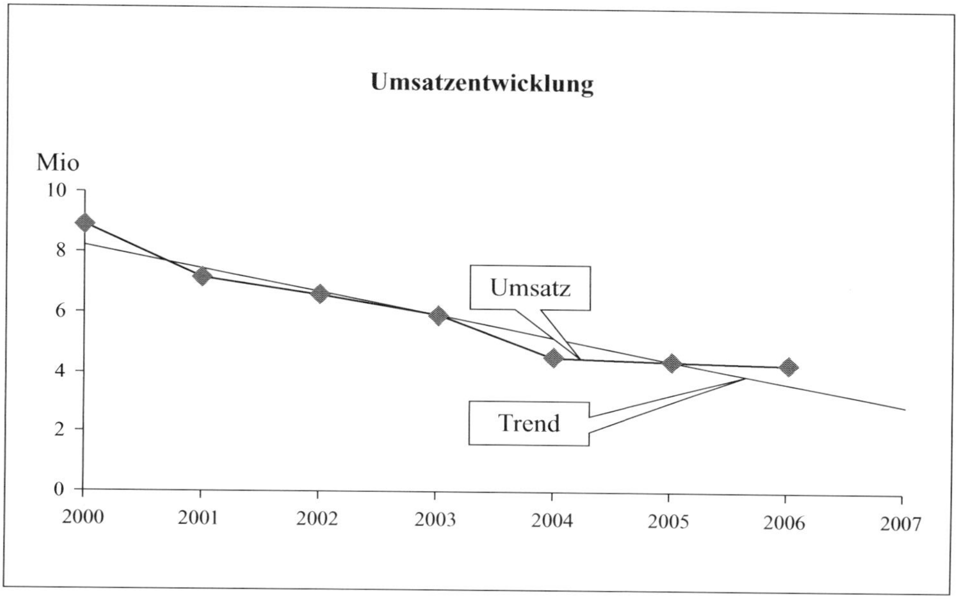

1) c. Bei 2007 lässt sich eine Umsatzprognose von 3,2 Mio. € ablesen.

1) d. Diese Schätzung für 2007 ist zu pessimistisch, da die Umsätze in den letzten beiden Jahren weniger stark rückläufig waren.

2) a. + c.

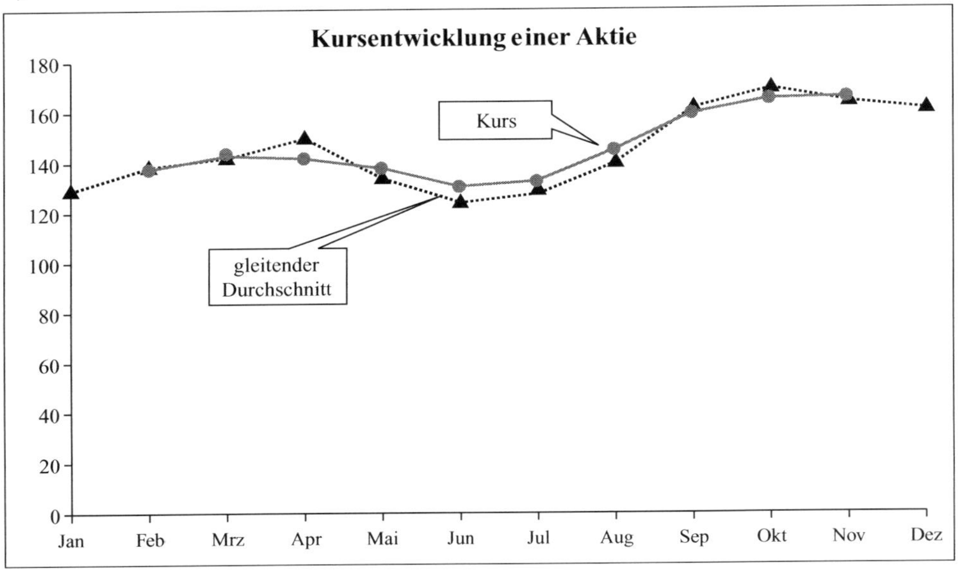

2) b.

Mo	nJ	. F	M	A	M	J	J	A	S	O	N	D
Kurs	130	140	143	151	135	126	131	141	163	170	165	161
gl. 3Ø	–	138	145	143	137	131	133	145	158	166	165	–

gleitender Dreierdurchschnitt im Monat Februar (gl. 3Ø):

$$\text{gl. } 3\varnothing = \frac{130 + 140 + 143}{3} = 138$$

2) d. Aus dem Verlauf der Kurse lässt sich ein saisonales Hoch im April und Oktober sowie ein saisonales Tief im Juni erkennen.

Stichwortverzeichnis

J

K

L

M

3665863R00196

Printed in Germany
by Amazon Distribution
GmbH, Leipzig